HTML5+CSS3
网页前端开发

刘钊　编著

重庆大学出版社

内容提要

本书从 HTML 5 与 CSS 3 的基础知识入手，通过大量的案例和实战项目，循序渐进地讲解 HTML 5 与 CSS 3 的功能和使用方法，使读者在学习网页前端开发技术的同时理解相关技术的含义，并且掌握网页前端开发的流程和开发思维，从而提高网页前端开发的综合应用能力。

全书分为 4 大部分，共 9 章。第一部分（第 1 章）为网页前端开发基础知识。第 1 章为网页前端开发基础，包括网站的组成、网页的组成、互联网常见名称和概念的解释、网页前端开发流程等内容。第二部分（第 2~3 章）为 HTML 5 基础知识。第 2 章为 HTML5 的概念和 HTML 5 语言的使用方法；第 3 章为 HTML5 的文档内容标签，包括文本、图像、列表、超链接、表格、表单和音视频等标签的使用方法。第三部分（第 4~8 章）为 CSS 3 基础知识。第 4 章为 CSS 3 概念和选择器的使用方法；第 5 章为装饰类声明的使用方法；第 6 章为盒模型的使用方法；第 7 章为特效类声明的使用方法；第 8 章为网页布局的使用方法。第四部分（第 9 章）为实战项目。第 9 章为网站制作实例，通过制作网页中 3 个具有代表性的页面——首页、产品展示页面和产品详情页面，在实战中讲解网页前端开发。

图书在版编目（CIP）数据

HTML5+CSS3 网页前端开发 / 刘钊编著. -- 重庆：
重庆大学出版社，2022.6（2024.12 重印）
ISBN 978-7-5689-3366-7

Ⅰ.①H… Ⅱ.①刘… Ⅲ.①超文本标记语言—程序
设计—高等学校—教材②网页制作工具—高等学校—教材
Ⅳ.①TP312.8②TP393.092.2

中国版本图书馆 CIP 数据核字（2022）第 101963 号

HTML5+CSS3 网页前端开发
HTML5+CSS3 WANGYE QIANDUAN KAIFA
刘 钊 编著
策划编辑：鲁 黎

责任编辑：文 鹏　　版式设计：鲁 黎
责任校对：邹 忌　　责任印制：张 策

*

重庆大学出版社出版发行
出版人：陈晓阳
社址：重庆市沙坪坝区大学城西路 21 号
邮编：401331
电话：(023) 88617190　88617185（中小学）
传真：(023) 88617186　88617166
网址：http://www.cqup.com.cn
邮箱：fxk@ cqup.com.cn（营销中心）
全国新华书店经销
POD：重庆市圣立印刷有限公司

*

开本：787mm×1092mm　1/16　印张：23.25　字数：554千
2022 年 9 月第 1 版　　2024 年 12 月第 3 次印刷
ISBN 978-7-5689-3366-7　定价：68.00 元

前　言

随着互联网商业时代的发展，网页前端开发技术随着 HTML 5、CSS 3 和 JavaScript 等技术日趋成熟和规范，前端开发技术在移动端和网页端中也变得越来越重要了。网络新媒体、数码媒体和视觉传达等专业也将网页前端开发课程作为人才培养方案中的必修课程。

通过本课程的学习，读者可以将界面设计课程与界面交互设计课程制作出的效果图和交互动画变成真实可用的网页前端代码，它既是界面设计课程与界面交互设计课程的后行课程，也是网页交互制作（JavaScript）的先行课程。因此，本课程在界面设计与开发课程中起到承上启下的作用，是前端开发重要的基础课程之一。

但是市面上的同类教材大多都是针对工科生，而非针对文科生和艺术生，所以这些教材的教学重点和培养方向并不适合艺术设计专业和传媒专业的学生。为了使这些学生能适应新时代的发展，符合新时代人才培养的目标，提高在社会中的竞争力，所以本教材针对这些专业学生的学习特点来编写，从零基础循序渐进地讲解网页前端开发的原理、网页前端开发的使用工具和网页前端开发的基础语言。

本教材通过丰富的案例对每个知识点都进行深入讲解和分析，将网页前端开发中一些复杂的、难以理解的概念和思维简单化，让读者能够轻松理解并快速掌握，并结合大量的知识点案例与实战项目案例，使学生在实践操作中提高动手能力和计算机的操作能力，使学生了解网页的开发流程与开发语言，掌握网页开发的布局形式以及网页前端开发的语言，真正做到由浅入深、由易到难地讲解网页前端开发的语言知识，使学习者在实践中掌握网页前端开发的内容。

本教材可以作为高校文科和艺术相关专业学生的教学用书，也可以作为计算机专业网页前端开发的学习教材，还可以作为网页前端开发爱好者的自学教材。

编者

2022 年 1 月

资源索引

章	资源标题 （微课动画视频类）	二维码	章	资源标题 （微课动画视频类）	二维码
第1章	1.5.4　Sublime text3 的使用方法			3.4.1　小结案例	
第2章	2.1.3　HTML 5 的语法			3.4　超链接标签	
	2.1.5　HTML 5 标签的显示模式			3.5.4　小结案例 1	
	2.2.5　小结案例		第3章	3.5.4　小结案例 2	
	2.3.7　小结案例			3.6.5　小结案例	
	2.4.2　制作简易的网页导航栏			3.7.7　小结案例	
	2.4.10　小结案例			3.8.3　小结案例	
	素材			素材	
第3章	3.2.6　小结案例		第4章	4.1.2　CSS 3 语法	

章	资源标题 （微课动画视频类）	二维码
第4章	4.1.3　CSS3 的使用方法	
	4.3.1　通配符选择器	
	4.3.2　ID 选择器	
	4.3.3　类选择器	
	4.3.4　标签选择器	
	4.3.5　属性选择器	
	4.3.6　伪类	
	4.4.1　并列选择器	
	4.4.2　分组选择器	
	4.4.3　后代选择器	

章	资源标题 （微课动画视频类）	二维码
第4章	4.4.4　子元素选择器	
	4.4.5　相邻兄弟选择器	
	4.4.6　后续兄弟选择器	
	4.5　选择器的优先级	
	4.6　多重样式的优先级	
	4.8　本章小结案例	
	素材	
第5章	5.1.6　font 属性的复合写法	
	5.3.4　list-style 属性的复合写法	
	5.5　显示模式的转换	

章	资源标题 （微课动画视频类）	二维码
第5章	5.7 本章小结案例	
	素材	
第6章	6.1.1 border 属性	
	6.1.3 margin 和 padding 属性	
	6.1.4 width 和 height 属性	
	6.2.1 background-color 属性	
	6.2.2 background-image 属性	
	6.2.5 background 属性的复合写法-案例1	
	6.2.5 background 属性的复合写法-案例2	
	6.2.6 精灵图	

章	资源标题 （微课动画视频类）	二维码
第6章	6.3.1 内外边距布局	
	6.3.2 float 属性	
	6.3.3 clear 属性	
	6.3.4 position 属性	
	6.3.5 小结案例	
	6.3.5 小结案例2	
	6.4.4 小结案例	
	6.5.2 box-sizing 属性	
	6.6.1 上下边距重叠问题	
	6.6.2 浮动元素问题	

章	资源标题 （微课动画视频类）	二维码
第6章	6.6.3　父级元素高度问题	
	6.7　本章小结案例	
	素材	
第7章	7.1.2　Transform 属性	
	7.1.3　transform-origin 属性	
	7.1.4　三维变形属性	
	7.2　过渡类特效	
	7.3　动画类特效	
	素材	

章	资源标题 （微课动画视频类）	二维码
第8章	8.3.1　宽度的百分比值	
	8.3.2　@ media 属性	
	8.4.1　网格视图布局	
	素材	
第9章	9.2　首页效果图分析与制作	
	9.2.11　首页样式优化后的代码	
	素材	
HTML5＋CSS3 网页前端开发-试读		

目 录

第1章　网页前端开发基础

1.1　互联网的概述

1.1.1　互联网定义

互联网，英文名为 Internet，音译为因特网。从广义上讲，互联网是指通过某种协议将网络与网络之间的设备连接在一起形成的一个巨大的网络。也就是说，不论使用何种技术，只要设备之间彼此能互相通信，由此所组成的网络就叫互联网，即使只有两台计算机相连，也叫互联网。从狭义上讲，互联网通常特指由上千万台设备在公共网络中使用 TCP/IP 协议互相通信组成的网络。它的特点是必须使用 TCP/IP 协议并且在公共网络中使用，否则它就只是局域网，而不是互联网。

1.1.2　互联网发展简史

互联网的起源并非人类计划的结果，而是美苏冷战的产物。在互联网面世之初，人们也没想到互联网能发展到如今走进千家万户，成为现代人生活必不可少的一部分。

互联网第一个传播标准"分组交换技术"产生于 1961 年，由美国麻省理工学院的伦纳德·克兰罗克(Leonard Kleinrock)博士首次提出。8 年后，也就是 1969 年，美国国防部为了防止主要的一台计算机受到攻击致使全网的计算机都瘫痪的情况发生，从而研发了计算机网络系统，称为阿帕网(英文名为：ARPAnet)。阿帕网最初只对军方使用，而且在一起联网的计算机也只有 4 台。随着技术的发展和硬件设备的成熟，网络也逐渐对非军用开放，并且逐渐覆盖了全美境内。此时上网的计算机已经具有发送文本文件和访问远程电脑上资源的功能，也就是现在使用的 E-mail、FTP 和 Telnet 等功能。之后，网络又使用卫星技术实现了更广泛的连接。到 1981 年，网络发展到 94 个节点，并且分布在 88 个不同的地点，从此形成了互联网的雏形。

但由于最初的通信协议是按网络节点进行连接的,也就是对计算机联网的数量有限制,为了能使更多的计算机进行通信,在1983年美国国防部通信局研制了异构网络,从而实现了阿帕网从NCP协议向TCP/IP协议的转换。之后,美国加利福尼亚伯克莱分校把该协议作为其BSDUNIX的一部分,使得该协议在社会上流行起来,从而诞生了现代意义上的互联网,也确立了TCP/IP协议在互联网中不可动摇的地位。

到1986年,阿帕网分成了两部分,一部分为军用网络,名称为Milnet。另一部分在美国国家科学基金会(National Science Foundation,缩写为NSF)的改进下发展为非军用网络,名称为NSFnet。NSFnet在美国国家科学基金会的鼓励和资助下不断扩张,很多大学、政府资助的研究机构和私营的研究机构也纷纷把自己的局域网并入NSFnet中,使得NSFnet使用的人越来越多,逐渐取代了阿帕网。如今,NSFnet已成为互联网的重要组成部分,而阿帕网在1990年正式退出了历史舞台。

到1989年,欧洲核子研究组织(CERN)研发了万维网(WWW)的超文本传输协议,为互联网实现广域超媒体信息截取与检索奠定了基础。

到20世纪90年代初期,互联网继续蓬勃发展,各种学术团体、企业研究机构甚至个人都纷纷架设起自己的网络,使NSFnet发展成一个庞大的"网中网"系统。在这个网络中,上网者不仅可以共享联网计算机的运算能力、浏览和下载资料,还可以相互交流与沟通。但是,此时的互联网建造者还没有意识到互联网的商用价值。

直到1991年,人们才发现了互联网的商用价值。美国的三家网络公司,分别是CERFnet、PSInet和Alternet网络公司,组成了"商用互联网协会"(CIEA),至此标志着互联网的正式商用,之后世界各地无数的企业和个人纷纷加入互联网之中,互联网也开始发挥出它的巨大潜力,变得与生活密不可分。

现在随着技术的不断发展,互联网已经开启了从电脑端向移动端过渡的新时代。

1.1.3　网络协议与工作原理

1)网络协议的划分

网络协议就是信息在网络设备之间传输和交换的规则和标准。由于网络节点之间联系复杂,不同的设备之间通信的协议也不相同。为了使设备能在网络之间互相通信,国际标准化组织(International Standard Organization,缩写为ISO)制定了计算机网络体系结构通信协议,并且命名该协议为开放系统互连参考模型(OSI/RM)。这个协议可划分为七层,每一层都是建立在它下层的基础之上,并且为它的上一层提供特定的服务。从下到上依次划分为:物理层(Physics Layer)、数据链路层(Data Link Layer)、网络层(Network Layer)、传输层(Transport Layer)、会话层(Session Layer)、表示层(Presentation Layer)、应用层(Application Layer),如图1.1所示。

应用层	DHCP、DNS、FTP、GOPHER、HTTP、IMAP4、IRC、NNTP、XMPP、POP3、SIP、SMTP、SNMP、SSH、TELNET、RPC、RTCP、RTP、RTSP、SDP、SOAP、GTP、STUN、NTP、SSDP
表示层	HTTP/HTML、HTTPS、FTP、Telnet、ASN1（具有表示层功能）
会话层	ADSP、ASP、H.245、ISO-SP、iSNS、NetBIOS、PAP、RPC、RTCP、SMPP、SCP、SSH、ZIP、SDP（具有会话层功能）
传输层	TCP、UDP、TLS、DCCP、SCTP、RSVP、PPTP
网络层	IP（IPv4、IPv6）、ICMP、ICMPv6、IGMP、IS-IS、IPSEC、BGP、RIP、OSPF、ARP、RARP
数据链路层	Wi-Fi（IEEE802.11）WiMAX（IEEE802.16）、ATM、DTM、令牌环、以太网路、FDDI、帧中继、GPRS、EVDO、HSPA、HDLC、PPP、L2TP、ISDN、STP
物理层	以太网路卡、调制解调器、电力线通信（PLC）、SONET/SDH（光同步数字传输网）、G.709（光传输网络）、光导纤维、同轴电缆、双绞线

图 1.1 OSI 七层模型协议图

不同层中的协议各不相同，各层中的协议也多种多样，这些各式各样的协议都是为了解决不同数据之间能互相传输而产生的。要想让数据能顺利地在同层之间、层与层之间互相传递，就必须在同层之间使用相同的协议、在层与层之间选择合适的协议，否则每层之间的接收方和发送方将无法进行通信。互联网使用的网络协议是 TCP/IP（Transmission Control Protocol/Internet Protocol），中文称为传输控制协议/网际协议，它是 OSI 七层模型的一种变化模型。作为互联网的基础协议，任何和互联网有关的操作都离不开 TCP/IP 协议，没有它就无法上网。

从图 1.2 可以看出，互联网协议将 OSI 七层模型变成了 TCP/IP 四层或者五层模型。当把物理层和数据链路层合并成一层时，再把会话层、应用层和表示层合并成一层时，就成为四层模型；当只把应用层、表示层和会话层合并成一层时，就成为五层模型，如图 1.2 所示：

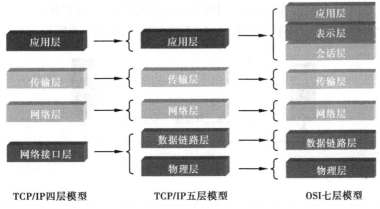

图 1.2 TCP/IP 四层、五层和 OSI 七层模型的关系图

OSI 七层模型		TCP/IP 概念层模型	TCP/IP 协议族	协议数据单位	功能
主机层	应用层	应用层	TFTP, HTTP, SNMP, FTP, SMTP, DNS, Telnet	Data	文件传输,电子邮件,文件服务,虚拟终端
	表示层		没有协议		数据格式化,代码转换,数据加密
	会话层		没有协议		解除或建立与别的接点的联系
	传输层	传输层	TCP, UDP	Segment（TCP)/ Datagram（UDP）	提供端对端的接口
媒介层	网络层	网络层	IP, ICMP, RIP, OSPF, BGP, IGMP	Packet	为数据包选择路由
	数据链路层	链路层	SLIP, CSLIP, PPP, ARP, RARP, MTU	Frame	传输有地址的帧以及错误检测功能
	物理层		ISO2110, IEEE802, IEEE802.2	Bit	以二进制数据形式在物理媒体上传输数据

图 1.3　OSI 七层和 TCP/IP 四层模型对比图

2) 网络各层协议的工作原理

虽然网页前端是在应用层上进行开发的,但是了解各层协议的工作原理,有助于理解整个网络的通信原理。所以下面以四层模型为例,简单介绍一下各层的工作原理。

（1）网络接口层

网络接口层由物理层和数据链路层组成。物理层的作用是为数据链路层提供最基本的物理连接通路,将孤立的计算机通过一定的方法连接起来。这一层传输的数据是二进制的电信号,由高低电压组成,高电压对应数字 1,低电压对应数字 0。

物理层常用的连接方法有:电缆、光纤、无线电波等,如图 1.4 所示。

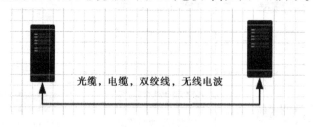

图 1.4　物理层连接示意图

数据链路层为网络层提供有意义的二进制的电信号,它通过 mac 地址[1]确认设备在网络中的位置。链路层通过控制对物理介质的访问[2]和对传输电信号的分组,来定义每组由 0 和 1 组成的电信号如何在网络中传输数据,并且它还能检测和纠正在传输中产生的错误数据,以确保传输的可靠性。

数据链路层常用的协议有:以太网 IEEE 802 技术标准、802.16、Wi-Fi、WiMAX、ATM、DTM、令牌环、以太网、FDDI、帧中继、GPRS、EVDO、HSPA、HDLC、PPP、L2TP、ISDN 等。

查看 PC 中的 mac 地址

通过使用 DOS 命令的 ipconfig /all 查看本机的 mac 地址。首先,打开 DOS 窗口(这里使用快捷键打开 DOS 窗口。同时使用组合键"Win 键+R",系统会弹出运行窗口,在文本框中输入 cmd 后按确定,即可打开 DOS 窗口),之后在命令提示符中输入 ipconfig /all 按回车,即可查看到相关的信息,其中包含 mac 地址。如图 1.5 所示:

图 1.5　PC 中的 mac 地址图

(2)网络层

网络层为传输层提供最基本的端到端[3]的数据传送服务,并且帮助我们区分网络中的子网。它为计算机之间的数据通信提供连接路径,通过 IP 地址连接位于不同地理位置的计算机,将数据从源端经过若干个中间节点传送到目的端,从而实现两台计算机之间的通信。

网络层常用的协议有:IP 协议。

IP 协议(Internet Protocol),中文称为网际协议,它使网络互联数据传输成为可能。它只负责将数据传输给目标计算机和统一来自不同网络接口的数据格式,但是它不负责数据传输的可靠性和流控制[4]。

---

[1] mac 地址用于在网络中唯一标示一个网卡。一台设备若有一或多个网卡,则每个网卡都需要并会有一个唯一的 MAC 地址。

[2] 控制对物理介质的访问定义了数据帧怎样在介质上进行传输。这是为了解决局域网中的共用信道产生使用竞争时,如何分配信道的使用权问题。

[3] 端到端是逻辑链路,负责计算机之间的连接。计算机连接的条路可能经过了很复杂的物理路线,但两端的主机只认为是两端的连接,而且一旦通信完成,这个连接就会被释放,给其他的应用使用。比如要将数据从 A 传送到 E,中间可能经过 A→B→C→D→E,对于传输层来说并不知道 B,C,D 的存在,他只认为报文数据是从 A 直接到 E 的,这就叫做端到端。

[4] 流控制是为了解决数据丢失的问题。数据在传输过程中容易出现丢失的现象,例如:两台计算机通过串口传输数据时,或者台式机与单片机之间进行通信时,可能由于两端计算机的处理速度不同,出现接收端的数据缓冲区已满而发送端依然在继续发送数据的情况,从而导致数据丢失。

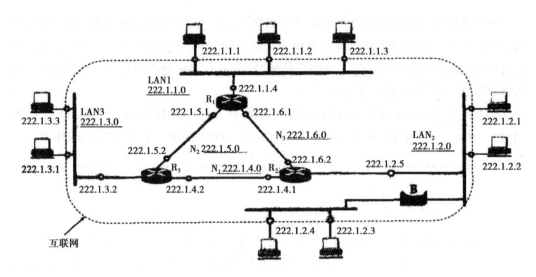

图 1.6　IP 地址连接示意图

用 IP 协议给计算机分配的地址叫做 IP 地址（Internet Protocol Address），又称为网际协议地址，它负责给网络中的设备分配一个唯一的 IP 地址，以此来标示计算机在互联网中的位置。

常用的 IP 地址可分为 IPv4 与 IPv6 两类。目前使用最广泛的还是 IPv4 协议，它由一串 32 位的二进制字符组成，每 8 位一组，中间使用点号"."分开。例如：（01100100.00000100.00000101.00000110）。但是这么长的数字使用起来很不方便，为了方便使用将 IP 地址改写成 4 组由 0 到 255 组成的数字，这种表示法叫做"点分十进制"法。例如：上面 32 位的二进制地址转换为点分十进制的地址为（100.4.5.6）。

查看 PC 中的 IP 地址

通过使用 DOS 命令的 ipconfig /all 可查看本机的 IP 地址。在 DOS 窗口中输入 ipconfig /all 按回车，即可查看到相关的信息，其中包含 IP 地址。如图 1.7 所示：

图 1.7　PC 中的 IP 地址图

因为 IPv4 地址长度为 32 位，也就是只有 2^{32} 个地址，所以地址的数量有限，但随着设备的增长和需求量的增加，IPv4 地址即将用尽。为了解决 IPv4 地址即将用尽的问题，互联网工程任务组（IETF）设计了 IPv6 协议，它的地址长度为 128 位，也就是 2^{128} 个地址，它的地址数量几乎是用之不竭的。

(3)传输层

传输层为应用层提供应用程序之间端到端的通信,它通过给每个应用程序标识一个端口号来实现,并且它还负责数据传输的可靠性。网络中每个应用程序在同一时间内只能占用一个端口,每一个端口号也都有它确切的意义。端口号的范围为 0~65535,其中,0~1023 为系统占用的端口。常用的应用程序与对应的端口号和传输协议,如图 1.8 所示。

应用程序	FTP	TFTP	TELNET	SMTP	DNS	HTTP
端口号	21,20	69	23	25	53	80
传输层协议	TCP	UDP	TCP	TCP	UDP	TCP

图 1.8 应用程序、端口号和传输层协议对应的关系图

传输层常用的协议有:TCP 和 UDP 协议。

①TCP 协议。

TCP(Transmission Control Protocol),中文称为传输控制协议,是 TCP/IP 协议的核心之一。它解决了 IP 协议只能找到网络中主机位置和不检验发送数据是否正确的问题。它是一种面向连接的[①]、可靠的、基于字节流的传输层通信协议,它能检验和纠正错误的数据,提供超时重发和流量控制等功能,以保证数据从一端传到另一端的可靠性。因此它的传输速度相对较慢,通常使用在对可靠性要求较高的服务上。

TCP 常用的协议有:FTP、POP3、Telnet、SMTP、HTTP、HTTPS 等。

TCP 协议把连接作为最基本的对象,每一条 TCP 都只连接两个端点,这个端点称为套接字(socket),通过套接字就可以使网络中的两台计算机中的程序互相连接。套接字是由 IP 地址和端口号拼接而成,例如,IP 地址为 0.0.0.0 而端口号为 135,那么得到的套接字为 0.0.0.0:135。

>>

查看 PC 中的套接字

通过使用 DOS 命令的 netstat -an 查看本机连接中的套接字。在 DOS 窗口中输入 netstat -an 按回车,即可查看到相关的信息,其中包含套接字,如图 1.9 所示。

图 1.9 套接字图

>>

---

①面向连接是一种网络协议,网络系统需要在两台计算机之间发送数据之前先建立连接的一种特性。面向连接网络类似于电话系统,在开始通信前必须先进行一次呼叫和应答,其过程有建立连接、维护连接、释放(断开)连接三个过程。

②UDP 协议。

UDP(User Datagram Protocol),中文称为用户数据报协议,是一种无连接的、简单的、不可靠的传输层通信协议,它在传送数据时不需要先建立连接,异地的主机在收到 UDP 报文后也不需要给出任何确认。因此它传输速度相对较快,通常使用在对实时性要求较高的服务上。

UDP 常用的协议有:DNS、TFTP、DHCP、SNMP、NFS 等。

(4)应用层

应用层在 TCP/IP 协议的最顶层,它为相同的应用软件之间提供数据通信,通常由客户端和服务端组成。应用层上的应用程序可以自己开发,所以程序的数据类型众多,为了使不同软件程序之间可以互相通信,就要使相同内容的数据使用统一的标准。

应用层常用的协议有:DNS、FTP、SMTP、POP3、HTTP 和 HTTPS 等。

①DNS(Domain Name),中文称为域名系统。它定义了域名转换成 IP 地址的方法。

②FTP(File Transfer Protocol),中文称为文件传输协议。它定义了两个相连的程序之间上传和下载文件的方法,以及传输文件的类型与格式。

③SMTP(Simple Mail Transfer Protocol),中文称为电子邮件协议。它定义了两个相互通信的 SMTP 进程之间交换信息的方法。

④POP3(Post Office Protocol - Version 3),中文称为邮件读取协议的第 3 版。它定义了在客户端上远程管理服务器中电子邮件的方法。

⑤HTTP(Hypertext Transfer Protocol),中文称为超文本传输协议。它定义了 HTML 文件在网络中发布和接收的方法。

⑥HTTPS(Hypertext Transfer Protocol Secure),中文称为超文本传输安全协议。它是 HTTP 的安全版,也是目前应用最广泛的一种网络传输协议。它通过使用 SSL/TLS 建立全信道,从而实现对数据包加密。

HTTP 和 HTTPS 的区别

● HTTP 是免费使用的。HTTPS 需要在 CA 申请证书和付费。当然也有免费的 CA 证书,但功能比付费版少很多。

● HTTP 使用明文传输信息,信息内容不安全。HTTPS 使用 SSL 加密传输信息,并且会验证用户的身份,信息传输安全。

● HTTP 和 HTTPS 使用的连接方式不同。HTTP 使用无连接①、无状态②的连接方式,连接简单。HTTPS 使用有连接、有状态的连接方式,连接相对复杂。

● HTTP 和 HTTPS 使用的连接端口不同。HTTP 使用的端口号为 80,HTTPS 使用的端口号为 443。

---

①无连接是指每次需要重新响应请求,需要耗费不必要的时间和流量。
②无状态是指客户端不存储用户信息,每次进入一个网站都需要重新进行登录操作。

3) TCP/IP 协议的工作原理

TCP/IP 协议可以分成 TCP 协议和 IP 协议两个部分。它采用分组交换方式[①]通信数据,以保证数据安全地、可靠地传输到指定的目的地。它的工作原理如下:

首先应用层会将数据按照数据的类型进行打包,之后发给传输层。传输层的 TCP 协议会把数据分割成若干数据包,并给每个数据包写上序号,然后将数据包发送给网络层。网络层的 IP 层协议会给每个数据包写上接收主机的地址,这时数据包就可以通过网络接口层进行数据传输了。在网络接口层中,路由器会选择合适的传输路径将数据包传送到目的地址。当数据到达目的地址后,由于传输路径选择的不同和其他传输的原因,可能导致在接收方出现数据的顺序颠倒、丢失或者重复的问题。这时 TCP 协议就会使用数据包上的序号对数据进行纠错与还原,之后把正确的数据发给应用层中的软件供用户使用。

简而言之,IP 协议负责数据的传输,而 TCP 协议负责数据的可靠传输。图 1.10 以 QQ 软件传输文本信息为例,说明数据是如何使用 TCP/IP 协议传输的。

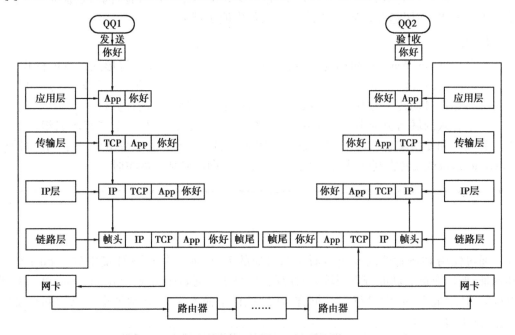

图 1.10 TCP/IP 协议传输数据示意图

①分组交换,简单说就是数据在传输时分成若干段,每个数据段称为一个数据包,数据包也是 TCP/IP 协议的基本传输单位。

1.2　网站的组成

1.2.1　网站的定义

网站(Website)是指根据网络传输协议的规则,使用 HTML(标准通用标记语言)制作的用于展示相关网页内容的集合。也就是说,网站由主页和若干内容相关的子网页组成,用户通常使用电脑端或者移动端的浏览器来访问网站中的网页。

最初的网站构成十分简单,只有域名、网站空间和网站文件。但随着技术的发展与用户的需求,网站的功能与结构也越来越复杂,又增加了 DNS 域名解析、网站程序和数据库等方便用户使用的功能。

1.2.2　域名与域名解析

在互联网形成的初期,用户要使用 IP 地址去访问网络中的其他计算机,但是 IP 地址是一组数值串,使用起来非常不方便,于是人们发明了域名。

1)域名

域名(Domain Name),简称为网域,是在应用层上开发的以字符形式出现的标识,它与 IP 地址的关系是一一对应的,也就是一个域名绑定唯一的 IP 地址。当输入标识时,计算机会将标识自动转化为 IP 地址,从而在互联网中访问到指定的计算机。

一个有效的域名至少由一个顶级域名(也称为一级域名)和一个二级域名组成。通常注册域名和使用域名都需要按年缴费。注册域名时,可以通过 WHOIS 数据库(网址:www.whois.com)或者在其他域名服务商的网址内查询域名是否被注册。

▸▸

查看域名对应的 IP 地址

通过使用 DOS 命令的 ping 查看域名对应的 IP 地址。在 DOS 环境中输入 ping 空格和网址,按回车键后就能查看到域名对应的 IP 地址。例如:ping www.baidu.com,可以看到百度的 IP 地址为 14.215.177.38。同样,在地址栏中输入这个 IP 地址也可以访问百度网站,如图 1.11 所示。

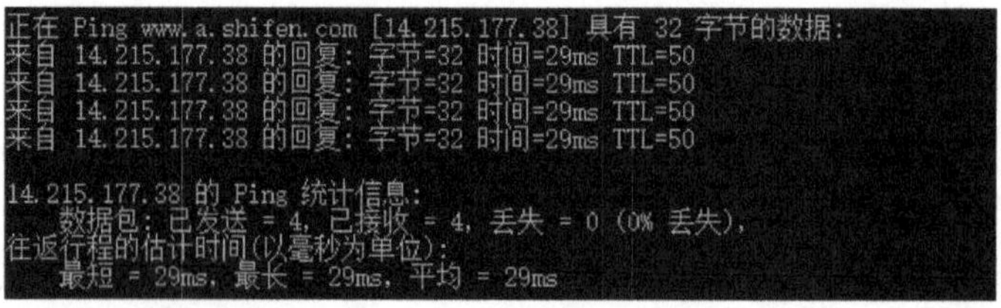

图 1.11　ping 百度的 IP 网址图

2)域名的格式

域名由两组或两组以上的 ASCII 或者各国语言字符构成,各组字符间使用英文点号"."分隔。级别从右向左依次降低,最右边的字符组称为顶级域名或者一级域名,倒数第二组的字符组称为二级域名,倒数第三组的字符组称为三级域名,以此类推。例如:rsc.cqucc.com,rsc 为三级域名,cqucc 为二级域名,com 为一级域名。

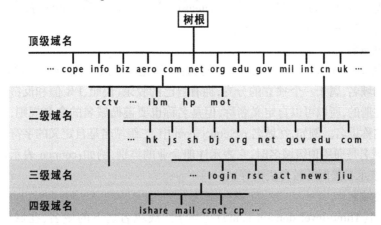

图 1.12 域名层级图

(1)顶级域名

顶级域名(country code top-level domains,简称 ccTLDs),它在域名的倒数第一个部分,例如,在域名 cqucc.com 中,顶级域名为 com。

顶级域名的命名格式基本固定,使用时可以根据需要来选择名称,它分为三类:

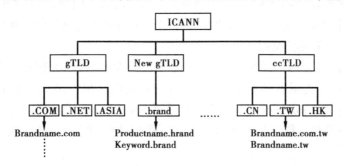

图 1.13 顶级域名分类

第一类是以国家和地区命名的顶级域名,一般由国家和地区使用,目的是区分不同国家和地区的网站。目前有 200 多个国家都按照 ISO3166 国家代码分配了顶级域名,并且每个国家都有唯一的顶级域名。例如:cn 表示中国,us 表示美国,jp 表示日本,等。

第二类是通用顶级域名(generic top-level domains,简称 gTLDs),一般由企业和机构使用,目的是区分不同的行业和机构。目前通用顶级域名有 12 个。例如:com[①] 表示工商企

①虽然 com 代表商业机构,但个人也可以注册 com 域名,换句话说,不是所有的 com 域名都是商业机构。同样像 net、org、cn 等顶级域名也是可以个人注册的。

业,net 表示网络提供商,org 表示非营利组织、gov 表示政府机构、edu 表示教育和研究机构、art 表示艺术文化领域等。

第三类是新通用顶级域名(New Generic Top-level Domain,简称 New gTLD),一般由企业和个人使用,目的是解决通用顶级域名不够用的问题,同时也能增强企业品牌的竞争力、塑造企业品牌的价值,建立企业专属的网络身份,提高企业网络的安全。截至 2012 年,新顶级域名的数量为 1409 个。例如:huawei 表示品牌域名、weibo 表示业务域名、top 表示"高端"域名、red 表示"红色"域名等。

(2)二级域名

二级域名(Second-level domain,英文缩写为:SLD)是注册人注册的网上名称。它是处于顶级域名之下的域名,属于一个独立的分支,拥有自己的收录、快照、PR 值和反链等。由于二级域名是自己注册的,所以可以自定义名称,但是名称也要遵循域名的命名规则,并且不能和他人注册过的名称重名。例如,在域名 rsc.cqucc.com 中,二级域名是自定义的字符 cqucc。

当二级域名是通用顶级域名时,它表示注册企业的类别,例如:com.cn 表示在中国的商业机构、edu.us 表示在美国的教育机构等。

(3)三级域名

三级域名(Three-level domain name)是处于二级域名之下的域名,在域名的倒数第三个部分,通常情况下用户购买了二级域名就会赠送三级域名。它的特征为域名中有两个英文点号"."。三级域名的命名也是自由的,但是也要遵循域名的命名规则。例如,在域名 rsc.cqucc.com 中,三级域名是自定义字符 rsc。

3)域名的命名规则

域名的命名可以使用 ASCII[1] 或者各国语言字符命名,但建议使用英文命名,因为英文命名便于国际化和网络推广。这里主要介绍英文和中文的域名命名规则。

(1)英文域名命的名规则

英文域名可以使用英文 26 个字母(字母不区分大小写)、10 个阿拉伯数字(0~9)和英文符号横杠"-"作为域名的名称。命名时字母在前数字在后,并且可以使用英文符号横杠"-"连接字符,例如:abc.com、abc123.com 或者 abc-123.com 等。但不要将横杠"-"放在字符串的最前端和最后端。域名名称的长度不要超过 63 个字符,各级域名总长度不要超过 253 个字符。

(2)中文域名的命名规则

中文域名命名除了延续英文域名命名的规则外,还可以使用中文字符(其他国家语言的域名命名也类似),并且域名的长度不要超过 30 个字符。

中文通用域名的主管机构是 CNNIC,所以中文域名的注册信息要在中国互联网信息中心(CNNIC)或者在其他域名服务商的网址内查询注册情况。

目前 CNNIC 推出了".中国"".公司"".网络"等中文域名。但是有的浏览器不支持在

---

①ASCII 是基于拉丁字母的一套电脑编码系统,主要用于显示现代英语和其他西欧语言。它是现今最通用的系统,并等同于国际标准 ISO/IEC 646。

地址栏中输入中文域名,它会被浏览器认为成搜索的内容,所以最好还是使用英文的域名。

　　注册中文域名时,最好同时注册繁体字和简体字的域名,这样才能保证在港澳台地区也能正常使用和不被他人抢注。例如:在浏览器的地址栏中输入简体字的域名"新华网.中国"可以直接打开网页,但是输入繁体字域名"新華網.中国"则无法访问此页面。如果还需要使用英文后缀".cn"的域名,还要再注册一个简体的"新华网.cn"和繁体的"新華網.cn",这样才能保证用户在上网时不管输入什么中文域名和后缀,都能访问这个网址。

域名起名的原则

　　• 简明易记。一个好的域名应该读起来顺口、发音清晰、避免同音异义、内容简洁、让人看一眼就能记住。
　　• 便于输入。一个好的域名应该便于输入和不容易被拼写错误。
　　• 要有含义。一个好的域名应该有一定的含义,这样有助于识别企业的品牌和形象。

4)域名的解析

　　有了域名后,还不能直接使用。因为计算机并不理解域名的含义,还需要将域名和IP 地址绑定在一起才能使用。当我们使用域名时,域名服务器会将域名转换成绑定的 IP 地址。这种将域名转换成 IP 地址的过程叫做域名解析。例如,www.baidu.com 的域名和IP 地址 14.215.177.38 是相互对应的。当我们在浏览器中输入域名 www.baidu.com 时,按回车键后,域名会发送到域名服务器上解析成 IP 地址,之后再返回计算机上,再去连接对应的网站,如图 1.14 所示。

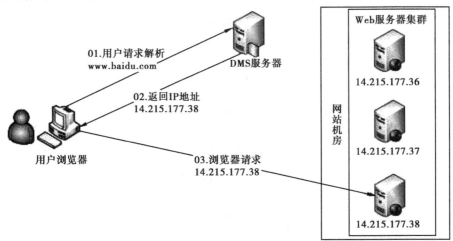

图 1.14　域名解析示意图

1.2.3 网站空间与文件

1）网站空间

有了域名后还是不能访问网站,因为网络中没有存储网站文件的地方,所以还需要一台全天候运行的服务器或者机群组成的虚拟服务器来存储网站的文件,以保证用户随时都能访问这个网站,而运行在这台计算机中的存放网站文件的空间就叫做网站空间(WebSite host)。之后就可以将制作好的网页文件通过FTP软件上传到空间中,供用户浏览和访问网站中的内容。域名、空间与网站源码的关系如图1.15所示。

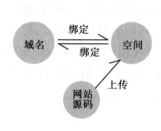

图 1.15 域名、空间与
网站源码的关系图

2）网站文件与结构

网站文件是指存放在网站空间中、用来构建网站的内容和功能的全部文件,它包括构建网页结构和实现网站功能的代码文件,如 HTML、CSS、JavaScript、PHP、ASP 等,也包括网站中的资源和内容文件,如文档、图片、音视频、数据等。

网站内的源码文件通常由网站采用的架构、网站空间使用的系统程序和网站的类型所决定。比如:个人类的网站以宣传为主,网站内的源码文件和网站的架构通常比较简单,一般采用 PHP 网站架构,网站系统使用 Unix 系统。

网页文件使用规范的命名和文件目录结构,不仅有助于网站建设和管理,还有助于后期维护和修改。尤其是在开发大型网站时,规范的命名更有助于开发团队成员间合作。某公司首页文件的目录结构如图 1.16 所示。

图 1.16 某公司首页文件结构

3）网站文件的命名原则

①文件名称要有意义，要便于理解文件的内容。通常使用小写的英文单词或者英文单词的缩写命名。文件名中最好不要使用中文和拼音。例如：main.css 表示主要样式表文件、bg.png 表示背景图片文件（bg 是英文 background 缩写）、banner.jpg 表示广告栏中的图片文件等。

②文件名称要尽量简短，以最少的字符使人理解文件的意义。例如：about_us.html 表示"关于我们"的网页文件。

③当同一个文件夹内有多个类型相同的文件时，类型相同的文件命名最好相似。文件名前半部分可以按文件的意义、性质、内容或者在网页中所处的位置命名，文件名后半部分可以按文件的编号、日期命名，文件名之间可以使用下划线"_"连接，这样便于文件的排列、查找、修改和替换。例如：index_new.css 表示索引中新闻板块的 CSS 文件；menu_aboutus_bg.png 表示菜单栏中"关于我们"板块中的背景图片；ad_01.jpg 表示广告图片 01，ad_02.jpg 表示广告图片 02 等。

④文件名称不要以数字开头，文件名内不能有空格、特殊符号，文件名长度一般不宜超过 20 个字符。

⑤网站的首页文件通常命名为 index.htm 或者 index.html，并且在网站中只能有一个。

4）网站文件夹的命名原则

网站中的文件夹命名也要层次清晰、结构合理、层级明确。通常将同类型的文件或者有关系的文件放置在同一个文件夹中，所以文件夹的命名通常由存放在文件夹中的文件或者内容所决定，它的命名方式与文件命名的原则基本相同。例如：存放图片的文件夹通常命名为 images 或者 img，存放 css 的文件夹通常命名为 style 或者 css，存放 JavaScript、asp、php 脚本的文件夹通常命名为 scripts 或者 js，存放多媒体文件的文件夹通常命名为 media 等。

5）网站文件的管理

将网站文件上传到网站空间后，还需要对空间里面所有的内容和信息文件进行管理。管理和储存这些数据的软件就叫做数据库。数据库是指长期储存在计算机内的、有组织的、可共享的数据的集合。它按照一定的数据结构管理和存储数据，与应用程序之间彼此独立，通常具有查询、存储、修改和删除数据的功能。在使用与选择数据库时，通常根据编写网站的脚本语言或者网站的需求而定，PHP 平台通常使用 MySQL 或者 Oracle 数据库，而 ASP 平台通常使用 Access 数据库或者 MS SQL 数据库。常用的数据库按使用功能划分可以分为关系数据库、键值存储数据库、列存储数据库、面向对象数据库和图形数据库等。

①关系型数据库采用了关系模型来组织数据，它简单可以理解为由行和列组成的一个数据存储表格，通过对这些关联的表格分类、合并、连接或选取等运算来实现数据库的管理。因为它的技术成熟，所以目前应用广泛。主流的大型关系数据库有 Oracle、SQL Server、DB2 和 Sybase 等。常用的中小型关系数据库有 MySQL 等。

②键值存储数据库是一种非关系数据库，它使用键值方法来存储数据。键值数据库

将数据存储为键值对集合。键包含分区键和排序键,而值包含更多的实际信息。键和值可以是任何内容,键值数据库是高度可分区的,并且有着其他类型的数据库无法实现的水平扩展规模。常用的键值存储数据库有 Redis。

③列存储数据库是相对于传统关系型数据库来说的。简单来说,两者的区别就是行数据库是以行为单位存储数据的,而列数据库是以列为单位存储数据的,它解决了查询数据的冗余性问题,极大地提升了查询的性能。常用的列存储数据库有 HBase。

④面向对象数据库是一种面向对象的系统,并且具备数据库管理数据的能力。它管理数据的模式先进、数据库易于开发和维护。它的数据可以是 XML、JSON、BSON 等格式,这些文档具备可述性,呈现分层的树状结构,包含映射表、集合和纯量值。常用的面向对象数据库有 MongoDB、CouchDB、Terrastore、RavenDB 和 OrientDB 等。

⑤图形数据库是一种存储图形关系的数据库。它是 NoSQL 数据库的一种类型,应用图形理论存储实体之间的关系信息,适合存储复杂关系的数据。常用的图形数据库有 Neo4J、ArangoDB、OrientDB、FlockDB、GraphDB、InfiniteGraph、Titan 和 Cayley 等。

1.2.4　网站程序与分类

1)网站程序

通常建设网站都是手动编写网站中的网站文件,当建造类型相似的网站时,还要重新书写网站文件,这样开发网站费时费力,很不方便。为减少重复书写代码、节约网站开发的时间和方便网站的更新维护,于是人们开发了网站程序。

网站程序是一种预先制作好的模板化的网站文件,网站开发人员可以根据自己的建站需求,选择合适的网站程序,只要将预制好的网站程序文件上传到服务器,经过简单的调试和修改即可搭建完成网站。它极大地提高了建站的工作效率,也给想要建站但没有网站开发基础的人员提供了一个方便快捷的建站方法。简而言之,它适合中小企业使用,可以在几分钟内快速搭建一个符合搜索引擎标准、功能丰富、灵活易用、风格统一、安全可靠、易于管理的网站。但是网站程序建站也有它的弊端,比如:

①使用要付费。虽然基本功能使用费用低,但是高级功能按模块收费,总体使用费用高。

②网站文件源代码开放。源代码开放意味着网站的安全性不高,容易被黑客攻击。

③风格和功能固定。模板化建站可调控范围小,所有的网站风格和功能都相似。

④使用者通常技术能力有限,不能对网站程序进行二次开发,使用体验通常不是很好。

⑤改版和升级难。当网站用户剧增时,不容易改版和升级。

2)网站程序的分类

网站程序按照不同的分类方式可以有很多种划分方法。网站根据所用编程语言可分为:asp 网站、php 网站等;根据用途,可分为:门户网站(综合网站)、行业网站、娱乐网站、搜索引擎网站等;根据功能,可分为:单一网站(企业网站)、多功能网站(网络商城)

等;根据持有者可分为:个人网站、商业网站、政府网站、教育网站等;根据商业目的可分为:营利型网站(企业网站、行业网站、论坛)、非营利性型网站(政府网站、教育网站)等;根据网站程序可分为:内容管理程序、论坛程序、Blog 程序、微博程序、电子商务程序、点评程序、WIKI 程序等。但是无论从哪个角度划分网站,其基本功能都包含以下几点:

①展示信息。使用音视频、图片、文字等资源向用户展示网站的内容。

②注册会员。使用户注册成会员,挖掘用户的数据和附加价值。

③用户互动。使用户可以在网站内互动,例如评论、转发、点赞等。

④营销宣传。提高网站的品牌或者产品的知名度。

下面以网站的程序分类为例,简要介绍一下各种程序的功能和代表的产品。

①内容管理程序(Content Management System,CMS)。它是一种基于 web 交互模式的内容管理和发布应用系统。它具备完善的信息管理和信息发布的功能,用户可以方便地提交需要发布的信息。其基本模块包括文章管理系统、会员系统、下载系统、图片系统等,有一些还整合了电子商务功能。目前,CMS 系统正在向大而全的方向发展,功能日益丰富,模块增加众多,逐步从内容管理向整站程序过渡。国内知名 CMS 程序有 DedeCMS、帝国 CMS、PHPCMS、PHP168、CMSTOP、PowerEasy、SupeSite、HPMPS、爱聚合、奇文网络小说管理系统等。国外知名 CMS 程序有 Joomla、Drupal、Xoops 等。

②论坛(BBS)程序,中文名为电子公告板程序。它是一种信息发布和交流的系统。国内知名的论坛产品有 Discuz、PHPWind、Xiuno BBS、动网论坛等。国外知名的论坛产品有 Vbulletin、phpBB、vBulletin 等。

③Blog 程序,中文为博客程序,又译为网络日志程序,它是一种由个人管理、不定期张贴文章的信息发布和交流系统。它与 CMS 程序制作的文章网站类似,但是比 CMS 程序制作的网站程序简单、规模小。国内知名的博客程序有 Zblog 和 Z-BlogPHP 等。国外知名的博客程序有 WORDPRESS 等。

④微博(MicroBlog)程序,它是一种基于用户关系的、简单易用的信息分享与传播的平台。通常发布的文章字数不超过 140 字,并且信息更新及时、分享快速。国内知名的微博产品有 EasyTalk 等。

⑤电子商务程序是以商品交换为目的的商务平台,它为企业提供销售、服务和管理等功能。国内的电子商务程序有 Destoon、ECShop、ShopEx 等。国外的电子商务程序有 osCommerce、Magent、OpenCart 等。

⑥点评程序是独立的第三方的信息点评与交易平台。国内知名的点评程序有 modoer 等。

⑦WIKI 程序是一种在网络上开放的并且可供多人协同创作的超文本系统,它可以由任何人浏览、创建、更改和维护系统中的内容,也可以对内容共同进行扩展与探讨。国内知名的 WIKI 程序有 HDWiki、minDoc 等。国外知名的 WIKI 程序有 MediaWiki、MoinMoinWiki、PmWiki、Twiki 等。

1.3　网页的组成

1.3.1　网页的定义

网页(Webpage),是构成网站的基本单位,它是用HTML(标准通用标记语言)编写的、可在WWW上传输的、能被浏览器识别的、存放在网站空间中的、用户可以通过浏览器来访问和阅读的文本文件。

一个网站至少由一个网页构成,但通常由多个内容相关的网页组成。在网站中,通过域名进入网站看到的网页称为首页或者主页(Homepage),点击网页中的菜单栏,进入的网页称为二级页面或者子页面。以此类推,还有三级页面和四级页面等。

例如:在浏览器的地址栏中可以看到网页的层级。

网址1　http://www.cqucc.com.cn/default.html

其中,www.cqucc.com.cn/default.html为首页文件地址,default.htm为首页的一级页面文件。

网址2　http://www.cqucc.com.cn/type2/41010201.html

其中,http://www.cqucc.com.cn/type2/41010201.html为二级页面文件地址。斜杠"/"后的type2为二级页面文件夹,41010201.html为二级页面中的文件。

▶▶

域名、网址和网站的关系

- 域名是不能访问的网址,它不需要网站空间就可以独立存在。
- 网址通常指互联网上每个网页的地址,它需要网站空间的支持。
- 网站是相关网页的集合。它由域名、网站空间和网站文件等组成。

▶▶

1.3.2　网页的类型

网页可分为静态网页和动态网页两种类型。静态网页和动态网页区分的重要标志不是看网页页面中是否有视觉上动态的图像和动画,而是看网页的页面是否由程序动态生成和是否在服务器端运行。

1)静态网页

静态网页的内容是预先编写好的网页文件,写好后放在服务器上,用户通过浏览器可以直接浏览页面的源文件,并且不同的用户在浏览此网页时,显示的内容都是相同的。它的每个网址的URL也是固定不变的,并且URL中不会出现如问号"?"等特殊的字符。这种网页文件直接使用HTML开发和编写,最常见的文件后缀为.html。如果要想改动网页的内容,必须修改网页的源文件,然后再将源文件上传到服务器中替换旧的网页文件,所以修改和更新起来费时费力。

但是静态网页也有它的优点,比如:单个网页开发的速度快,制作网页的成本低,容易被搜索引擎收录、不需要后台服务器的编译,不需要数据库的支持、空间内没有运行的程序,也没有复杂的交互程序,对存储网页的服务器性能要求也较低。它适合中小型企业制作内容固定不变的、更新较少的、以展示为主的网站。

2)动态网页

动态网页的内容会随着用户的不同、使用时间的不同、使用地点的不同和浏览内容的不同而发生变化。网站中的每个网址的 URL 都是程序自动生成的,所以 URL 会随着网页动态地生成和变化,并且 URL 中也通常会出现如问号"?"等特殊的字符。这种变化的和出现特殊字符的 URL 不易被搜索引擎检索和收录,所以通常都会将动态生成的网页文件转化为静态的 html 文件之后再传给客户端使用。它通常使用 ASP、PHP、JSP 等脚本语言编写网页的后台,常见的文件后缀有.asp、.php、.jsp 等。如果想改动网页中的内容,随时可以在后台修改,维护和更新起来也非常方便。

动态网页的优点是网页页面动态生成,只有当用户请求服务器时,才会返回一个完整的网页。因此它需要程序和数据库的支持,可以实现比静态网页更多的功能,比如用户注册、用户登录、在线调查、产品推荐、用户管理、订单管理等功能。

▶▶

静态网页与动态网页的选择

静态网页和动态网页各有特点。网站采用动态网页还是静态网页主要取决于网站的功能需求和网站内容的多少而定。如果网站功能比较简单,内容更新量不频繁,也没有复杂的交互,采用静态的方式制作网页会更好些,反之采用动态网页会更好些。

当然,静态网页和动态网页之间也并不矛盾。现在网站的功能越来越复杂,网站的交互功能也越来越多,纯静态的网页已经不能很好地适应网站的使用要求了。为了适应搜索引擎的检索和收录,也为了使网站的功能更加强大,可以在同一个网站中采用静动结合的方法建站。

▶▶

1.4　互联网相关名词解释

1.4.1　客户端

客户端又称为用户端,它是安装在用户的电脑上、与服务器连接、为用户提供本地服务的一种程序。网页的客户端主要是指浏览器。

1.4.2 浏览器

浏览器（Web Browser），全称为网页浏览器，是安装在客户端上的一种软件，比如安装在电脑、平板电脑和手机上，用来访问和浏览网络信息和资源。用户可以在浏览器的地址栏中输入统一资源标志符（URI 也就是通俗说的网址）向服务器请求指定的资源文件，服务器在收到请求后会将网页文件发送到客户端的缓存文件夹中，然后浏览器通过渲染引擎解析和排版接收到的网页文件并将最终的内容显示在浏览器的窗口中。浏览器的工作原理如图 1.17 所示。

图 1.17　浏览器访问网页文件的原理

浏览器的主要组件包括：

①用户界面：包括显示网页文件的窗口和操控界面的元件。比如：用来输入 URI 的地址栏、后退/前进按钮、书签目录等。

②浏览器引擎：用来查询和操作渲染引擎的接口。

③渲染引擎：用来解析从服务器端请求来的网页文件，并将解析后的结果显示在浏览器的窗口中。

④网络：用来调用网络。

⑤UI 后端：用来绘制如组合选择框和对话框等基本的组件。

⑥JS 解释器：用来解释执行 JS 代码。

⑦数据存储：用来保存从服务器端请求的各种数据和文件。

浏览器的组件原理图如图 1.18 所示。

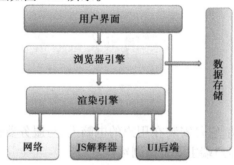

图 1.18　浏览器的组件原理图

其中,浏览器的核心组件是渲染引擎,也就是浏览器的内核,它决定了网页文件在浏览器中显示的效果。虽然浏览器的软件产品很多,但浏览器的内核只有 4 种,它们分别是 Trident 内核、Geoko 内核、webkit 内核和 Blink 内核。

①Trident 内核是微软开发的一种渲染引擎,由于 Windows 系统使用者众多,所以 Windows 系统自带的 IE 浏览器也被广泛使用,但是它的使用体验并不好,现在已经被 webkit 内核的浏览器所取代,浏览器也改名为 EDGE。

②Geoko 内核是火狐公司开发的渲染引擎,它的特点是可以自由开发,使用体验友好,但是开发后的代码必须完全公开,所以商业价值不高,已逐渐被边缘化。代表产品是 Mozilla Firefox。

③Webkit 内核是 KDE 小组开发的渲染引擎,它的引擎由 WebCore 排版引擎和 JavaScriptCore 解析引擎组成。它也可以自由开发,并且使用体验友好,开发后的代码可以自由选择是否公开,所以被国内外各大厂商广泛改良使用,代表产品有苹果公司 Safari、Google 公司的 Chrome 和微软公司的 Edge 等。

④Blink 内核是谷歌公司和欧朋公司一起开发的新一代渲染引擎,它是 Webkit 内核的一个分支,是目前最新的渲染引擎技术,现已在 Chrome 和 Opera 浏览器中使用。

这些内核由于是不同厂家生产的,所以在解析同一个网页文件时会有略微不同的显示效果。为解决这种显示不统一的问题,有些浏览器厂商使用双内核,也就是一个浏览器中有两种渲染引擎,浏览器会根据网页文件的要求判断优先使用哪个内核,当然用户也可以手动切换想要使用的内核。

1.4.3 网址

网址(Website Address)是用来上网的地址,每个网页都对应一个网址或者一个 IP 地址。用户可以在浏览器中的地址栏内输入网址来访问网页,如图 1.19 所示。

图 1.19 浏览器的地址栏图

1.4.4 URI、URL 和 URN

1)URI(统一资源标识符)

URI(Uniform Resource Identifier)是一串采用特定语法规则书写的字符串,用来标识和区分网络中的各种资源。它提供了一种简单的、可扩展的资源标识方式。它标识的资源可以是服务器上的一个文件,也可以是一个邮件地址、新闻消息、图书、人名、Internet 主机或者其他任何内容。

URI 的书写格式为(其中,方括号[ ]内为可选项):

[访问协议]://	[登录信息@]服务器地址[:端口号] [路径]	[? 查询][#信息片断]
访问资源的命名机制	存放资源的主机名	资源自身的名称 其他参数

它可以分为四个部分,分别为:访问资源的命名机制、存放资源的主机名、资源自身的名称和其他参数。其中,访问资源的命名机制就是访问协议;存放资源的主机名包括登录信息、服务器地址和端口号;资源自身的名称包括文件路径、文件名和文件后缀;其他参数包括查询和信息片断。下面逐一说明。

访问协议项表示使用传输协议的方案,它告诉浏览器如何处理将要打开的文件。访问协议为可选属性,不区分大小写,协议名后要添加英文冒号":"和双斜杠"//"。常用的协议有:http 和 https(超文本传输协议)协议,mailto(电子邮件地址)协议,file(当地电脑或者网上分享的文件)协议,ftp(文件传输协议)协议等。

登录信息项用来在登录服务器时认证上网者的身份,方便用户使用网站内的资源。它是可选属性,添加在服务器地址前,并使用"@"符号分隔登录信息项与服务器地址项。登录信息项通常使用用户名和密码作为登录信息,用户名和密码之间使用英文冒号":"分隔。它的格式为:用户名:密码@ 服务器地址。例如:liuzhao:123@ 163.com。

服务器地址项是指存放网页文件空间的域名或者 IP 地址。

端口号项用来区别同一台计算机内运行的不同程序和服务的接口。它是可选属性,使用英文冒号":"将服务器地址与端口号分隔。各种传输协议都有自己默认的端口号,当省略端口时,系统会使用默认的端口号。比如:http 默认的端口号为 80,https 默认的端口号为 443。有时候出于安全或者其他考虑,可以自定义端口号,即采用非标准端口号,此时端口号就不能省略了。

路径项用来寻找存放在服务器空间中文件的位置,通常为带有层级的、有逻辑的树状结构,层级之间使用英文斜线"/"分隔。它可以分为绝对路径和相对路径两种。

>>

绝对路径与相对路径

● 绝对路径

绝对路径是文件路径完整的书写形式。绝对路径与它指向的地址有关,也就是绝对路径无论书写在哪,这个书写的地址不会改变。在书写时,要写出 URI 的全部内容,例如:http://www.example.com/index.html。所以绝对路径的移植性不好,当引用的文件改变地址时,就无法找到了。

● 相对路径

相对路径是绝对路径的省略写法,它与文件存放的位置有关,也就是会随着存储位置的改变而改变。在书写时,只要写出 URI 的路径项即可,所以相对路径的移植性好,书写简单,当网站文件集体改变存放的空间时,不用修改 URI 就可以直接使用。

注意:①路径中不要出现中文。②当要访问它的子级资源时,要写出文件的路径结构。例如:page1/img/pic_1.jpg 表示访问所在空间中的 page1 文件夹中的子文件夹 img 中的 page1.html 文件。其中,路径中只能使用反斜杠"/",不要使用正斜杠"\"。这是因为操作系统内的文件路径都是使用正斜杠,使用正斜杠在操作系统上时会引发错误。

▸▸▸▶

文件名项是指网站空间中文件的名称,它由文件名称和文件后缀组成,文件名称和文件后缀之间使用英文点号"."连接。例如:在 http://www.cqucc.com.cn/index.html 中,index.html 就是文件名。当然,这个文件名是首页文件,它比较特殊,使用时可以省略,省略后计算机会自动打开 index.html 的文件。

查询项是对数据库的内容进行动态询问时所需要的参数。它是可选属性,用于给使用 CGI、ISAPI、PHP、JSP、ASP、ASP.NET 等技术制作的动态网页传递参数。参数可以有多个,参数之间使用"&"符号隔开,每个参数的参数名和参数值之间使用等号"="连接。

信息片断项用于指定网络资源中的片断,它是可选属性,由英文"#"号(读作:sharp)和字符组成。在网页文件中,它还可以用来给网页内设置锚点。例如:百度词条中的名词解释,可以使用信息片段直接定位网页中的名词到它的某一个解释的位置。

例如:http://www.cqucc.com.cn:8004/yssjxy/type1/060140301.html。在这个 URI 中,访问协议为 http,存放资源的主机名为 www.cqucc.com.cn:8004,资源的路径为/yssjxy/type1/060140301.html,其他的参数项没有。

2)URN(统一资源名称)

URN(Universal Resource Name)用名称定位每个资源,也就是给特定空间的资源命名。URN 只告诉我们存放资源的空间和资源的名称,但是不告诉我们资源的访问方式,所以无法定位和找到资源,但是可以在不知道其网络位置或者访问方式的情况下讨论资源。例如:urn:issn:1535-3613(国际标准期刊编号)、urn:isbn:9787115318893(国际标准图书编号)、tel:+86-152-4928-4597(电话号码)、mailto:jijs@jianshu.com(简单邮件传输协议)等都是 URN。

3)URL(统一资源定位符)

URL(uniform resource locator),俗称网页地址或者网址,它不仅标识了资源的地址,还指定了浏览器应该如何在 Internet 中寻找资源与获取信息的方式,也就是标明了访问协议,同时还指出了访问机制和网络位置。

URL 采用地址定位资源,也就是 URL 使用字符串的抽象形式来描述资源在 Internet 上的地址。一个 URL 标识唯一的互联网资源,通过与之对应的 URL 即可获得该资源。例如:http://www.jianshu.com/u/1f0067ef、ftp://www.example.com/resource.txt 等都是 URL。对于网页前端开发人员来说,使用最多的就是 URL。

URL 的书写格式为(带方括号[ ]的为可选项):

访问协议://	[登录信息@]服务器地址[:端口号]	[文件名]	[?查询][#引用]
访问协议	存有该资源的主机 IP 地址	主机资源的具体地址	其他参数

它由访问协议、存有该资源的主机 IP 地址、主机资源的具体地址和其他参数四个部分组成。它们的使用方法与 URI 的这些项类似。

URI、URL 和 URN 的关系

URI 用字符串标识某一互联网资源,URL 表示资源的地点(资源所处的位置),而 URN 用特定命名空间的名字标识资源。由此可见 URI 包含 URL 和 URN,换言之,URL 和 URN 都是 URI 的子集,但是 URI 不一定是 URL 或者 URN。URI 是一个唯一的字符串,但是这个字符串可以不是网址。URI、URL和 URN 的关系如图 1.20 所示。

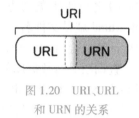

图 1.20 URI、URL 和 URN 的关系

例如:

ftp://co.za/word/1808.txt

http://www.example.com/index.html#position

这两个网址既是 URI 又是 URL,它们都是通过寻找某个命名空间中的资源标识找到资源。如果去掉资源的访问方式 ftp:// 和 http://,co.za/word/1808.txt 和 www.example.com/index.html#position 就成了 URN。

1.4.5 万维网(WWW)与因特网(Internet)

1)万维网

WWW 是环球信息网的缩写,中文名字为"万维网",常被简称为 Web。它由欧洲核物理研究中心(CERN)研制,最初的目的是方便全球的科学家利用 Internet(因特网)进行通信交流和查询。

WWW 以超文本标记语言和超文本传输协议为基础,建立在客户机和服务器模型之上,能够提供面向 Internet 的服务、界面信息一致的浏览系统。它是一个由许多互相链接的超文本组成的系统。它可以理解为是由无数个网络站点、网页和多媒体等的集合,它们在一起构成了 Internet 最主要的部分。在这个系统中,每个有用的事物都被称为"资源",这些资源使用全局统一资源标识符(URI)标识,通过超文本传输协议(Hypertext Transfer Protocol)在互联网中传输,之后用户就可以通过点击超链接或者输入资源地址来获得网络中的资源。

2)因特网

因特网(Internet)是一个把分布于世界各地不同结构的计算机网络用各种传输介质互相连接起来的网络。用户不仅能访问到万维网(WWW)上的信息,还可以使用文件传

输(FTP)、电子邮件(E-mail)、远程登录(Telnet)、手机(5GHz)等网络上的服务。因此,它已经成为 Internet 上应用最广和最有前途的访问工具,并在商业上也发挥着越来越重要的作用。

3)互联网、因特网和万维网之间的关系

互联网包含因特网,因特网包含万维网,但是因特网和万维网并不等同于互联网,它们都是依靠互联网运行的一项服务。互联网是一个由许多互相链接的超文本组成的全球性系统,通过超文本传输协议将网络中的资源传送给用户,用户可以通过浏览器来访问互联网上的这些资源。

1.5　网页前端开发

1.5.1　网页前端开发的内容

早期的网页开发都是由后台工程师完成的,但随着网站的功能越来越强大、网站结构越来越复杂和开发周期越来越短,后台工程师已无力完成前端开发的任务,前端开发的工作逐渐被分离出来,于是便产生了前端开发工程师。网页前端开发通常是由多工种合作完成的,它又可细分为 UI 设计师、交互设计师和前端开发工程师。UI 设计师主要的职责是设计网站的可视化视觉界面;交互设计师主要的职责是设计网址的流程和互动的功能;前端开发师主要的职责是将交互设计师和 UI 设计师制作出来的效果图转换成可以使用的网页文件。网页文件通常使用 HTML、CSS、JavaScript 等前端开发语言以及结合其他网页技术实现,用它们制作的文件主要运行在浏览器中,不过有些移动端软件的页面也可以使用它们来制作。

网页前端开发主要有三门基础的语言,分别是用来制作网页结构的 HTML 5,用来制作网页外观样式的 CSS 3,用来制作网页效果和交互的 JavaScript。当学完这三门基础语言之后,如果还想提升自己的工作能力和提高工作的效率,还可以继续学习如:JQuery、Bootstrap、Json、Ajax、Angular、Less、Node.js、es6、webpack、git、vue、React、mongo DB 等与网页前端开发相关的内容。本教材主要讲解的内容是网页前端开发的 HTML 5 和 CSS 3。

1.5.2　网页前端开发的流程

网页前端开发是网页前端界面设计师和后端程序设计师之间实现从网页效果图到可以运行的网站的桥梁。一个清晰、合理的开发流程有助于提高网页开发的效率。在整个开发过程中,通常由产品经理负责开发的全部流程,并且在开发的每个环节中都要评审产品的可行性和建立产品的开发文档,为下一步的开发提供依据和存档。它的开发基本流程如下所示:

制作准备→效果图分析→制作产品的原型→测试与调整产品→发布产品→产品的迭代

　　制作准备阶段的工作主要是调试设备与开发环境,查看项目开发前的产品的文档,比如:安装编译软件、常用内核的浏览器、上传文本的软件;阅读项目需求文档、用户手册和项目设计规范;制定项目的开发文档,收集和归类将要用到的素材。

　　效果图分析阶段的主要工作是分析设计师做出的网页效果图如何使用开发语言合理、高效地制作出来。不同的开发者对页面布局的结构划分、标签和样式的选择会略有不同,但是最终在浏览器中显示的效果应该相同。而不同的页面布局与结构划分、不同的标签与样式书写,都会导致网页文档开发进度和执行效率的不同。通常使用从整体到局部的方式来开发网站。比如:首先选择网页的布局形式,再划分网页的结构与区域,之后再选择书写网页内容的标签,再在内容标签上添加样式。

　　制作产品的原型阶段主要的工作是使用网页前端开发语言制作出网页的文件。前端开发工程师通过设计师制作出的高保真网页效果图作为开发网页文件的依据,制作出在浏览器中运行的网页代码文件。

　　测试与调整产品阶段主要的工作是找出产品存在的缺陷和问题并加以修改和优化,直到代码没有问题为止。因为在这个阶段修改和调整产品的成本都是最低的,所以这个阶段通常要反复评审和修改产品,以实现产品的最佳功能。当所有的工作都基本完成后,就可以进入产品的测试阶段。

　　当测试和修改完成后,就可以发布产品了。在产品的运行中,还要对产品不断进行完善、添加和删减,也就是产品的迭代。这就是整个网站前端开发的流程。

1.5.3　开发工具的使用

　　网页前端开发对开发工具的依赖度并不是很高,只要是文本编辑软件都可以进行开发,但是使用一款合适的编译软件可以达到事半功倍的效果。市面上网页前端开发的工具很多,各有优点,可以根据个人使用的习惯和工作的需要选择。常用的开发工具有Dreamweaver、Notepad＋＋、Atom、HBuilder、WebStorm、Visual Studio Code、wampServer、Sublime Text 等。下面简单介绍一下常用编译软件的特点。

　　Dreamweaver 的特点是编辑可视化,不像其他的开发软件都是使用代码编写,它比较适合设计人员使用;Notepad＋＋的特点是支持 27 种编程语言,并且可以完美地取代记事本;ATOM 的特点是一个跨平台的文本编辑软件,它集成了文件管理器,并且支持宏;HBuilder 的特点是编码速度快,有语法提示和代码块等功能,可以大幅提升开发效率,并且兼容 Eclipse 的插件;WebStorm 的特点是继承了 IntelliJ IDEA 强大的 JavaScript 开发功能;Visual Studio Code 的特点是自带 GUI 的代码编辑器,并且完善了对 Markdown 的支持,还新增 PHP 语法高亮显示;WampServer 的特点是整合 Apache Web 服务器、PHP 解释器以及 MySQL 数据库的软件包,可以大大节省开发人员配置环境花费的时间;Sublime text 的特点是支持绝大多数主流的编程语言,软件体积小,反应速度快,简单易用,拥有强大的可扩展性能,可根据需要安装不同的插件,并且还有绿色版①。目前最新的版本是 Sublime

───────────────

①绿色版或者绿色软件是指不用安装的软件,它通常是一个压缩包,解压后就能直接运行。

text 4。

本教材选用 Sublime text 4 编辑器进行开发,下面介绍一下这个软件的基本使用方法。

1.5.4　Sublime text 4 的使用方法

sublime_text

1)打开软件

安装好 Sublime text 4 后,在桌面上双击启动图标就可以启动软件,启动图标如图 1.21 所示。

图 1.21　Sublime text4 的启动图标

2)新建文件

和其他文本编辑软件新建文件方法相似,点击菜单栏中的文件,选择如图 1.22 所示的"新建文件"(快捷键为 Ctrl+n)后,就会新建一个文件窗口。这个窗口就是书写代码的地方,如图 1.23 所示。

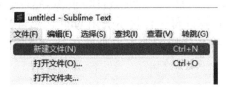

图 1.22　新建文件

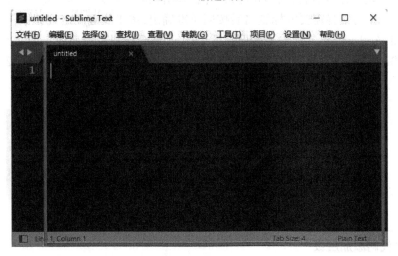

图 1.23　新建文件的窗口

3)设置编写代码的类型

在写代码前,首先要设置编写代码的类型。如果不设置代码的类型,软件将不会提供代码的快捷输入方式。设置方法为:点击窗口的右下角的 plain text,系统会弹出各种编程语言,这里选择 HTML 即可。同样的,在编写外部 CSS 样式时,选择 CSS 即可。如图 1.24 所示。

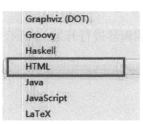
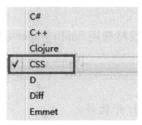

图 1.24 设置编写代码的类型图

4)快速书写 html 的代码

Sublime Text 可以使用快速方法编辑 html 文件,但是这里要注意不同版本的 Sublime Text 快捷输入方式有些不同。下面介绍一些 Sublime Text 4 中常用的快速编辑方法。

(1)快速建立 html 文件的结构

在窗口中的第一行输入小写英文 html 后,按 tab 键,软件会自动生成 html 的标准结构代码。从图 1.25 可以看出,软件每一行显示一条 html 代码,代码前都标有序列号,以方便定位和查找代码的位置。编写代码的地方主要是在<head>标签内和<body>标签内,如图 1.25 中箭头处所示。

(2)快速添加标签

在文档内输入标签名后,按 Tab 键,软件会弹出相同字母开头的标签,供开发人员选择使用。使用上下键选择需要的标签名后按回车键确定、按 Tab 键确定或者鼠标点选确定都可以。例如:在<body>标签内输入字母 p 后,按 Tab 键会出现选择列表,p 标签就在第一个,所以再按 Tab 键就可以自动生成一行段落文字标签。快速添加标签,如图 1.26 所示。

图 1.25 快速建立 html 文件　　　　图 1.26 快速添加标签

(3)给代码添加层级

在<head>标签内和<body>标签内书写代码时,最好写出代码的层级关系,也就是按层级书写代码,这样不仅查看方便,也方便后期的修改。在调整单行标签层级时,将光标放到要调整层级的标签前,按 Tab 键即可添加左侧缩进符;在调整多行标签层级时,用光标框选中要调整的标签,按 Tab 键即可多行添加左侧缩进符,如图 1.27 所示。注意:不要使用空格符调整层级,因为空格符添加的符号含义是分隔符,它会改变元素之间的间距。

(4)快速给标签添加 id 和 class 属性

输入标签名后继续输入符号"#"和 id 名称或者英文点号"."和 class 名称后,按 Tab 键,软件会自动生成带有 id 属性或者 class 属性的标签。例如:输入 h1.name 或者 h1#

name 后,按 Tab 键,会自动生成一行带有 id 属性或者 class 属性的标题标签。快速添加 id 或者 class 属性,如图 1.28 所示。

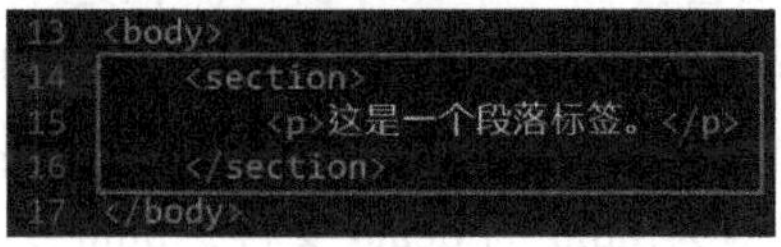

图 1.27 代码层级 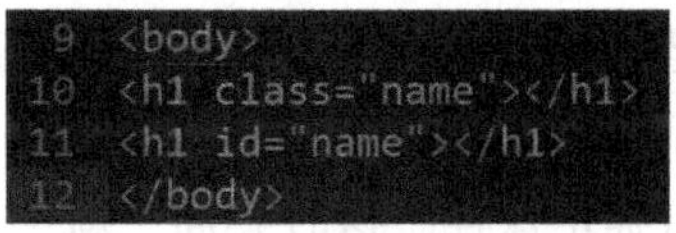 　　　　　　　　图 1.28 快速添加 id 或者 class 属性

（5）给相邻的多行竖列中同时添加相同的内容

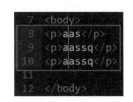

用鼠标单击要添加内容的位置,按下 Shift 键和鼠标右键,并且竖向拖动鼠标,经过之处可以插入多行光标,之后进行多行输入。例如:用鼠标单击第 8 行的标签内容后,按 Shift 键和单击鼠标右键,并且向下拖动光标到第 10 行,就可以在第 8 行到第 10 行之间输入相同的内容了。同时编辑多行中竖列的内容,如图 1.29 所示。

图 1.29 同时编辑多行中竖列的内容

（6）查找替换文档中的内容

按 Ctrl+H 快捷键后,在软件的窗口下方会弹出查找替换窗口,在查找栏输入要查找的内容,在替换栏输入要替换的内容,点击替换按钮即可替换内容。例如:在查找栏输入 p,在替换栏输入 b,点击全部替换按钮后会替换全部的内容。查找替换文档中的内容,如图 1.30 所示。

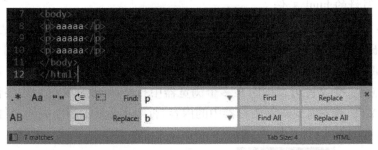

图 1.30 查找替换文档中的内容

（7）其他一些常用的快捷键

还有一些和 Windows 一样的常用快捷键,比如:复制（Ctrl+C）、粘贴（Ctrl+V）、撤销（Ctrl+Z）、恢复撤销（Ctrl+Y）、保存（Ctrl+S）和查找关键字（Ctrl+F）等。

5）快速添加注释符

用鼠标点击要添加注释符的位置后按 Ctrl+/键,软件会自动生成单行注释符。用鼠标框选中要注释的内容之后按 Ctrl+/键,软件会自动生成多行注释符。例如:在<body>标签内框选中这行文字后,按 Ctrl+/键,这行文字会自动变成注释文字。快速添加标签,如图 1.31 所示。

图 1.31 快速添加标签

6）保存 html 文件

编辑代码完成后，点击菜单栏中的保存选项会弹出一个保存窗口。在这个窗口中输入文件名，并且选择保存文件的位置，点击确定就保存好了。这里不用再选择保存类型，因为在编写代码窗口中已经选择过了。例如：文件名输入 demo，路径选择保存在桌面上。然后点击确定保存。这时桌面上就会有一个后缀为.html 的 demo 文件。html 文件显示的图标与关联的浏览器有关，不同的浏览器显示为不同的图标。保存 html 文件，如图 1.32所示。

图 1.32　保存 html 文件

7）查看写好的 html 文件

Sublime Text 只提供编辑代码的环境，但是不提供运行代码的环境。要查看代码的效果需要将代码在浏览器中打开。可以双击文件打开，也可以将文件拖动到浏览器中打开，还可以在 Sublime Text 的编辑窗口中右键弹出的菜单栏中选择"在浏览器中打开"选项打开文件。注意：一个文件可以同时在多个浏览器中打开，修改原文件后先要保存，再在浏览器中查看文件，查看时要刷新浏览器中的内容，否则不会显示当前编辑文件的效果。在Sublime Text 中打开文件，如图 1.33 所示。

图 1.33　Sublime Text 中打开文件

8）显示文件的后缀

作为一个程序员，掌握文件的全部名称是很重要的，它有助于识别文件的类型。如果桌面上只显示出了文件名而没有后缀名,说明系统没有打开文件名后缀的显示。这里以Win11系统为例,说明如何显示文件的扩展名。首先,在桌面上找到"计算机"图标,双击打开文件夹窗口。其次,在打开的文件夹窗口的菜单栏中找到"查看"。之后,在查看菜单中找到"显示"选项中的"文件扩展名"选项,点击此选项即可。设置文件扩展名显示,如图1.34所示。

图1.34　设置文件扩展名显示

课后习题

1.什么是互联网?

2.什么是 TCP/IP 协议?

3.什么是域名?

4.什么是网页的客户端?

5.网页前端主要开发什么?

6.建立一个 html 文件的结构。

第 2 章　HTML 5 基础

学习目标

①理解 HTML 5 语法的书写规则；
②掌握 HTML 5 头部标签的使用方法；
③掌握 HTML 5 结构标签的使用方法。

2.1　HTML 5 概述

2.1.1　简介

HTML 5 是英文 Hyper Text Markup Language 5 的缩写，中文为超文本标记语言，它不是一种编程语言，而是一种描述网页结构和内容的语言。通过 HTML 5 标签不仅可以编写网页文档，还可以影响浏览器的运行、服务器的解析、搜索引擎的识别和内容的抓取。

HTML 5 是从 HTML 1 的基础上发展而来的，在 2014 年最终定型。它经历了从 HTML 1 到 HTML 4 的漫长演变，是目前最新的超文本标记语言标准。虽然之前的 HTML 版本也可以制作网页，但是以前的 HTML 版本都是由各个公司自己制定的标准，所以各个公司开发的 HTML 各有不同，这就导致了各个公司开发的 HTML 文档只能在各自公司生产的浏览器上完美运行。为了解决这种问题，经过长期的努力，终于创建出了语法规范、功能强大、标准统一的 HTML 5。HTML 5 为网页前端开发制定了一个规范的标准，在这个标准上，视频、音频、图像、动画，甚至设备之间的交互都能得到很好地实现。

2.1.2　HTML 5 标签的分类

标签是 HTML 的书写规则，在 HTML 5 中被拓展到了 7 类。这 7 类被称作内容模型，它们分别是元数据型、区块型、标题型、文档流型、语句型、内嵌型和交互型。虽然将 HTML 5 标签拓展到了 7 类，但是有些标签还是无法划分到任何一个类别之中，这类标签被称为穿透型标签，还有一些标签可以同时划分到多个类别中，这类标签被称为混合型标签。在这个内容模型中，除了元数据型的标签通常使用在<head>标签内部，其他类型的标签都使用在<body>标签内部。HTML 5 的内容模型如图 2.1 所示。

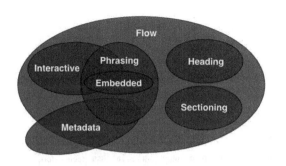

图 2.1　HTML 5 的内容模型

元数据型(Metadata Content)用来设置或者说明页面的表现和行为,或者用来在当前文档和其他文档之间建立联系。这类标签有:<base>、<command>、<link>、<meta>、<noscript>、<script>、<style>和<title>。

区块型(Sectioning Content)用来定义页面的结构和范围。这类标签有:<article>、<aside>、<nav>、<section>、<main>、<header>和<footer>。

标题型(Heading Content)用来在文档中书写章节的标题和定义标题的区块。这类标签有:<h1>到<h6>和<hgroup>。

文档流型(Flow Content)标签几乎包括所有的 HTML 标签,除了元数据型的<base>和<title>标签外。

语句型(Phrasing Content)用来在文档中书写和定义文本的内容。这类标签有:<span>、<strong>、<label>、
、<small>和<sub>等。

内嵌型(Embedded Content)用来在文档中引入其他资源或者插入其他脚本语言,以弥补 HTML 5 的不足。这类标签有:<audio>、<embed>、<video>、<canvas>、<iframe>、<img>、<math>、<object>和<svg>。

交互型(Interactive Content)用来与用户互动。这类标签有:<a>、<audio>、<video>、<button>、<embed>、<iframe>、<img>、<input>、<keygen>、<label>、<object>、<select>、<textarea>等。

虽然 HTML 5 采用了内容模型来划分标签的类别,但是有些标签可以划分在多个类别中。有的标签虽然被划分在同一个类别中,但是功能和使用方法却大不相同。因此,本书将按标签在文档中的结构顺序和功能类型对标签进行分类和讲解。按照这样的分类标准,可以将 HTML 5 标签划分成自上而下的树状结构。上层为文档结构标签,它包括<html>文档标签、<head>头部标签和<body>主体标签;中层为内容结构标签,它包括<head>页头标签、<main>主要内容标签、<footer>页脚标签等;下层为头部功能标签和文档内容标签,它包括标题标签、元信息标签、资源链接标签、图片标签、文本标签、文本格式标签、超链接标签、列表标签、表格标签、表单标签、音视频标签、行内框架标签等。它还有一个用来注释内容的标签。HTML 5 标签的分类,如图2.2所示。

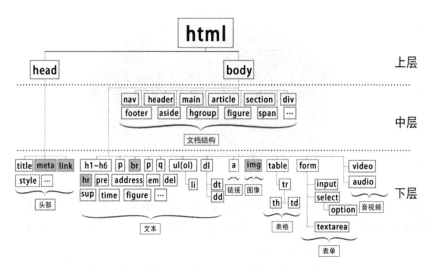

图 2.2　HTML 5 标签的分类

2.1.3　HTML 5 的语法

HTML 5 标签的语法有两种,一种是标准标签(也称为双标签),一种是空标签(也称为单标签)。

1)标准标签的语法格式

<标签名 属性名 1="属性值 1" 属性名 2="属性值 2"...>嵌套其他标签或者放置文本内容</标签名>

(1)语法格式说明

①标准标签是最常见的标签类型,它由开始标签和结束标签组成,两个标签之间通常嵌套其他标签或者放置文本内容。它必须成对出现,也就是开始标签和结束标签缺一不可。

②开始标签以英文小于号"<"开头,以英文大于号">"结尾,括号内放置标签名和属性,其中,标签名放置在前,属性放置在后,中间使用空格分开。

③结束标签以英文小于号和正斜杠"</"开头,以英文大于号">"结尾,括号内放置与开始标签同名的标签名。

④开始标签内书写的属性有两种,一种是必要属性,必须书写,否则标签的功能无法实现,比如:<img>标签如果不书写 src 属性将无法引入图片;另一种是可选属性,可根据需要选择使用,当然也可以不使用。属性与属性之间用空格符分开,之间使用一个空格符就好。如果属性之间使用了多个空格符,在 HTML 文档中显示为多个空格符,但是在浏览器中只会显示出一个空格符。

⑤属性由属性名和属性值两部分构成,属性名和属性值之间使用等号"="相连,属性

值放置在英文的引号""""之内。

● 当属性内有多个属性值时,使用空格将各个属性值分开。例如:<p class=" a1 a2 a3 "> </p >。

● 当属性值省略不写时,浏览器在解析时会自动使用默认属性值。例如:<style></style>等同于<style type=" text/css ">< /style>。

● 当属性值与属性名相同,并且只有这唯一的一个属性值时,属性可以简写为属性名。例如:<input type=" text " required=" required ">等同于<input type=" text " required>。

● 属性值可以为空值,也就是在英文的双引号""""里面可以不写属性值或者写空格符。它代表此属性未定义值或者使用属性的默认值。

● 当属性值为长度值时,可以省略单位。当属性值为百分比值时,不能省略百分号 " % "。例如:<p width=" 100 "></p >或者<p width=" 60%"></p >。

⑥在书写标签时建议使用英文的小写字母,不要使用英文的大写字母,更不要大小写字母混合使用。

(2)使用案例

<p id="" style=" color:blue ">这个 p 标签的 id 属性值为空值。style 属性值为 color:blue,段落文字显示为蓝色。</p>

在浏览器中显示的效果如图 2.3 所示。

这个p标签的id属性值为空值。style属性值为color:blue,段落文字显示为蓝色。

图 2.3 使用案例的显示效果

2)空标签的语法格式

<标签名 属性名 1="属性值 1 " 属性名 2="属性值 2 " …>

(1)语法格式说明

①空标签只有开始标签,没有结束标签,标签无法也不能嵌套其他标签或者放置文本内容。所以不能书写成:
或者</br>。

②空标签的书写方法与标准标签的开始标签书写格式相同。

③在 HTML 5 中虽然可以运行以前版本的 HTML 标签,例如:
、
,但不建议这么书写。

④常用的空标签有:< meta >、< link >、< base >、< img >、< br >、< hr >、< embed >和<input>等。

(2)使用案例

<hr>

在浏览器中显示的效果为画出一道横线,如图 2.4 所示。

图 2.4　空标签的显示效果

3）注释标签的语法格式

```
<!-- 单行注释内容 -->
<!-- 多行注释内容
    多行注释内容
    多行注释内容
-->
```

（1）语法格式说明

①注释标签用来注解源代码的内容或者给文档添加脚本。当它注解内容时,注释的内容只会在源代码中显示,不会在浏览器中显示;当用它添加脚本时,如果浏览器不支持书写的脚本,脚本不会执行,也不会显示在浏览器中。

②注释的内容通常写在需要注解的代码前面。它可以单行书写,也可以多行书写,多行书写时使用回车键换行。

③注释标签左侧以英文小于号、感叹号和两个减号"<!--"开始,中间书写注解内容,右侧以两个减号和大于号"-->"结束。

④注释标签不建议和注释的内容紧挨在一起书写,之间最好留一个空格的间距。

（2）使用案例

```
1.    <!-- 画出一道横线。-->
2.    <hr>
3.    <!-- 不执行下面两行代码。
4.        <p >不执行这三行代码 </p >
5.        <p >不执行这三行代码 </p >
6.    -->
```

2.1.4　HTML 5 标签的语义

以前版本的 HTML 标签在书写时,经常使用自定义的标签名称来定义文档的结构和文本的内容。虽然这样也可以实现文档的功能,但是在书写时需要人为地给标签添加一个自定义的标签语义属性,这样使用起来不仅费时费力,还使标签的语义五花八门,也不便于搜索引擎和浏览器的理解。例如:以前经常使用块标签<div>和行内标签<span>来自定义网页的布局和文本的结构。

自从 HTML 5 标准制定成型以后,虽然增加了很多标签,但是每一个 HTML 5 标签都有自己明确的用途和特定的功能,每一个标签也都能更恰当地表达出自己的语义、更好地体现出页面的内容与结构、更容易被搜索引擎收录、更容易让屏幕阅读器读出网页中的内容和被更多的浏览器和网络设备支持,所以在使用标签时,不要随意选择标签,更不要不使用标签直接书写文字和内容,应按照标签的功能和语义合理选择标签使用。

2.1.5　HTML 5 标签的显示模式

显示模式是指标签在浏览器中显示出的状态,除了头部功能标签以外,每个标签都有自己默认的显示模式。显示模式的种类很多,但常用的显示模式有三种,可以分为块标签、行内标签和行内块标签,如图 2.5 所示。

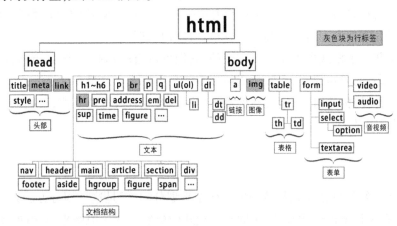

图 2.5　HTML 5 标签的显示模式

块标签,也称为块级元素。它的主要功能是布局页面和承载内容。它的特点是无论标签中是否有内容,在浏览器中都独自占一行显示,并且标签所占区域的宽高值可以通过设置改变。在 HTML 5 标签中,可以将块标签分为内容结构块标签和文档内容块标签。内容结构块标签有:<header>页头标签、<nav>导航标签、<main>主要内容标签、<article>独立内容标签、< section >区块内容标签、< aside >周边内容标签、<footer>页脚标签、<hgroup>标题分组标签、<div>标签等;文档内容块标签有:<h1>到<h6>标题标签、<p>段落标签、<hr>水平线标签、<pre>预格式文本标签、<blockquote>大段引用标签、<q>小段引用标签、<address>地址标签、<ol>有序列表标签、<ul>无序列表标签、<li>列表项标签、<dl>自定义列表标签、<table>表格标签、<tr>表格的行标签、<form>表单标签、<option>选项标签、<figure>流内容分组标签、<audio>音频标签、<video>视频标签等。

行内标签,也称为行内元素。它的主要功能是承载内容和给内容添加语义。它的特点是在连续书写多个行内标签并且页面中有足够的宽度空间时,元素可以与其他行内标签共享同行的空间,在浏览器中显示为一个元素挨着一个元素排列。行内标签所占的区域的宽度和高度值由标签中内容的宽高值决定,而不能通过设置改变。在 HTML 5 标签中,可以将行内标签分为内容结构行内标签和文档内容行内标签。内容结构行内标签有:<span>行内标签、
换行标签等;文档内容行内标签有:<i>斜体文本标签、<em>强调文本标签、<b>粗体文本标签、<strong>重要文本标签、<del>删除文本标签、<sub>下标文本标签、<sup>上标文本标签、<time>日期/时间标签、<small>旁注标签、<abbr>英文缩写标签、<a>超链接标签、<input>输入控件标签、<select>下拉列表标签、<textarea>文本框标签、

<lable>输入控件的标注标签等。

　　行内块标签，也称为行内块元素。它是一种比较特殊的标签，既有块标签的特点，也有行内标签的特点。它的特点是在连续书写多个行内块标签并且页面中有足够的宽度空间时，元素可以与其他行内块标签或者行内标签共享同行的空间，标签所占区域的宽高值也可以通过设置值改变，并且行内块标签都自带文本属性。带有文本属性的标签在代码中换行时会在标签之间自动添加一个空格的间隔。在 HTML 5 标签中，可以将行内标签分为内容结构行内块标签和文档内容行内块标签。内容结构行内块标签有：<iframe>内联框架标签等；文档内容行内块标签有：<img>图片标签等。

　　当然，这些显示模式也不是不可改变的，它们可以通过 CSS 和 JS 强行转换，转换后的标签将失去原有的显示模式，而转化成新标签的显示模式。这里要注意一点，将非行内块标签转化为行内块标签时，一定要在标签中书写内容或者设置宽高值，否则会因为元素没有宽高值而无法显示。

2.1.6　HTML 5 标签的嵌套原则

　　HTML 5 标签的嵌套原则是按照内容模型来划分的，但是这种划分方法会导致有的类同时包含了多种显示模式的标签，不同显示模式的标签嵌套的原则也不相同，所以这里还是按照以前的显示模式来讲解标签的嵌套方法。通常嵌套的原则有以下两种情况：

　　1）固定格式嵌套

　　这类标签有自己固定的嵌套格式，在使用时必须按它的格式书写，不能随意改变。比如：

　　①在列表标签中，<ol>有序列表标签和<ul>无序列表标签中要嵌套<li>列表项标签；<dl>自定义列表标签中要嵌套<dt>和<dd>列表项标签。

　　②在表格标签中，<table>表格标签中要嵌套表格布局标签或者<tr>表格行标签，在<tr>表格行标签内要嵌套<th>或者<td>表格单元格标签。

　　③在表单标签中，<form>表单标签中要嵌套它特有的输入控件标签。

　　2）非固定格式嵌套

　　这类标签虽然没有固定的嵌套格式，但还是有一定的嵌套规律可循。比如：

　　①块级标签内可以嵌套不平级的块级标签，通常大层级块标签嵌套小层级块标签，小层级块标签嵌套非块级标签或者文字。

　　②行内标签内不可以嵌套块级标签，但是行内标签可以互相嵌套。

　　在使用嵌套时，合理使用嵌套可以使文档层次清晰、结构合理，也有助于开发人员的阅读、编写和查错，还有助于提高浏览器的渲染效率。所以如无必要，尽量少用嵌套，因为过多的嵌套会使文档结构复杂，不便于开发，还会降低浏览器的渲染效率。

2.2　文档结构标签

文档结构标签是构成 HTML 5 文档必不可少的标签。虽然它在浏览器中基本不会显示出可视化的内容，但是它可以告诉浏览器和搜索引擎网页文档的结构和内容。一个基本的 HTML 5 文档包括<!DOCTYPE html>声明标签、<html>文档标签、<head>头部标签、<title>标题标签和<body>内容标签。

2.2.1　<!DOCTYPE html>声明标签

该标签用于告知浏览器编写 HTML 文档的版本，使浏览器能正确显示网页文档的内容。它的使用方法是：

①在 HTML 5 中声明标签只有这一种格式。

②声明标签必须写在文档的第一行，也就是写在<html>标签的前面。

2.2.2　<html>文档标签

该标签告知浏览器<html>标签内包裹的是 HTML 格式的文档，并且限定 html 文档的开始点和结束点。它的使用方法是：

①不要将 html 标签写在<!DOCTYPE html>声明标签之前。

②文档里只能有一组<html>和</html>标签。

③<html>标签内要嵌套<head>标签和<body>标签。

④<html>标签内可以使用 HTML 的全局属性。全局属性是每个 HTML 标签都可以使用的属性，它的属性值较多，可以根据需要选择使用。例如：<html lang="zh-cmn-Hans">，lang 属性向搜索引擎表明页面使用的语言，添加此属性会对浏览器翻译网页的内容和阅读屏幕的内容起到指导意义。其中，lang 属性名是英文"language"的缩写，属性值"zh-cmn-Hans"代表简体中文。

2.2.3　<head>头部标签

该标签供浏览器和服务器识别网页文档的信息、链接外部资源、设置网页标签中的标题和图标的区域。它的使用方法是：

①<head>标签放置在<html>标签内，<body>标签之前，并且要与<body>标签保持在同一个层级中。

②文档里只能有一组<head>和</head>标签。

③<head>标签内只能嵌套头部功能标签。

④<head>标签中必须且只能使用一组<title>和</title>标签。

2.2.4 <body>内容标签

该标签用于书写显示在浏览器页面中、供用户浏览、填写和操作的内容区域。它的使用方法是：

①<body>标签必须放在<head>标签之后，并且要与<head>标签保持在同一个层级中。

②文档里只能有一组<body>和</body>标签。

③<body>标签内通常嵌套内容结构标签和文档内容标签。

2.2.5 小结案例

制作一个标准的 HTML 5 结构文档，具体代码如下：

```
1.  <!DOCTYPE html>        <!-- 这是 HTML 5 文档的声明 -->
2.  <html>                 <!-- 这是 html 开始标签 -->
3.  <head>                 <!-- 这是头部开始标签 -->
4.    <title>HTML 5 文档的基本格式</title>      <!-- 这是网页的标题 -->
5.    …                    <!-- 这里可以放置其他头部功能标签 -->
6.  </head>                <!-- 这是头部结束标签 -->
7.  <body>                 <!-- 这是文档内容开始标签 -->
8.    …                    <!-- 这里可以放置内容结构标签和文档内容标签 -->
9.  </body>                <!-- 这是文档内容结束标签 -->
10.  </html>               <!-- 这是 html 结束标签 -->
```

2.3 头部功能标签

头部功能标签是只能在<head>内使用的标签，它的内容主要是给浏览器和搜索引擎看的。除了标题标签和<link>标签引入的图标外，其他标签都不会在浏览器界面中显示。这些标签有：<title>（标题标签）、<base>（链接基准标签）、<meta>（信息标签）、<style>（内嵌样式标签）、<script>（内嵌 script 脚本标签）和<link>（引用标签）。其中，除标题标签是头部标签中必须使用且只能使用一次的标签外，其他头部内使用的标签都可以带有不同的属性值多次使用。它们的书写次序通常由标签和标签的属性值决定。

2.3.1 <title>标题标签

该标签给文档定义一个可视化的标题，标题名称会显示在浏览器的标题栏中。它有助于用户的阅读、浏览器的收藏和提升网页在搜索引擎中的排名。它的使用方法是：

①<title>标签必须嵌套在<head>标签内使用。

②<head>标签中必须且只能使用一组<title>和</title>标签。

③<title>标签内通常书写文字内容。

>>>

标题命名的方法

标题的命名要能体现出网页的内容和便于理解。可以使用关键词命名，也可以使用关键的内容命名。但命名要尽量简短，长度最好不要超过 20 个字节，这样有利于用户的阅读和搜索引擎的抓取。标题确定后也不要频繁更改，频繁更改会影响搜索引擎的收录。

>>>

2.3.2　<meta>元信息标签

该标签的作用是：

①为浏览器提供网站相关的信息，使浏览器能正确显示页面的内容。

②为搜索引擎和网络服务提供网站相关的信息，便于搜索引擎抓取和收录页面，提高网页在搜索引擎中的自然排名，提高网站的曝光度，增加网站的访问流量。

1）使用方法

①<meta>为空标签。

②<meta>标签必须嵌套在<head>标签内使用。

③<head>标签内可以有若干个带有不同属性值的<meta>标签。

④<meta>标签属性较多，它常用的两个属性，见表 2.1。

表 2.1　<meta>标签常用属性

属性名	属性值	属性作用
name	author	描述作者。
	description	描述网页的摘要。
	keywords	描述网页的关键词。
	generator	描述制作网页的软件。
	robots	定义搜索引擎爬虫的索引方式。
	copyright	描述版权信息。
	revisit-after	定义搜索引擎爬虫重访的时间。
	renderer	强制多核浏览器按照指定的内核工作。
http-equiv	content-type	设定网页制作所使用的文字以及语言。（必要属性）
	expires	设定网页的到期时间。
	refresh	设定网页的刷新时间。
	X-UA-Compatible	强制浏览器按照特定的版本标准进行渲染。
	cache-control	指定请求和响应遵循的缓存机制。

（1）name 属性

name 属性用来定义和描述网页内容的相关信息，它要和 content 属性一起使用。

name 属性值用来描述 meta 的功能,content 属性值用来描述 name 属性值的具体内容。

基本格式:

```
<meta name="属性值" content="属性值">
```

name 属性的属性值众多,下面主要介绍几个常用的 name 属性值:

● keywords 属性值用来给网站添加关键字,以提高搜索引擎对网站的收录和自然排名的顺序。content 属性值为关键字,关键字通常由能够代表网站内容的几个字或者词组组成,可以写若干组,每组中间用英文逗号","分开。例如:

```
<meta name="keywords" content="网页,前端,网页前端,网页前端开发">
```

● description 属性值用来描述网站的内容,以提高搜索引擎对网站内容的理解。content 属性值为内容描述,内容描述通常由能够代表网站内容的短语或者句子组成,可以写若干个短语或者句子,中间用英文逗号","分开。例如:

```
<meta name="description" content="前端工程师就业班结构更明确,涵盖当下主流技术
Vue、React、小程序、WebAPP 等,多个实战案例掌握核心技能!">
```

● renderer 属性值用于指定浏览器使用何种渲染引擎渲染页面。content 的属性值为渲染引擎名称的代号。例如:

```
<!-- 使用 webkit 内核渲染页面 -->
<meta name="renderer" content="webkit">
<!-- 使用 IE 兼容模式 -->
<meta name="renderer" content="ie-comp">
```

(2)http-equiv 属性

http-equiv 属性用来给浏览器传送一些网页文档的信息,以帮助浏览器正确地显示网页内容或者设置网页的状态。它要和 content 属性一起使用,http-equiv 属性值用来描述 meta 的功能,content 属性值用来描述 http-equiv 属性值的具体内容。

基本格式:

```
<meta http-equiv="属性值" content="属性值">
```

http-equiv 属性的属性值众多,下面主要介绍两个常用的属性值:

● content-Type 属性值用来告知浏览器网页文档使用的字符集,当浏览器解析的字符集编码方式和文档内的文字一致时,才能正确显示出文字的内容。content 的属性值为字符编码。它可以书写为:

```
<meta http-equiv="content-Type" content="text/html;charset=utf-8">
```

但是在 HTML 5 版本中简化了它的书写方式,可以直接书写为 charset="字符集"。

```
<meta charset="utf-8">
```

常用的字符集有:UTF-8(万国码字符集,推荐使用),GB2312(简体中文常用字符

集）、GBK（简体中文全部字符集）、BIG5（繁体中文字符集）等。

● refresh 属性值用来在指定时间后刷新页面或者跳转到指定的页面。content 的属性值为时间值（单位为秒）和 URL（将要跳转到的网址），中间使用英文分号";"分开。如果不写 URL,只写时间值代表指定时间后刷新页面。例如：

```
<meta http-equiv="refresh" content="2;URL=http://www.w3school.com.cn">
```

2）使用案例

```
1.   <!DOCTYPE html>
2.   <html>
3.   <head>
4.     <meta charset="utf-8">
5.     <meta name="keywords" content="网页,前端,网页前端,网页前端开发">
6.     <meta name="description" content="前端工程师就业班结构更明确,涵盖当下主
        流技术 Vue、React、小程序、WebAPP 等,多个实战案例掌握核心技能!">
7.     <meta http-equiv="refresh" content="3;URL=http://www.w3school.com.cn">
8.     <title>meta 属性综合使用案例</title>
9.   </head>
10.  <body>
11.    <p>使用到的 meta 属性值有:字符集、关键词、网页内容描述、跳转和刷新页面。
     </p>
12.    <p>并且三秒钟后会跳转到网址为 http://www.w3school.com.cn 的网站。</p>
13.  </body>
14.  </html>
```

2.3.3　<base>基准地址标签

该标签为网页内所有的引用地址（href）和资源引入地址（src）设置基准地址,它可以改变文档的相对路径的位置。设置过基准地址的 HTML 文档,计算机会将基准地址和相对地址相加为一个绝对地址,这样可以减少相同地址的重复书写。但是如果使用了基准地址,网页内的个别地址又使用了绝对地址,会导致基准地址与绝对地址相加的错误产生。

该标签为网页内所有的引用地址（href）和资源的引入地址（src）设置默认的打开目标方式,以减少打开方式的重复定义。这种功能通常在带有 href 和 src 属性的标签上使用。比如:<meta>、<link>、<a>、<img>等标签。它的使用方法是:

①<base>是空标签。

②<base>标签必须嵌套在<head>标签内部使用。

③<base>标签有两个常用的属性,见表2.2。

表 2.2　<base>标签常用属性

属性名	属性值	属性作用
href	URL	引用地址。
target	_blank _parent _self _top framename	打开链接目标的方式。_blank(在新窗口中打开)、_parent(在父窗口中打开,一般用于行内框架内改变父窗口页面的情况)、_self(默认值,在当前窗口或者行内框架中打开)、_top(在整个窗口中打开,一般用于多层行内框架嵌套的情况)和 framename(在指定的行内框架中打开)。

定义 href 属性时,网页内所有的相对地址都会被添加上基准地址。例如:

1.　<!DOCTYPE html>
2.　<html>
3.　<head>
4.　　<title>定义基准地址</title>
5.　　<base href="http://www.w3school.com.cn">
6.　</head>
7.　<body>
8.　　<img src="i/eg_smile.gif">
9.　</body>
10.　</html>

代码说明:

定义<base>标签的基准地址为"http://www.w3school.com.cn",<img>图片标签的 src 引入的相对地址是"i/eg_smile.gif",那么<img>图片标签的实际地址为"http://www.w3school.com.cn/i/eg_smile.gif"。

定义 target 属性时,网页内所有打开链接目标的方式都会被重新定义。例如:

1.　<!DOCTYPE html>
2.　<html>
3.　<head>
4.　　<title>定义 target 属性</title>
5.　　<base href="http://www.w3school.com.cn">
6.　　<base target="_blank">
7.　</head>
8.　<body>
9.　　<a href=""><img src="i/eg_smile.gif"></a>
10.　</body>
11.　</html>

代码说明：

定义<base>标签打开目标的方式是_blank（在新窗口中打开），那么网页中所有的打开方式都会改变为_blank。这两个<base>标签的属性值也可以合并书写在一行，例如：

<base href="http://www.w3school.com.cn" target="_blank">

2.3.4　<style>内嵌样式标签

该标签的作用是给当前的 HTML 文档添加内部表单样式。在 CSS 3 的章节中会详细讲解。

2.3.5　<script>内嵌脚本标签

该标签的作用是给当前的 HTML 文档添加 JavaScript 脚本，使网页可以与用户交互。这不是本书讲解的内容，所以从略。

2.3.6　<link>资源链接标签

该标签引入文档外的资源到本文档中，使文档的功能更加丰富、更加强大。

1）基本格式

<link rel="预定义值" href="URL">

2）使用方法

①<link>为空标签。

②<link>标签必须嵌套在<head>标签内部使用。

③<head>标签内可以有若干个带有不同属性值的<link>标签。

④<link>标签有以下几个常用的属性，见表 2.3。

表 2.3　<link>标签常用属性

属性名	属性值	属性作用
rel	author icon prefetch stylesheet …	设置文档或者表示当前文档与被链接文档之间的关系。（必要属性值）
type	MIME 类型	表示被链接文档的 MIME 类型，以避免浏览器使用错误的方式打开链接的文档。
href	URL	表示被链接文档的位置。（必要属性值）
sizes	高度值×宽度值 any	只能在属性值为 icon 时使用，定义标签图标的尺寸。

其中,rel属性用来设置或者表示当前文档与被链接文档之间的关系,它要和href属性一起使用。常用的属性值有:dns-prefetch、stylesheet、icon等。

● dns-prefetch属性值用来优化载入速度。当加载网页时,它会预先加载<link>标签里的href属性值的链接,将链接的DNS解析为IP地址,并存入本地系统的缓存中,以减少对DNS的请求次数和用户等待的时间。它没有type属性,通常书写在<meta charset="字符集">的后面。例如:

<link rel="dns-prefetch" href="https://xxx.xxxxx.com">

● stylesheet属性用来引入文档之外的样式表。它有type属性,属性值为MIME类型[1]。例如:

<!-- type值中的text代表文档为文字类型,css代表格式为样式表文件。-->
<link rel="stylesheet" type="text/css" href="https://xxx.xxxx.com/css/maim.css">

● icon属性用来给浏览器的标签中添加图标。它有type属性,属性值为MIME类型。它还有sizes属性,用来定义图标的尺寸,属性值为高度值×宽度值,单位可以忽略不写,常用的图标尺寸有16×16、32×32、64×64和128×128。图标尺寸还可以使用any属性值,它为默认值,可以省略不写,表示图标尺寸自适应屏幕的大小。例如:

<!-- type值中的image代表文档为图片类型,svg代表图片的格式。常用的图片格式有:gif、png、svg、ico、x-icon等。-->
<link rel="icon" href="http://www.baidu.com/img/baidu.svg" type="image/svg" sizes="16x16">

2.3.7 小结案例

制作一个HTML 5文档的头部文件,具体代码如下:

```
1.  <!DOCTYPE html>
2.  <html>
3.  <head>
4.      <meta charset="utf-8">
5.      <!-- HTTPS页面不会自动解析引入的网址,只有使用content="on"属性才会自
            动解析网址。-->
6.      <meta http-equiv="x-dns-prefetch-control" content="on">
7.      <title>头部功能标签综合案例</title>
8.      <!-- 引入DNS预先解析,href值为URL。-->
```

---

[1]MIME类型是描述消息内容类型的因特网标准。它包含文本、图像、音频、视频以及其他应用程序专用的数据。书写的格式为:文件的类型/文件的格式。例如:image/jpeg、text/css、video/mpeg等。

9.　<link rel="dns-prefetch" href="https://www.w3school.com.cn">

10.　<!-- 引入另一个 DNS 预先解析。-->

11.　<link rel="dns-prefetch" href="https://zhidao.baidu.com">

12.　<!-- 引入网页的主要样式,href 使用绝对 URL。-->

13.　<link rel="stylesheet" type="text/css" href="https://www.w3school.com.cn/c5.css">

14.　<!-- 引入网页的综合样式,href 使用相对 URL,css 文件放在网站空间的根目录下。-->

15.　<link rel="stylesheet" type="text/css" href="/c5.css">

16.　<!-- 给网站的标签添加一个图标。-->

17.　<link rel="icon" href="http://www.w3school.com.cn/ui2019/logo-32-red.png" type="image/png" sizes="32x32">

18.　</head>

19.　<body>

20.　<p>引入多个 DNS 预先解析,引入多个外部样式文件,并且给网站的标签添加了一个图标。</p>

21.　</body>

22.　</html>

2.4　内容结构标签

内容结构标签是只能在<body>内使用的标签,用来规范文本格式和布局网页结构。它虽然不会在浏览器的页面中显示出来,但是可以使浏览器和搜索引擎理解文档的结构和布局,也可以使文档看起来层次清晰,便于编辑和修改。这些结构标签有:<header>(页眉标签)、<nav>(导航标签)、<main>(主要内容标签)、<article>(独立内容标签)、<section>(区块内容标签)、<aside>(周边内容标签)、<footer>(页脚标签)、<hgroup>(标题分组标签)、<figcaption>(分组标题标签)、<div>(块标签)和<span>(行标签)。html 文档中内容结构标签标准的使用方法如图 2.6 所示。

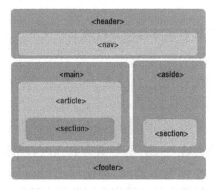

图 2.6　html 文档中内容结构标签标准的使用方法

内容结构标签在网页代码中的运用如图2.7所示。从图中可以看到内容结构标签把网页划分为上中下三个区域。上部区域使用<header>标签划分,中区域使用<main>标签和<aside>标签划分,下部区域使用<footer>标签划分。每一个区域内又使用了相关的内容结构标签进行细分。

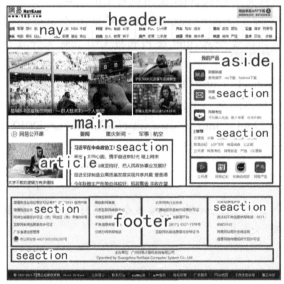

图2.7　内容结构标签在网页代码中的运用图

2.4.1　<header>页头标签

该标签用于定义文档头部的区域和位置。当它放置在<body>标签内的上部位置时,称作页眉,页眉内部通常包含网站图标、网站名称、网站导航、站内搜索等内容;当它放置在其他内容结构标签内的上部时,称作区域的头部。

1)基本格式

```
<!-- <header>标签通常嵌套在<body>的上部使用。-->
<header>...</header>
<main>
    <!-- 也可以嵌套在其他内容结构标签内的上部使用。-->
    <header>...</header>
    ...
</main>
```

2)使用方法

①<header>标签通常嵌套在<body>标签或者其他内容结构标签内的上部使用。不要将<footer>标签写在<header>标签的前面,即使写在<header>标签的前面,它依然会按<header>标签在前、<footer>标签在后的顺序在浏览器中显示。

②<header>标签内通常嵌套内容结构标签或者文档内容标签,但是不能嵌套<main>标签。

③文档里可以有若干个<header>标签,但不要平级使用。

3)使用案例

```
<body>
<header>
    <img src="img/logo1.jpg" alt="这是一个公司的图标。" width="100">
    <p>公司名称</p>
</header>
</body>
```

浏览器中显示的效果如图2.8所示:

公司名称

图 2.8　案例代码显示效果

2.4.2 <nav>导航标签

该标签用于定义文档导航的区域和位置。网站中的导航应该能清晰反映出网站与网站、网页与网页、网页与各种资源之间的关系。<nav>导航标签在页面中的位置可以划分为:顶部导航,比如图标导航、菜单导航、下拉框导航、辅助导航、搜索导航、伸缩条导航等;主体导航,比如分页导航等;侧边导航,比如扩展菜单导航、在线帮助导航、弹出导航、垂直条导航、栏目导航、分类导航等;底部导航,比如联系信息导航等。

1)基本格式

```
<!-- <nav>标签通常嵌套在头部标签内使用。-->
<header>
    <nav>...</nav>
</header>
<!-- 也可以直接嵌套在<body>标签内使用。-->
<nav>...</nav>
```

2)使用方法

①<nav>标签嵌套在<body>标签内或者其他内容结构标签内使用。

②<nav>标签内通常嵌套<ul>列表标签和<a>超链接标签制作导航栏。

③文档里可以有若干个<nav>标签,但不要直接嵌套自身使用。

3)使用案例

```
<header>
<! -- 导航标签内可以直接嵌套超链接标签使用,这样书写虽然可以使超链接显示在一
行中,但这种写法不严谨。-->
    <nav>
        <a href=" page1.html ">首页</a>
        <a href=" page2.html ">第二页</a>
        <a href=" page3.html ">第三页</a>
        <a href=" page4.html ">第四页</a>
    <nav>
</header>
<h2>首页</h2>
```

浏览器中显示的效果如图 2.9 所示。

<u>首页 第二页 第三页 第四页</u>

第二页

图 2.9　案例代码显示效果

制作简易的网页导航栏

把使用案例的文档保存为 page1.html,并且将<title>标签的内容书写为"首页",之后再复制三个 page1.html 文件的副本在同一个文件层级中,并且依次重命名为 page2.html、page3.html 和 page4.html 如图 2.10 所示。

page1.html　　page2.html　　page3.html　　page4.html

图 2.10　4 个 html 文件的命名

重命名好文件后,分别打开这些文件,将<title>标签和<h2>标签中的"首页"文字替换成与文档名对应的文字,例如:第二页、第三页和第四页,其他标签保持不变,之后保存。

在浏览器中任意打开一个修改过的文件,点击导航栏中的超链接,这时可以看到网页之间能互相跳转,页面中的文字也随着网页跳转而变化的效果。

2.4.3 <main>主要内容标签

该标签用于定义文档主体的区域和位置。

1)基本格式

```
<header>…</header>
<!-- <main>标签通常嵌套在<body>的子级内使用,并且<body>内只能有唯一一个<main>标签。-->
<main>…</main>
<footer>…</footer>
```

2)使用方法

①<main>标签只能嵌套在<body>标签内使用,并且一个文档中只能出现一次。

②<main>标签内通常嵌套内容结构标签或者文档内容标签,它不能嵌套自身使用。

3)使用案例

```
<main>
  <h2>第一章</h2>
  <p>第一段落的内容。</p>
</main>
```

浏览器中显示的效果为如图 2.11 所示。

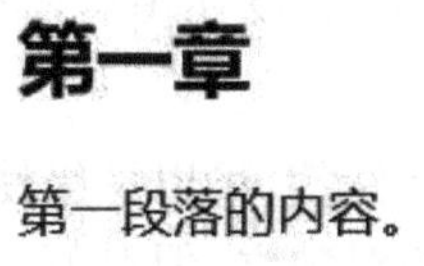

第一章

第一段落的内容。

图 2.11 案例代码显示效果

2.4.4 <article>独立内容标签

该标签用于对文档中独立的、完整的内容进行区块分割,表示自己相对文档的内容是一个独立的区域,比如:定义文章、论坛帖子、博客条目、用户评论等的区域,甚至可以是应用程序和插件的区域。

1）基本格式

```
<main>
    <!-- 直接在<article>标签内嵌套文本标签。-->
    <article>
        <h2>...</h2>
        <p>...</p>
    </article>
    <!-- 在<article>标签内嵌套页眉和页脚标签。-->
    <article>
        <header>
            <h2>...</h2>
            <p>...</p>
        </header>
        ...
        <footer>...</footer>
    </article>
    <!-- 在<article>标签内嵌套插件标签。-->
    <article>
        <object>...</object>
    </article>
</main>
```

2）使用方法

①<article>标签通常嵌套在<body>标签内或者其他内容结构标签内使用。

②<article>标签内通常嵌套<section>区块内容标签或者文档内容标签，但是不能嵌套<main>标签。

③文档里可以有若干个<article>标签，可以平级使用，也可以嵌套自身使用。

④虽然<article>标签内的内容相对独立，但最好把相关的内容同层级并列放在一起。这样可以使文档结构清晰，例如：正文之间、评论之间可以使用<article>标签来划分区块。

3）使用案例

```
<main>
    <article>
        <h2>第一章</h2>
        <p>第一段落的内容。</p>
    </article>
    <article>
```

```
    <header>
        <h2>第二章</h2>
    </header>
        <p>第二段落的内容。</p>
    <footer>
        <p>第二段落的作者。</p>
    </footer>
    </article>
</main>
```

浏览器中显示的效果如图 2.12 所示。

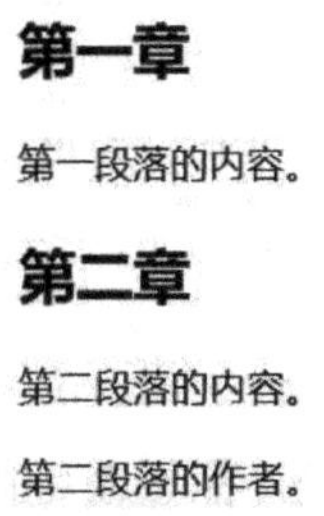

第一章

第一段落的内容。

第二章

第二段落的内容。

第二段落的作者。

图 2.12　案例代码显示效果

2.4.5　<section>区块内容标签

该标签用于对文档中一个完整的内容区域进行再分割,表示自己是完整内容结构中一个相对独立的区域。它也用来取代以前版本中的<div>标签。比如:划分文章的章节、文章的目录、文章的评论、对话框中的标签页、文档中有编号的部分和页眉中的分块等。

1)基本格式

```
<main>
    <! -- 用<article>标签在<main>中分割出一个独立的区域。-->
    <article>
        <header>
            <h1>...</h1>
        </header>
        ...
    <! -- 用<section>标签分开一个完整的文档内容。-->
        <section>
            <h2>...</h2>
```

```
<!-- 用<article>标签在<section>中分割出两个独立的区域。-->
    <article>
      <h2>...</h2>
      <p>...</p>
      ...
    </article>
    <article>
      <h2>...</h2>
      <p>...</p>
      ...
    </article>
    </section>
  </article>
</main>
```

2）使用方法

①<section>标签通常嵌套在<article>标签或者内容结构标签的内部使用。

②<section>标签内通常嵌套内容结构标签或者文档内容标签，但是不能嵌套<main>标签。

③文档里可以有若干个<section>标签，可以平级使用，也可以嵌套自身使用。

3）使用案例

```
<main>
  <article>
    <header>
      <h1>第一章</h1>
    </header>
    <section>
      <h2>第一节</h2>
      <p>第一段的内容。</p>
    </section>
    <section>
      <h3>用户评论区：</h3>
      <article>
        <h4>用户：1</h4>
        <p>评论：...</p>
      </article>
```

```
    <article>
        <h4>用户:2</h4>
        <p>评论:...</p>
    </article>
    </section>
    </article>
</main>
```

浏览器中显示的效果如图 2.13 所示。

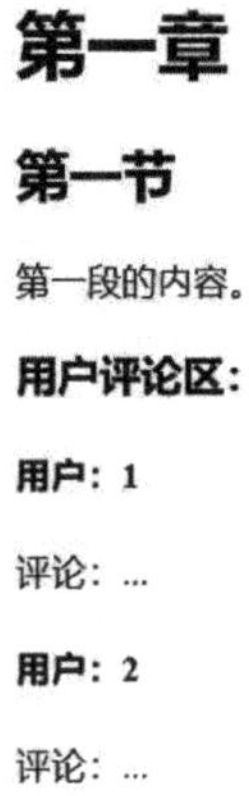

第一章

第一节

第一段的内容。

用户评论区:

用户: 1

评论: ...

用户: 2

评论: ...

图 2.13　案例代码显示效果

2.4.6　<aside>周边内容标签

该标签用于定义文档内容之外的区域和位置。当它使用在<article>标签内部时,定义的内容为与<article>有关的附属信息,例如相关的目录、索引、资料、名词解释和作者介绍等;当它使用在<article>标签外部时,定义的内容为与<article>无关但与页面或者站点全局有关的附属信息,例如侧边栏、友情链接、其他文章列表、广告宣传等。

1)基本格式

```
<main>
    <article>
        <header>...</header>
        ...
        <! -- <aside>标签在<article>标签内使用,内容与<article>内容有关。-->
        <aside>...</aside>
    </article>
</main>
```

```
<! -- <aside>标签在<article>标签外使用,内容可以与<article>内容无关。-->
<aside>...</aside>
```

2）使用方法

①<aside>标签嵌套在<body>标签或者内容结构标签的内部使用。

②<aside>标签内通常嵌套内容结构标签或者文档内容标签,但是不能嵌套<main>标签。

③文档里可以有若干个<aside>标签,但不要直接嵌套自身使用。

3）使用案例

```
<main>
  <article>
    <header>
      <h1>第一章</h1>
    </header>
    <section>
      <h2>第一节</h2>
      <p>第一段的内容。</p>
    </section>
    <aside>
      <h2>第一节附录</h2>
    </aside>
  </article>
</main>
<aside>
  <h3>右侧菜单栏</h3>
</aside>
```

浏览器中显示的效果如图 2.14 所示。

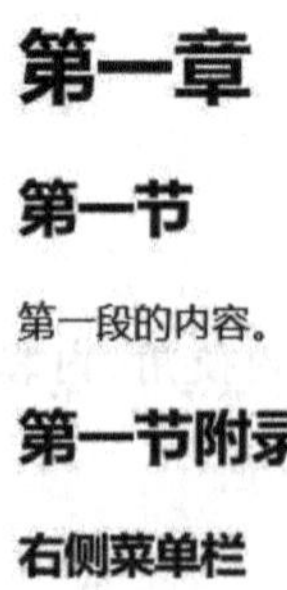

第一章

第一节

第一段的内容。

第一节附录

右侧菜单栏

图 2.14　案例代码显示效果

2.4.7　<footer>页脚标签

该标签用于定义文档底部的区域和位置。当它放置在<body>标签内的底部位置时，称作页脚,页脚内部通常包含友情链接、网站版权、网站地图、联系信息等内容;当它放置在其他内容结构标签内的底部时,称作区域的底部。

1)基本格式

```
<header>
    ...
    <! -- <footer>标签也可以嵌套在其他文档结构标签内的底部使用。-->
    <footer>...</footer>
</header>
...
<! -- <footer>标签通常嵌套在<body>的底部使用。-->
<footer>...</footer>
```

2)使用方法

①<footer>标签通常嵌套在<body>标签和其他内容结构标签内的底部使用。不要将<footer>标签写在<header>标签的前面,即使写在<header>标签的前面,它依然会按<header>标签在前、<footer>标签在后的顺序在浏览器中显示。

②<footer>标签内通常嵌套内容结构标签或者文档内容标签,但是不能嵌套<main>标签。

③文档里可以有若干个<footer>标签,但不要平级使用。

3)使用案例

```
<header>
    <footer>
        <h>公司优惠活动介绍...</p>
    </footer>
</header>
<footer>
    <p>公司联系地址...</p>
</footer>
```

浏览器中显示的效果如图 2.15 所示。

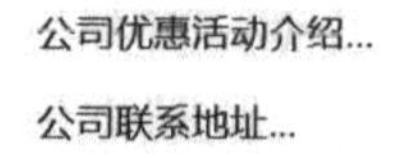

公司优惠活动介绍...

公司联系地址...

图 2.15 案例代码显示效果

2.4.8 <div>块标签

该标签用于对文档中的内容进行无语义化的区块分割。它是 html 5 以前版本用来定义文档结构的标签,它如同万能的 html 块标签,但需要使用 id 或者 class 属性来自定义块标签的语义。这种自定义语义的标签无法被搜索引擎识别和理解,所以不建议在 html 5 中使用,可以使用内容结构标签来替代它。

1)基本格式

```
<!-- 嵌套使用的<div>标签。-->
<div id="header"><!-- 此标签可以使用<header>标签替换。-->
   <div class="nav">...</div><!-- 此标签可以使用<nav>标签替换。-->
</div>
<!-- 并列使用的<div>标签。-->
<div id="main">...</div><!-- 此标签可以使用<main>标签替换。-->
<div id="footer">...</div><!-- 此标签可以使用<footer>标签替换。-->
```

2)使用方法

①如果没有适合的、能表达出元素语义的标签,再考虑使用它。
②<div>和</div>标签内通常嵌套文档内容标签。
③文档里可以有若干个<div>标签,可以平级使用,也可以嵌套自身使用。
④它通常要使用 id 或者 class 属性来自定义标签的语义。

2.4.9 <span>行内标签

该标签用于对文本中的内容进行无语义化的行内分割。它是 html 5 以前版本用来定义文本结构的标签,如同万能的 html 行内标签,但需要使用 id 或者 class 属性来自定义行内标签的语义。这种自定义语义的标签无法被搜索引擎识别和理解,所以在 html 5 中,如果没有适合的、能表达出文本语义的标签,再考虑使用它。

1)基本格式

```
<!-- 嵌套使用的<span>标签。-->
<span id="text_1">
   <span class="text_2">...</span>
</span>
<!-- 并列使用的<span>标签。-->
```

```
<span id="bold">…</span>            <!-- 此标签可以使用<b>标签替换。-->
<span id="time">…</span>            <!-- 此标签可以使用<time>标签替换。-->
```

2）使用方法

①<span>和</span>标签内部只能嵌套行内标签或者书写文字内容。

②文档里可以有若干个<span>标签，可以平级使用，也可以嵌套自身使用。

③它通常要使用 id 或者 class 属性来自定义标签的语义。

2.4.10　小结案例

按照图 2.16 和图 2.17 所示，使用内容结构标签制作这个网页的 HTML 5 结构文档。

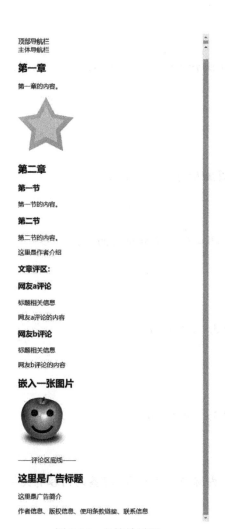

图 2.16　文档效果图

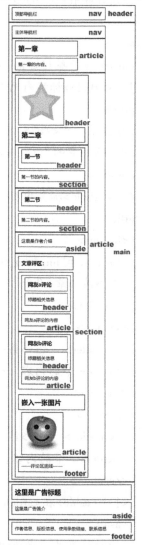

图 2.17　文档标签结构分块图

制作 HTML 5 文档的具体代码如下所示：

```
1.   <!DOCTYPE html>
2.   <html>
3.   <head>
4.     <meta charset="utf-8">
5.     <title>内容结构标签综合案例</title>
6.   </head>
7.   <body>
8.   <header>
9.     <nav>顶部导航栏</nav>
10.   </header>
11.   <main>
12.     <nav>主体导航栏</nav>
13.     <!-- <article>标签内无页头和页脚标签结构的写法 -->
14.     <article>
15.       <h2>第一章</h2>
16.       <p>第一章的内容。</p>
17.     </article>
18.     <!-- <article>标签内有页头和页脚标签结构的写法 -->
19.     <article>
20.       <header>
21.        <img src="img/star_01.png" alt="这是文章标题的图片。">
22.        <h2>第二章</h2>
23.       </header>
24.       <section>
25.         <header>   <h3>第一节</h3> </header>
26.        <p>第一节的内容。</p>
27.       </section>
28.       <section>
29.         <header>   <h3>第二节</h3>   </header>
30.         <p>第二节的内容。</p>
31.       </section>
32.       <!-- <aside>在<article>内时,内容应与<article>标签的内容有关 -->
33.       <aside>
34.          <p>这里是作者介绍</p>
```

35.   </aside>
36.   <! -- 用<section>标签分开正文和评论区域 -->
37.   <section>
38.   <! -- 这是<section>标签的标题 -->
39.   <h3>文章评区:</h3>
40.   <! -- 用<article>标签分割出独立的用户评论区域 -->
41.   <article>
42.   <header>
43.   <h3>网友 a 评论</h3>
44.   <p>标题相关信息</p>
45.   </header>
46.   <p>网友 a 评论的内容</p>
47.   </article>
48.   <article>
49.   <header>
50.   <h3>网友 b 评论</h3>
51.   <p>标题相关信息</p>
52.   </header>
53.   <p>网友 b 评论的内容</p>
54.   </article>
55.   </section>
56.   <article>
57.   <h2>嵌入一张图片</h2>
58.   <object>
59.   <embed src=" http://www.w3school.com.cn/i/eg_smile.gif "></embed>
60.   </object>
61.   </article>
62.   <footer>
63.   <p>——评论区底线——</p>
64.   </footer>
65.   </article>
66. </main>
67. <! -- <aside>标签在<article>标签外,内容可与<article>标签的内容无关 -->
68. <aside>
69.   <h2>这里是广告标题</h2>

70.　　　<p>这里是广告简介</p>
71.　　</aside>
72.　　<footer>
73.　　　<p>作者信息、版权信息、使用条款链接、联系信息</p>
74.　　</footer>
75.　</body>
76.　</html>

课后习题

1.标准标签书写的格式是什么？
2.注释标签书写的格式是什么？
3.<head>标签内可以嵌套什么标签？
4.<main>标签在<body>内可以使用几个？
5.常用的文档结构标签有哪些？

6.仿照如图2.18所示的网页效果图,使用内容结构标签制作出这个网页的HTML文档结构代码,但不用写出结构内包含的具体内容。

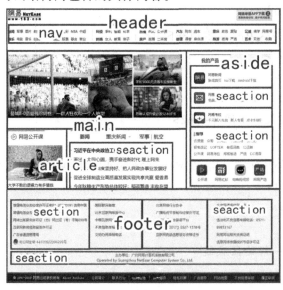

图2.18　显示的效果图

掌握 HTML 5 文档内容标签的使用方法。

　　文档内容标签只能书写在<body>内,它是用来给网页中书写内容的一类标签。它们通常嵌套在文档结构标签内部使用,标签内通常嵌套非块级标签或者直接书写文字内容。在同一个文档中,每使用一次文档内容标签就代表在网页中书写了一个内容,相同的内容可以使用相同的文档内容标签多次书写,但是它们通常不能直接互相嵌套自身使用。

　　文档内容标签众多,根据功能的不同可以将它们分为:图像标签、文本标签、文本格式标签、超链接标签、列表标签、表格标签、表单标签、音视频标签、行内框架标签等。下面将逐一介绍。

3.1　图像标签

　　图像标签是用来定义文档中图片结构和位置的标签。例如图 3.1 所示方框内为网页中常见的图像形式。

图 3.1　网页中的图片

常用的图像标签有：<img>（图片标签）、<figure>（流内容分组标签）、<figcaption>（分组标题标签）标签和<canvas>（绘制图形标签）。其中，<canvas>标签只是图形容器，要使用 JavaScript 脚本才能在文档中绘制图形。这里主要介绍<img>和<figure>标签。

3.1.1   <img>图片标签

该标签用于在文档中插入一个图片。常插入的图片格式有 png、gif 和 jpg 等。

1）基本格式

<img src=" URL " alt="替代文字" title="文本提示信息" width="宽高值">

2）使用方法

①一个<img>标签可以插入一张图片，当连续插入多个图片时，最好不要在代码中使用换行符。因为换行符代表占位符，它会使每个图片之间产生一个空格的间距，并且会在浏览器中显示出这个空格，从而改变图片在页面中的间隔。更不要使用 CSS 修改这个间距，会产生更多意想不到的显示问题。例如：

<! -- 在代码中图片标签之间使用回车键换行，在浏览器中图片之间会显示出一个字符的空格间距。-->
<img src=" img/logo1.jpg ">
<img src=" img/logo1.jpg "><hr>
<! -- 在代码中没有使用回车键换行的图片标签。在浏览器中图片之间不会出现间距。-->
<img src=" img/logo1.jpg "><img src=" img/logo1.jpg ">

浏览器中显示的效果如图 3.2 所示。

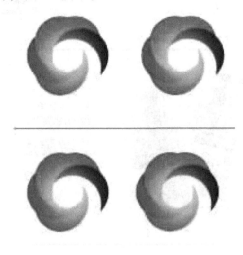

图 3.2   显示效果

②<img>标签常用的属性见表3.1。

表 3.1 　<img>标签常用属性

属性名	属性值	属性作用
src	URL	用来引入图片资源。它的属性值为 URL。一个<img>标签内只能使用一个 src。（必要属性）
alt	替换文字	用于当图片丢失或者图片无法显示时，使用文字替代图片显示或者帮助搜索引擎理解图片的内容。alt 属性值为描述图片的文字。如果图片仅作为网页的装饰图片时，alt 属性值可以为空值或者省略。
title	说明文字	用于当光标移动到图片上时，显示出图片的文本提示信息。
width 和 height	pixels 或者%	用来定义图片在网页中显示的宽度和高度。当不使用此属性时，图片按默认宽高值显示。默认的单位值为像素（pixels），可以省略不写。注意：图片预留的空间和定义的宽高值应该与图片的画幅比例相同，绝对不能使用 width 和 height 属性来改变图片的画幅比例，否则会使图片显示变形。通常只使用 width 属性就好，height 属性会根据画幅比例自动调整。在实际使用时，建议使用 CSS 来定义宽度和高度值。

3）使用案例

```
<! -- src 地址正确时只显示图片,不显示 alt 值。-->
<img src="img/logo1.jpg" alt="这是一个图标。" width="150">
<! -- src 地址错误时不显示图片,只显示 alt 值。-->
<img src="logo.jpg" alt="这是一个图标。" width="150">
<! -- 当带有 title 属性时,光标移动到图片上并且停留一会儿会显示提示信息。-->
<img src="img/logo1.jpg" alt="这是一个图标。" title="这是一个圆形图标。"
width="150">
<! -- 用 width 和 height 属性强制定义图片的宽度和高度。-->
<img src="img/logo1.jpg" alt="这是一个图标。" width="50" height="100">
```

浏览器中显示的效果如图 3.3 所示。

图 3.3 　显示效果

3.1.2 <figure>流内容分组标签

该标签用于将文档中内容相关的、可以独立的流内容[1]划分在一组。在浏览器中显示为带有边距的一块相对独立的区域。

1）基本格式

```
<figure>
    <! -- 将<figcaption>标签置在第一个子元素的位置上。-->
    <figcaption>figure 的标题</figcaption>
    <img src=" URL " alt="替代">
    <! -- 或者将<figcaption>标签置在最后一个子元素的位置上。-->
</figure>
<! -- 或者不使用<figcaption>标签。-->
<figure>
    <img src=" URL " alt="替代">
</figure>
```

2）使用方法

①<figure>标签通常嵌套在内容结构标签内部使用。

②可以使用 < figcaption > 标签在 < figure > 标签内添加且只能添加一个标题。<figcaption>标签是一个标准标签，只能放置在<figure>标签内的第一个或者最后一个子元素的位置上，标题文字默认居左显示。

③<figure>标签内通常嵌套流内容，例如图片、图表、照片等。

3）使用案例

```
<figure>
    <figcaption>秋季风景</figcaption>
    <img src="img/autumn.jpg " alt="这是一个秋季风景图片。" title="这是一个秋季风景
图片。" width=" 400 ">
</figure>
<p>悲哉秋之为气也! 萧瑟兮草木摇落而变衰,憭栗兮若在远行,登山临水兮送将归。
</p>
```

浏览器中显示的效果如图 3.4 所示。

---

[1]流内容通常指非文本类的内容,其存在与否,不会对文档的内容产生影响。

悲哉秋之为气也!萧瑟兮草木摇落而变衰,憀栗兮若在远行,登山临水兮送将归。

图 3.4　显示效果

3.2　文本标签

文本标签是用来定义文档中段落结构或者文本语义的标签。例如图 3.5 所示方框内为网页中常见的文本形式。

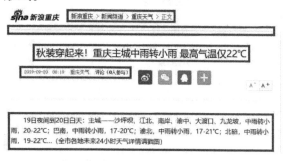

图 3.5　网页中的文本

文本标签包括:<h1>到<h6>(标题标签)、<p>(段落标签)、
(换行标签)、<hr>(水平线标签)和<span>(行内标签)。

3.2.1　<h1>到<h6>标题标签

该标签用于在文档中给段落文字添加一个标题。它一共有六种不同形态的标签,分别是:<h1>、<h2>、<h3>、<h4>、<h5>和<h6>。其中,h 前的数字越小,浏览器中显示的文字字号越大,被搜索引擎认为的重要性也越高。

1)基本格式

```
<h1>一级标题</h1>
<h2>二级标题</h2>
<h3>三级标题</h3>
<h4>四级标题</h4>
<h5>五级标题</h5>
<h6>六级标题</h6>
```

2）使用方法

①一个文档里只能有一个<h1>标签，其他的 h 标签可以多次使用。

②在编写标题时，应按照标题的重要性选择合适的标题标签。

③标题标签是一种带有样式的标签，它会更改字体的大小和粗细，所以不要使用标题标签来定义文字的大小和粗细。如果要定义文字的大小和粗细，请使用 CSS 样式。

标题标签在浏览器中显示的效果如图 3.6 所示。

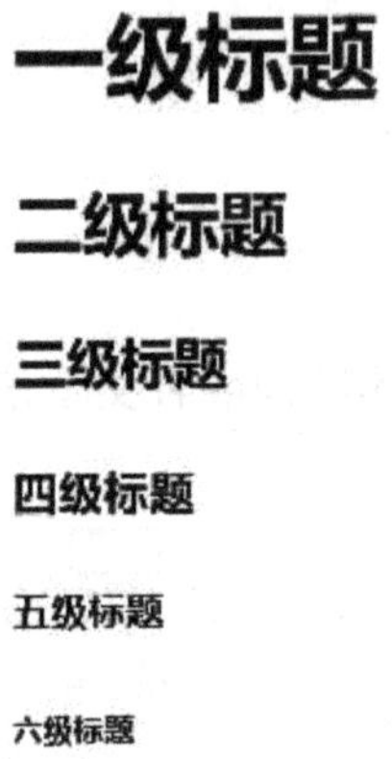

一级标题

二级标题

三级标题

四级标题

五级标题

六级标题

图 3.6　显示效果

3.2.2　<p>段落标签

该标签用于在文档中添加段落文字。它是一个带有默认文本属性的块元素，段落中的文字和段落之间的默认行间距值都为 16px。当文本的字符数超过浏览器显示窗口的宽度值或者设定的宽度值时，文本会自动换行。

1）基本格式

<p>段落文字内容。</p>

2）使用方法

①<p>标签内只能嵌套行内元素或者书写文字内容。

②一段文字要使用一个<p>标签包裹。

3）使用案例

<h3>静夜思</h3>
<p>唐代：李白</p>
<p>床前明月光，疑是地上霜。</p>
<p>举头望明月，低头思故乡。</p>

浏览器中显示的效果如图 3.7 所示。

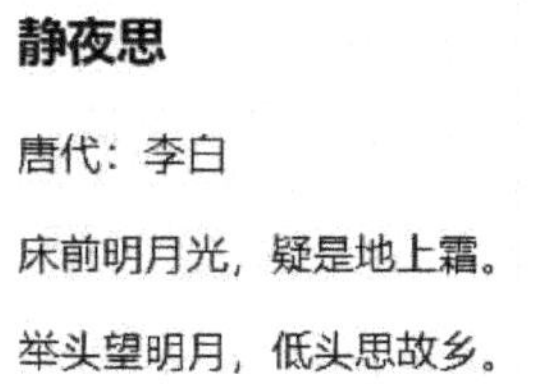

静夜思

唐代：李白

床前明月光，疑是地上霜。

举头望明月，低头思故乡。

图 3.7　显示效果

3.2.3　<hr>水平线标签

该标签用于在文档中插入一条水平分隔线，在浏览器中显示为一条水平分隔线，但它并不会从语义上分割段落。水平线也可以使用 CSS 的边框线来绘制。

使用案例：

```
<h3>静夜思</h3>
<hr>
<p>唐代：李白</p>
<p>床前明月光，疑是地上霜。</p>
<p>举头望明月，低头思故乡。</p>
```

浏览器中显示的效果如图 3.8 所示。

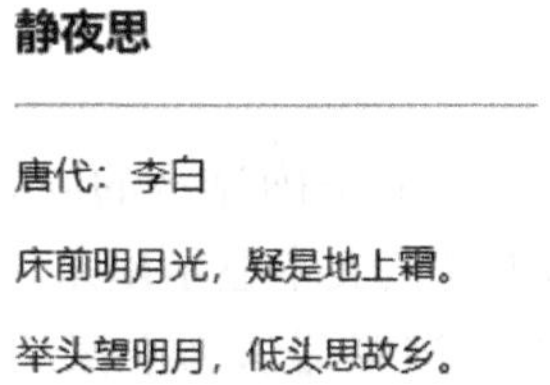

静夜思

唐代：李白

床前明月光，疑是地上霜。

举头望明月，低头思故乡。

图 3.8　显示效果

3.2.4　
换行标签

该标签用于使文本强行换行，也就是使插入换行标签后面的文本另起一行显示。它在浏览器中显示为换行效果，但并不会从语义上分割段落。如果在代码中直接使用回车键换行，那么只能在代码中看到换行的效果，而不会在浏览器中看到换行效果。如果不使用换行标签，那么文本的宽度将按浏览器显示窗口的宽度值或者设定的宽度值显示。在文本中，也可以使用<p>标签包裹文本实现换行，但是<p>标签包裹的文本会从语义上分割段落，还会带有<p>标签默认的行间距属性，所以在使用时最好根据实际的需要来选择合适的标签实现换行的功能。

使用案例：

```
<h3>江雪</h3>
<p>唐代:<br>柳宗元</p> <!-- 在段落文字中添加<br>标签，强行换行。-->
```

```
<br>   <!-- 在两个段落之间空一行。-->
<!-- 在代码中使用回车符换行,在浏览器中不会显示出换行效果。-->
<p>千山鸟飞绝,
万径人踪灭。</p>
<!-- 每一行文字都使用一个<p>段落标签,也可以实现换行效果。-->
<p>孤舟蓑笠翁,</p>
<p>独钓寒江雪。</p>
```

浏览器中显示的效果如图 3.9 所示。

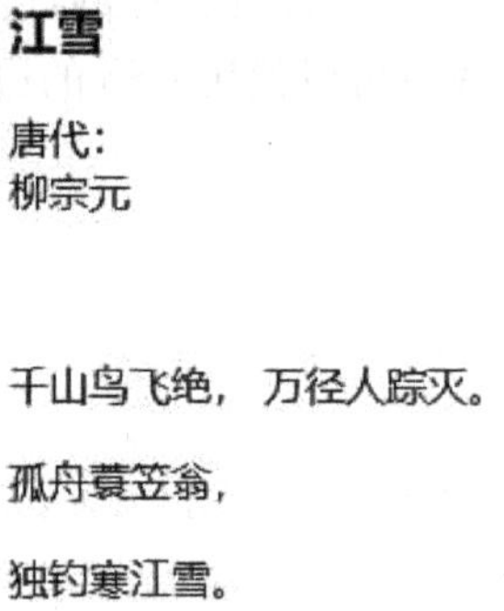

江雪

唐代:
柳宗元

千山鸟飞绝, 万径人踪灭。

孤舟蓑笠翁,

独钓寒江雪。

图 3.9 显示效果

3.2.5 特殊字符

特殊字符用于解决文档中符号不能正确显示的问题。例如:当文档中的字符与标签相同时,字符会按照标签执行,而不是按文本显示出来;当在文档中输入多个空格号时,在浏览器中只会显示出一个空格,因为浏览器认为空格的含义为文本的分隔符。为了解决这种问题,可以在文档中使用特殊字符替换这些显示错误的字符。常用的特殊字符集见表 3.2。

表 3.2 常用的特殊字符集

字符	HTML 源代码	字符作用	字符	HTML 源代码	字符作用
		空格符	©	&copy;	版权
<	&lt;	小于号	™	&trade;	商标
>	&gt;	大于号	¥	&yen;	人民币符号
&	&amp;	连接字符	°	&deg;	度数
®	&reg;	已注册	±	&plusmn;	正负号

使用案例：

<p>这个
换行标签价值 ¥2 块钱。</p>

浏览器中显示的效果如图 3.10 所示。

这个
换行标签价值¥2块钱。

图 3.10　显示效果

3.2.6　小结案例

按照图 3.11 所示，使用文本标签制作出这个网页的 HTML 5 文档。

图 3.11　显示的效果

此案例使用的图片素材有：名称为 logo_news.jpg 的图片，宽高值为 273px 和 79px。名称为 web-1.jfif 的图片，宽高值为 650px 和 400px。图片素材如图 3.12 所示。

图 3.12　logo_news 和 web-1 图片

1) 页面结构分析

从效果图可以看出页面的结构由图片、标题和段落内容组成,按照自上而下的顺序依次排列。logo 图片使用<img>标签引入一张 logo_news 图片。图片分组使用<figure>标签插入图片的标题和使用<img>标签引入一张 web-1 图片。标题使用<h1>标签到<h3>标签,分别定义文章内的正文标题和文章内的小标题。段落内容使用<p>标签。

2) 页面制作

根据上面分析的结果使用相应的标签制作网页的文档,书写在 body 内的代码如下:

1. <img src="img/logo_news.jpg" alt="这是一个 logo" width="150">
2. <h1>未来 5 年 web 前端发展的四大趋势</h1>
3. <hr>
4. <!-- 下面的时间内容和文字内容暂时用<p>标签包裹,在后面的章节将使用更加合适的标签包裹它们。-->
5. <p>2019 年 09 月 18 日 00:49　　资讯消息</p>
6. <hr>
7. <h3>原标题: web 前端未来发展趋势</h3>
8. <p>经过近 5 年的快速发展,
在 React 和 Vue 等框架的出现后,前端在代码开发方面的复杂度已经基本得到解决,再加上 Node 解决前后端分离,未来几年前端开发技术应该不会有太大的变化,但是将会呈现出四大发展趋势:</p>
9. <figure>
10. <figcaption>web 前端</figcaption>
11. <img src="img/web-1.jfif" alt="web 前端。">
12. </figure>
13. <h4>趋势一:入口应用会小程序化</h4>
14. <p>入口应用已经臃肿不堪,已经难以容纳自己公司各类业务线,更别说容纳第三方公司的业务。因此使用类似小程序的方案,可以做到畅享 HTML 多年来积累的开发模式,同时裁撤大量平时用不到的 API,降低渲染页面的复杂度。</p>
15. <h4>趋势二:Web 前后端融合为全栈开发</h4>
16. <p>Node.js 已经给前端开发很好地开了个头,这就是将前后端分离,让不懂前端 HTTP 协议和 API 的常规开发的人员不要在接口层瞎鼓捣。因此了解 HTTP 协议的前端,会慢慢吃掉这部分后端开发的任务,而了解 HTTP 协议的后端,也会因为三大框架开发模式的成熟而学会前端开发。进而,这些两类人演化为全栈开发。</p>

17.　<h4>趋势三：营销类页面小程序化</h4>

18.　<p>这个指的就是大家平时在微信里看到的各类营销网页，因为主要入口在微信，因此变成微信小程序。小程序现在可能 BUG 多，功能跟不上，但是要替代这类网页可能也就是 2 年不到的时间。</p>

19.　<h4>趋势四：<HTML>内的技术改进</h4>

20.　<p>万物互联的时代，更多的人、场景、知识将需要被更加紧密地联系在一起，而有连接的地方就会有界面，有界面的地方就会有前端。每一门学科与技术都是在不断摸索和总结中前行，前端技术也不例外。未来我们有理由相信在前端技术日趋成熟的前提下，新的突破和变革将会给我们的工作与生活带来更多惊喜。</p>

3.3　文本格式标签

文本格式标签是用来定义文档中文本的样式或者强调文本内容的标签。它们通常嵌套在文本标签内部使用，用它定义出来的文字是带有语义的。如果只是单纯定义文字的样式效果，最好使用 CSS 来实现。文本格式的标签众多，根据功能可分为：

①定义字体样式为主的标签，它们有：<bdi>（文本方向标签）、<bdo>（字符方向标签）、<tt>（打字机文本标签）、<i>（斜体文本标签）、<b>（粗体文本标签）、<small>（旁注标签）、<del>（删除文本标签）、<ins>（插入文本标签）、<sup>（上标文本标签）、<sub>（下标文本标签）、<mark>（记号标签）、<progress>（任务进度标签）、<ruby>（东亚发音字符注释标签）、<wbr>（断句换行符标签）等；

②定义文本语义为主的标签，它们有：<abbr>（标记缩写标签）、<address>（文档作者或者拥有者的联系信息标签）、<blockquote>（块引用标签）、<q>（行引用标签）、<meter>（度量标签）、<em>（强调文本标签）、<strong>（重要文本标签）、<cite>（引用标题标签）、<dfn>（项目标签）、<pre>（预格式文本标签）、<code>（代码文本标签）、<samp>（代码样本标签）、<kbd>（键盘输入文本标签）、<time>（日期/时间标签）、<var>（变量文本标签）等。

文本格式标签都是行内标签，使用的方法也基本相同，这里介绍一些常用的文本格式标签的使用方法。

3.3.1　<i>斜体文本标签与<em>普通强调文本标签

<i>斜体文本标签用来定义一段文字为斜体效果；<em>普通强调文本标签用来强调文本中的一段文字、术语或者概念给搜索引擎识别。虽然它们在浏览器中都显示为斜体效果，但是语义的轻重不同。当要强调文本时，使用普通强调文本标签；当要文字为斜体效果时,使用斜体文本标签或者使用 CSS 来定义就好。所以使用时要选择合适的标签使用,否则滥用普通强调文本标签会导致强调的内容太多而没有重点。

使用案例:

<p>这是<i>斜体文本</i>,显示为斜体。这是<em>普通强调文本</em>,也显示为斜体。</p>

浏览器中显示的效果如图 3.13 所示。

这是*斜体文本*,显示为斜体。这是*普通强调文本*,也显示为斜体。

图 3.13　显示效果

3.3.2　<b>粗体文本标签与<strong>重要强调文本标签

<b>粗体文本标签用来定义一段文字为粗体效果;<strong>重要强调文本标签用来强调文本中一段文字的重要性,它比<em>标签强调性更强。虽然它们在浏览器中都显示为粗体效果,但是语义的轻重不同。当要强调文本时,使用重要强调文本标签;当要文字为粗体效果时,使用粗体文本标签或者使用 CSS 来定义就好。所以使用时要选择合适的标签使用,否则滥用重要强调文本标签会导致强调的内容太多而没有重点。

使用案例:

<p>这是<b>粗体文本</b>。这是<strong>重点强调文本</strong>,显示为粗体。</p>

浏览器中显示的效果如图 3.14 所示。

这是**粗体文本**。这是**重点强调文本**,显示为粗体。

图 3.14　显示效果

3.3.3　<del>删除文本标签与<ins>插入新文本标签

<del>删除文本标签用来给一段文字添加删除线效果;<ins>用来插入新文本,它的内容默认显示为带有下划线。它们通常一起使用,用来描述文本中更新和修正的内容。

使用案例:

<img src="img/ad_1.jpg" alt="这是一张广告图片。" width="200">
<h5>自然堂喜马拉雅面膜
补水保湿细致毛孔面</h5>
<p>原价<del>￥998 元</del><ins>现价</ins>￥98 元</p>

浏览器中显示的效果如图 3.15 所示。

图 3.15　显示效果

3.3.4　<sup>上标文本标签与<sub>下标文本标签

<sup>上标文本标签用来定义一段文字为上标文本,例如给方程式添加指数值。与之相对应的还有<sub>下标文本标签,它可以给文档添加脚注或者书写化学符号角标等。

使用案例:

<p>注解¹、X²、O₂</p>

浏览器中显示的效果如图 3.16 所示。

$$注解^1、X^2、O_2$$

图 3.16　显示效果

3.3.5　<time>时间标签

该标签用于定义文档中内容的语义为日期或者时间,最好在日期或者时间文字上使用,它不会在浏览器中显示任何效果。

使用案例:

<p>我们在每天早上<time>9:00</time>开始营业。</p>

浏览器中显示的效果如图 3.17 所示。

我们在每天早上9:00开始营业。

图 3.17　显示效果

3.3.6　<mark>记号标签

该标签可像马克笔一样给一段文本画记号,在浏览器中显示的内容背景色为高亮黄色块。

使用案例：

<p>这是<mark>带有记号</mark>文本。</p>

浏览器中显示的效果如图3.18所示。

这是带有记号文本。

图3.18　显示效果

3.3.7　<progress>任务进度标签

该标签用于在文档中添加一个进度条,不同厂家的浏览器显示出的进度条外观有所不同。它只适合表示任务完成的进度情况,如下载进度条;而不适合表示衡量物体的数量,如磁盘空间剩余的容量。如需表示度量数值,请使用<meter>标签。

1)使用方法

①<progress>标签内不要嵌套任何标签或者书写文字内容,即使嵌套了内容也不会在浏览器中显示。

②<progress>标签通常和脚本语言一起使用,以实时显示任务的进度。

③<progress>标签有两个属性,见表3.3。

表3.3　<progress>标签的两个属性

属性名	属性值	属性作用
max	正数值	代表任务的最大工作量。
value	非负数值	代表已经完成百分比。

2)使用案例

下载进度：<progress value="37" max="100"></progress>
<p>显示下载进度为37%的进度条。</p>

浏览器中显示的效果如图3.19所示。

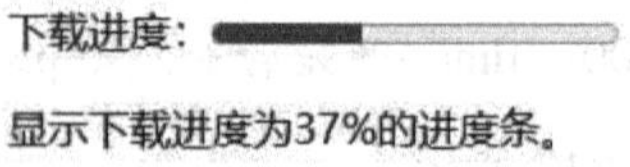

下载进度：

显示下载进度为37%的进度条。

图3.19　显示效果

3.3.8　<pre>预格式文本标签

该标签用于在浏览器中按文本的原始格式显示出文本,它能保留文本中的空格和换行符的原始格式。但是在<pre>标签内书写html标签会被浏览器执行,如要在<pre>标签内书写html标签,可以将标签的符号书写为特殊字符,例如 <br&gt 在浏览器中显示为
。

使用案例：

```
<pre>
  文本包含了空格    、&lt;hr&gt;标签文字、代码中敲的回车符和
  换行 &lt;br&gt;标签文字
</pre>
```

浏览器中显示的效果如图 3.20 所示。

文本包含了空格　　、〈hr〉标签文字、代码中敲的回车符和
换行〈br〉标签文字

图 3.20　显示效果

3.4　超链接标签

超链接标签用于定义文档中的文字和图片等元素为超链接。在浏览器中，超链接的文字默认显示为带下划线的蓝色字体，超链接的图片无默认显示样式。当鼠标光标触碰到超链接元素时，光标将显示为手型。例如图 3.21 所示的方框内为网页中常见的超链接形式。

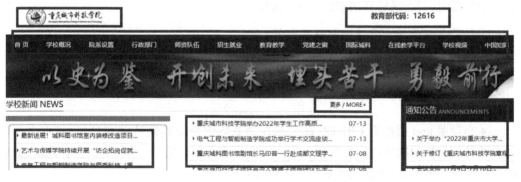

图 3.21　网页中的超链接

1）基本格式

`<a href=" url ">文字内容或者其他非块标签</a>`

2）使用方法

①`<a>`标签内通常嵌套行内标签、图片标签或者书写文字内容。

②`<a>`超链接标签有以下 3 个常用的属性，见表 3.4。

表 3.4　`<a>`超链接标签的 3 个常用属性

属性名	属性值	属性作用
href	URI	定义链接的网站或者下载资源的位置。（必要属性）
download	下载文件的名称	定义超链接为下载资源的链接。

续表

属性名	属性值	属性作用
target	target、_blank _self、_parent _top、framename	定义打开链接目标的方式。

a.href 属性为必要属性,它用来定义链接的网站或者下载资源的位置。它的属性值可以是 URL、信息片断字符串符或者 JavaScript 代码等。

• 当未设置 href 属性时,超链接在浏览器中显示为文字样式,并且不可点击,这时超链接只是个占位符。例如:

<a>无 href 属性的超链接标签</a>

浏览器中显示的效果如图 3.22 所示。

无 href 属性的超链接标签

图 3.22   显示效果

• 当设置 href 属性为空值或者"#"值时,超链接在浏览器中会按其默认样式显示,且点击超链接时,只会跳转到当前网址。例如:

<a href="">href 属性为空值的超链接标签</a>

浏览器中显示的效果如图 3.23 所示。

href属性为空值的超链接标签

图 3.23   显示效果

• 当设置 href 属性为 URL 时,超链接在浏览器中会按其默认样式显示,且点击超链接会跳转到设置的网址处。如果要在同一个空间服务器内跳转,可以使用相对地址;如果要跳转到站外地址,可以使用绝对地址。例如:

<!-- 点击链接文字或者图片跳转到网站首页。-->
<a href=" index.html ">首页网站</a>
<a href=" index.html "><img src=" img/star_01.png " width=" 60 " alt="图片链接"></a>

浏览器中显示的效果如图 3.24 所示。

首页网站

图 3.24   显示效果

• 当设置 href 属性为 URN 时,点击超链接时会调出系统中相关的功能,比如拨打电话功能、发送电子邮件的功能等。例如:

```
<!-- 点击超链接内的文字弹出系统电话或者发送邮件的功能。-->
<a href="Tel:15249284597">拨打电话</a>
<a href="mailto:liu1zhao@qq.com">发送邮件</a>
```

浏览器中显示的效果如图 3.25 所示。

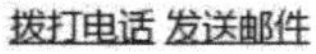

拨打电话 发送邮件

图 3.25　显示效果

● 当设置 href 属性为协议限定符时,通常使用 JavaScript 语言编写程序。点击超链接在浏览器中会显示出程序运行的结果。例如:

```
<!-- 点击文字链接运行程序弹出对话框显示"你好!"。-->
<a href="javaScript:alert('你好!')">点击文字</a>
```

浏览器中显示的效果如图 3.26 所示。

此网页显示:

你好!

确定

点击文字

图 3.26　显示效果

● 当设置 href 属性为锚点时,超链接在浏览器中会按其默认样式显示,并且点击锚点可以在自身的页面中跳转到指定位置。使用锚点功能时必须在同一个网页文档内才有效果,并且还要在跳转处和被跳转处添加相关的属性。比如:首先在<a>标签的 href 属性上设置锚点链接,属性值为"#锚点名称",锚点名称为自定义名称。其次,在想要跳转处的标签内添加 id 属性。添加的 id 属性用来定位锚点跳转到的位置,属性值为 href 属性值的"锚点名称"。设置好后,点击<a>标签就可以跳转到对应的位置了。这里要注意:

使用锚点时,不要在<base>标签中设置基准地址,否则锚点中的 href 值会被添加上基准地址,从而导致锚点值改变而无法使用。

锚点与跳转处的间隔最好要大于一屏的距离,否则点击看不出跳转的效果。例如:

```
<!-- 使用 id 属性命名锚点位置 top。-->
<h3 id="top">顶部</h3>
<!-- 使用 href 属性给锚点设置"锚点名称",点击链接文字后会跳转到对应的锚点
处。-->
<a href="#bottom">到底部</a>
<h3><a href="#section1">位置 1</a></h3>
<h3><a href="#section2">位置 2</a></h3>
<!-- 使用换行符增加页面中锚点之间的距离,有足够的距离才能显示出跳转的效果。-->
```

```
<br><br><br><br><br><br><br><br><br><br><br><br><br><br>
<br><br><br><br><br><br><br><br><br><br><br><br><br><br>
<!-- 使用 id 属性命名锚点位置 section1。标签内部又嵌套了一个锚点链接,
点击"回到顶部"后跳转到"top"锚点位置处。-->
<p id="section1">位置 1 <a href="#top">回到顶部</a></p>
<br><br><br><br><br><br><br><br><br><br><br><br><br><br>
<br><br><br><br><br><br><br><br><br><br><br><br><br><br>
<!-- 使用 id 属性命名锚点位置 section2。标签内部又嵌套了一个锚点链接,
点击"回到顶部"后跳转到"top"锚点位置处。-->
<p id="section2">位置 2 <a href="#top">回到顶部</a></p>
<br><br><br><br><br><br><br><br><br><br><br><br><br><br>
<br><br><br><br><br><br><br><br><br><br><br><br><br><br>
<!-- 使用 href 属性设置"#top"锚点链接,使用 id 属性命名锚点位置 bottom,
点击链接文字跳转到顶部。-->
<a href="#top" id="bottom">回到顶部</a>
```

b.download 属性定义超链接为下载资源,在浏览器中点击链接后会弹出系统自带的文件管理器界面。它必须和 href 属性一同使用,否则无效。它的属性值用来重新定义下载文件的显示名称,但是有些浏览器并不支持此功能。当不设置属性值时,文件的名称会显示为文件的默认名称。例如:

```
<!-- 点击文字链接后下载图片文件。-->
<a href="img/star_01.png" download="eg_smile">下载图片</a>
<!-- 点击图片链接后下载图片文件。-->
<a href="img/star_01.png" download="eg_smile"><img src="img/star_01.png" width="60" alt="下载的图片"></a>
```

浏览器中显示的效果如图 3.27 所示。

图 3.27 显示效果

c.target 属性定义打开链接目标的方式。它的属性值和<base>标签里的 target 属性值相同,使用方法也相同。例如:

```
<!-- 通过 target 值告知浏览器点击链接后在新窗口中打开网页。-->
<a href="index.html" target="_blank">有 target 属性的超链接</a>
```

浏览器中显示的效果如图 3.28 所示。

图 3.28　显示效果

3.4.1　小结案例

按照图 3.29 所示，将效果图中带有下划线的文字和图片按钮制作成相应的超链接。

新闻中心

未来5年web前端发展的四大趋势

2019年09月18日 00:49 资讯消息

原标题： web前端未来发展趋势

经过近5年的快速发展，
在*React*和*Vue*等框架的出现后，前端在代码开发方面的复杂度已经基本得到解决，再加上*Node*解决前后端分离，
未来几年前端开发技术应该不会有太大的变化，但是将会呈现出**四大发展趋势**

趋势一：入口应用会小程序化

...

下载资源：

⬇ 电信下载1　⬇ 电信下载2

| ⬇ 本地下载 |
| 文件大小：56.96MB |

乐申

乐申近视眼镜框男

¥999 ¥99

图 3.29　效果图

其中，使用到的文件资源有：名称为 wps.rar 的文件；使用到的图片素材有：名称为 logo_news.jpg 的图片，宽高值为273px 和 79px；名称为 ad_2.jpg 的图片，宽高值为140px 和 140px；名称为 donwlord_btn.jpg 的图片，宽高值为 317px 和 94px；名称为 download-icon.jpg 的图片，宽高值为 35px 和 31px。图片素材如图 3.30 所示。

图 3.30　logo_news、ad_2、download-icon、donwlord_btn 和 download-icon 图片

1）页面结构分析

从图 3.29 可以看出页面的结构由图片、超链接、标题和段落内容组成，按照自上而下的顺序依次排列，并且在超链接中添加了跳转和下载等功能。

2）页面制作

根据上面分析的结果使用相应的标签制作网页的文档，其中书写在 body 内的代码如下：

```
1.  <header>
2.     <a href="#"><img src=" img/logo_news.jpg " alt="这是一个 logo " width=" 150 "></a>
3.  </header>
4.  <main>
5.     <h1>未来 5 年 web 前端发展的四大趋势</h1><hr>
6.     <time>2019 年 09 月 18 日 00：49</time>
           <a href=" http://m.ckxx.net " target="_blank ">资讯消息</a><hr>
7.     <h3><b>原标题</b>:  <strong>web 前端未来发展趋势</strong></h3>
8.     <p>经过近 5 年的快速发展,<br>在<i>React 和 Vue 等</i>框架的出现后,前端在代码开发方面的复杂度已经基本得到解决,再加上<em>Node</em>解决前后端分离,未来几年前端开发技术应该不会有太大的变化,<mark>但是将会呈现出<b>四大发展趋势</b></mark>:</p>
9.     <h4>趋势一:<del>入口应用会小程序化</del></h4>
10.    <p>...</p> <hr>
11.    <article>
12.      <section>
13.        <h3>下载资源:</h3>
14.        <img src=" img/download-icon.jpg " alt="下载图标。">
15.        <a href=" downlord/wps.rar " download=" wps1 ">电信下载 1</a>
16.        <img src=" img/download-icon.jpg " alt="下载图标。">
17.        <a href=" downlord/wps.rar " download=" wps1 ">电信下载 2</a><br>
18.        <a href=" downlord/wps.rar " download=" wps1 ">
19.          <img src=" img/donwlord_btn.JPG " alt="" width=" 200 ">
20.        </a> <hr>
21.      </section>
22.      <section>
23.        <img src=" img/ad_2.jpg " alt="广告图片 2">
24.        <h5>乐申近视眼镜框男</h5>
```

25.　　　　　<del>&yen;999</del><ins>￥99</ins>

26.　　　　</section>

27.　　</article>

28.　</main>

3.4.2　小结练习

　　按照图3.31—图3.33的网页效果图制作出三个html 5文档。当点击页面1中的上一页和下一页图标按钮时，可以跳转到页面3或者页面2上，以此类推，使页面之间形成一个闭环。

首页 > 新闻中心 > 新闻 > 正文

1990-1991年中国互联网的发展

2019-10-01 17:34:55　来源: XX网

1990年11月28日，钱天白教授代表中国正式在SRI-NIC注册登记了中国的顶级域名CN，从此开通了使用中国顶级域名CN的国际电子邮件服务。

1991年，中国科学院高能物理研究所采用DECNET协议，以X.25方式连入美国斯坦福线性加速器中心(SLAC)的LIVEMORE实验

图3.31　页面1的效果图

首页 > 新闻中心 > 新闻 > 正文

1992-1993年中国互联网的发展

2019-10-01 17:34:55　来源: XX网

1992年12月底，清华大学校园网(TUNET)建成并投入使用，是中国第一个采用TCP/IP体系结构的校园网，主干网首次成功采用FDD技术。1993年3月12日，朱副总理主持会议，提出和部署建设国家公用经济信息通信网(简称金桥工程)。

1993年12月10日，国务院批准成立国家经济信息化联席会议。 1993年12月，NCFC主干网工程完工。

图3.32　页面2的效果图

首页 > 新闻中心 > 新闻 > 正文

1995-1996年中国互联网的发展

2019-10-01 17:34:55 来源: XX网

1995:中科院"百所联网工程"启动第一次电信改革取得关键推进电信日开放公众上网业务水木清华BBS站点成立"朱令案"首次实现互联网询诊

1996:《中华人民共和国计算机信息网络国际联网管理暂行规定》四通利方推出利方在线张朝阳创办搜狐前身--爱特信公司尼葛洛庞帝的《数字化生存》

图 3.33　页面 3 的效果图

3.5　列表标签

列表标签是用来在文档中定义列表结构和内容的标签,在它的内部可以放置文本制作文字列表,也可以放置图片制作图片展示列表,还可以放置超链接制作导航栏或者菜单栏,甚至可以在列表中再嵌套列表形成更加复杂的列表结构。列表标签有自己默认的样式,但可以使用 CSS 去除。

列表标签有固定的嵌套格式,它由列表标签和子标签组成。列表标签包括:<ul>(无序列表标签)、<ol>(有序列表标签)和<dl>(自定义列表标签)。子标签包括:<li>(列表中的项目标签)、<dt>(自定义列表中的项目标签)和<dd>(自定义列表中项目的描述标签)。

3.5.1　<ul>无序列表标签

该标签用于在文档中添加一个无序列号的列表。在浏览器中,列表项前面默认显示为带有圆点。无序列表是网页中使用最多的一种列表。例如图 3.34 所示的方框内为网页中常见的无序列表形式。

1)基本格式

```
<! -- <ul>和</ul>为无序列表标签,<li>和</li>为列表中的项。-->
<ul>
    <li>...</li>
    <li>...</li>
    ...
</ul>
```

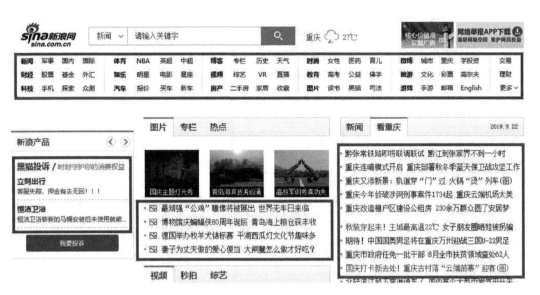

图 3.34　网页中的无序列表图

2）使用方法

①<ul>无序列表标签内至少要嵌套一对<li>和</li>列表项标签，再在<li>列表项标签内嵌套文档内容标签或者文字。

②<ul>标签有一个 type 属性，用来设置列表项前的标记类型，它的属性值有：disc（默认值）、square、Circle 等。但不建议使用这个属性，最好使用 CSS 来定义。

3）使用案例

```
<!-- 这个无序列表中有三个项。-->
<ul>
    <li>A</li>
    <li>B</li>
    <li>C</li>
</ul>
```

浏览器中显示的效果如图 3.35 所示。

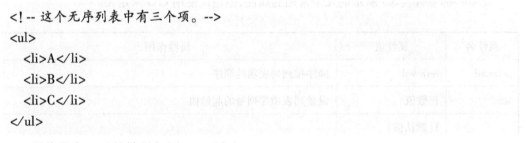

图 3.35　显示效果

3.5.2　<ol>有序列表标签

该标签用于在文档中添加一个有序列号的列表。在浏览器中，列表项前面默认显示为带有序列号，例如图 3.36 所示方框内为网页中常见的有序列表形式。

图 3.36　网页中的有序列表图

1)基本格式

```
<!-- <ol>和</ol>为有序列表标签,<li>和</li>为列表中的项。-->
<ol>
  <li>...</li>
  <li>...</li>
  ...
</ol>
```

2)使用方法

①<ol>有序列表标签内至少要嵌套一对<li>和</li>列表项标签,再在<li>列表项标签内嵌套文档内容标签或者文字。

②<ol>标签有表 3.5 所示的几个常用的属性,但建议使用 CSS 来定义。

表 3.5　<ol>标签常用的几个属性

属性名	属性值	属性作用
reversed	reversed	降序排列列表项的顺序
start	正数值	设置列表项序列号的起始值
type	1(默认值) A(大写字母) a(小写字母) I(罗马大写字母) i(罗马小写字母)	设置列表项序列号的标记类型

3)使用案例

```
<!-- 这个有序列表中有三个子项,并且按降序显示,序列号的标记类型为罗马小写字母,从第 5 个数字开始计数。-->
<ol reversed type="i" start="5">
```

```
 <li>A</li>
 <li>B</li>
 <li>C</li>
</ol>
```

浏览器中显示的效果如图 3.37 所示。

v. A

vi. B

vii. C

图 3.37　显示效果

3.5.3　<dl>自定义列表标签

该标签用于在文档中添加一个自定义列表。它通常用在图文混排、网站底部链接、电商购物指南、支付方式等地方,在浏览器中显示为带有层级的列表,例如图 3.38 所示方框内为网页中常见的自定义列表形式。

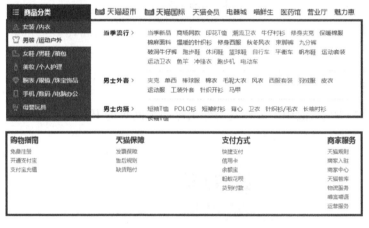

图 3.38　网页中的自定义列表

1)基本格式

```
<dl>
  <dt>...</dt>
    <dd>...</dd>
  <dt>...</dt>
    <dd>...</dd>
    <dd>...</dd>
</dl>
```

2）使用方法

①<dl>自定义列表标签中要嵌套<dt>和<dd>列表项标签，再在<dt>和<dd>列表项标签内嵌套文档内容标签或者文字。<dt>标签用来定义列表中的项，<dd>标签用来描述和说明列表中的项。

②<dl>标签内可以嵌套多对<dt>标签和<dd>标签，<dt>标签写在<dd>标签的上面，一个<dt>标签至少要和一个<dd>标签一起使用。

3）使用案例

```
<dl>
    <dt>计算机</dt>
        <dd>用来计算的仪器 … …</dd>
        <dd>以视觉方式显示信息的装置 … …</dd>
</dl>
```

浏览器中显示的效果如图 3.39 所示。

计算机
　　用来计算的仪器 … …
　　以视觉方式显示信息的装置 … …

图 3.39　显示效果

3.5.4　小结案例 1

按照图 3.40 所示，使用列表标签制作出这两个网页的 HTML 5 文档。

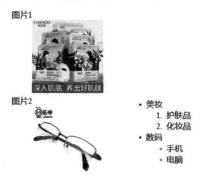

图 3.40　显示的效果图

其中，使用到的图片素材有：名称为 ad_1.jpg 的图片，宽高值为 300px 和 300px，名称为 ad_2.jpg 的图片，宽高值为 140px 和 140px。图片素材如图 3.41 所示。

图 3.41　ad_1 和 ad_2 图片

1）页面结构分析

从效果图可以看出文档分为两部分。左图为图文混排，代码可以写成自定义列表中嵌套图片；右图为列表嵌套，代码可以写成无序列表中嵌套有序列表。

2）页面制作

根据上面分析的结果使用相应的标签制作网页的文档，其中书写在 body 内的代码如下：

```
1.  <!-- 图文混排代码 -->
2.  <dl>
3.    <dt>图片 1</dt>
4.      <dd><img src=" img/ad_1.jpg " alt="图片 1 " width=" 140 "></dd>
5.    <dt>图片 2</dt>
6.      <dd><img src=" img/ad_2.jpg " alt="图片 2 "></dd>
7.  </dl>
8.  <!-- 列表嵌套代码 -->
9.  <ul>
10.     <li>美妆      <!-- 无序列表中嵌套有序列表 -->
11.       <ol>
12.           <li>护肤品</li>
13.           <li>化妆品</li>
14.       </ol>
15.     </li>
16.     <li>数码        <!-- 无序列表中嵌套无序列表 -->
17.       <ul>
18.           <li>手机</li>
19.           <li>电脑</li>
20.       </ul>
21.     </li>
22.  </ul>
```

3.5.5　小结案例 2

按照图 3.42 所示，使用列表标签、图片标签和超链接标签制作出这个网页的 HTML 5 文档。

其中，使用到的图片素材有：名称为 web_1.jpeg 的图片，宽高值为 314px 和 220px。图片素材如图 3.43 所示。

图 3.42　显示的效果图　　　　　　　　　图 3.43　web_1 图片

1) 页面结构分析

从效果图可以看出页面的结构由页头和页身两部分组成。其中,页头包含一个由列表制作的导航栏,页身包含一个标题和一张图片,它们按照自上而下的顺序依次排列。使用内容结构标签划分文档的各个区域,使用<ul>和<a>标签制作页头的导航栏,使用<h2>标签定义标题,使用<img>标签插入图片。

2) 页面制作

根据上面分析的结果使用相应的标签制作网页的文档,其中书写在 body 内的代码如下:

```
<!-- 导航栏通常使用无序列表标签和超链接标签制作,无序列表项前面默认带有圆点
符号,并且列表项会换行显示。-->
<header>
  <nav>
    <ul>
      <li><a href=" index.html ">首       页</a>
</li>
      <li><a href=" profile.html ">学校概况</a></li>
      <li><a href=" departments.html ">院系设置</a></li>
      <li><a href=" branch.html ">行政部门</a></li>
      <li><a href=" staff.html ">师资队伍</a></li>
    </ul>
  </nav>
```

```
</header>
<main>
    <h2>首页</h2>
    <img src="img/web_1.jpeg" alt="图片 1。">
</main>
```

制作网页之间的交互跳转

把上面的文档保存为 index.html（通常主页都是以此命名。），之后再复制四个 index.html 文档，并且按各个页面的内容分别重命名为 profile.html、departments.html、branch.html 和 staff.html，如图 3.44 所示。

branch.html　　departments.html　　index.html　　profile.html　　staff.html

图 3.44　5 个网页文档的命名

重命名好后，分别打开每个文档，将头部的<title>标签和主体内的<h2>标签中的内容替换为与文档名称相对应的文字，例如学校概况、院系设置、行政部门和师资队伍。再将主体内的<img>标签中的图片替换为与文档名称相对应的图片。其他标签保持不变。这样在点击导航栏内的超链接时，网页之间就能互相跳转，并且也能看到页面中文字和图片的变化。

替换 profile.html 文档内<main>的代码为：

```
<h2>学校概况</h2>
<img src="img/web_2.jpeg" alt="图片 2。">
```

替换 departments.html 文档内<main>的代码为：

```
<h2>院系设置</h2>
<img src="img/web_3.jpeg" alt="图片 3。">
```

替换 branch.html 文档内<main>的代码为：

```
<h2>行政部门</h2>
<img src="img/web_4.jpeg" alt="图片 4。">
```

替换 staff.html 文档内<main>的代码为：

<h2>师资队伍</h2>
<img src="img/web_5.jpeg" alt="图片 5。">

3.6　表格标签

表格标签是用来定义文档中表格结构和内容的标签,通过它可以在页面中制作表格。有时也可以使用它来定义页面的布局,但是使用表格定义的页面只能是方格,所以使用起来很不方便,现在已经无人使用它来布局页面,通常使用 CSS 来布局页面。图 3.45 所示方框内为网页中常见的表格形式。

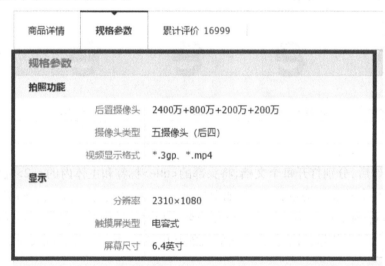

图 3.45　网页中的表格图

表格标签有固定的嵌套格式,由<table>(表格标签)和子标签组成。子标签包括:定义表格结构的<tr>(表格的行标签)、<th>(头部的单元格标签)和<td>(单元格标签);定义表格布局结构的<thead>(表头标签)、<tbody>(表身标签)、<tfoot>(表脚标签);定义表格标题的<caption>(表格标题标签)等。

3.6.1　<table>表格标签

该标签用于在文档中添加一个表格,单独使用时在浏览器中不显示内容,它必须和它的子标签一起使用。一个简单结构的表格至少由<table>标签、<tr>标签和<td>标签构成。

1）基本格式

```
<!-- 此表格为带有标题的两行两列的表格。-->
<table>
<caption>表格的标题</caption>
<!-- 表格的行标签。-->
  <tr>
      <!-- 表格的头部标签。-->
      <th>单元格的头部 1</th>
      <th>单元格的头部 2</th>
  </tr>
  <tr>
      <!-- 表格的单元格标签。-->
      <td>单元格的单元 1</td>
      <td>单元格的单元 2</td>
  </tr>
</table>
```

2）使用方法

①<table>标签内可以并且只能添加一个<caption>标签。

②<caption>标签是个标准标签，用来给表格添加标题，且只能放置在<table>标签内的第一个子元素的位置上，添加的标题文字默认在表格内居中显示。

③<table>标签有如表 3.6 所示的几个常用的属性，但建议使用 CSS 来定义它们。

表 3.6　<table>标签的几个属性

属性名	属性值	属性作用
border	pixels	定义表格边框的宽度。
width	pixels 或者%	定义表格的宽度，此属性也可以在<tr>和<td>标签上使用。
height	pixels 或者%	定义表格的高度，此属性也可以在<tr>和<td>标签上使用。
cellpadding	pixels 或者%	定义单元格边沿与其内容之间的间距。
cellspacing	pixels 或者%	定义单元格线框之间的间距。

a.border 属性用来设置表格线框的宽度，属性值为非负数的长度值。当属性值为零或者不写此属性时，表格的线框将不显示，但是仍然会保留 1 像素的默认线宽间距。例如：

```
<!-- 当 border 属性为 0 像素时,不显示表格线框,但仍然会有 1 像素默认的宽度。-->
<table border="0">
  <tr>  <th>学号</th>  <th>姓名</th>  <th>成绩</th>  </tr>
  <tr>  <td>01</td>  <td>张三</td>  <td>60</td>  </tr>
  <tr>  <td>02</td>  <td>李四</td>  <td>90</td>  </tr>
</table><hr>
<!-- 当 border 属性为 1 像素时,显示表格的线框为 1px。-->
<table border="1">
  <tr>  <th>学号</th>  <th>姓名</th>  <th>成绩</th>  </tr>
  <tr>  <td>01</td>  <td>张三</td>  <td>60</td>  </tr>
  <tr>  <td>02</td>  <td>李四</td>  <td>90</td>  </tr>
</table>
```

浏览器中显示的效果如图 3.46 所示。

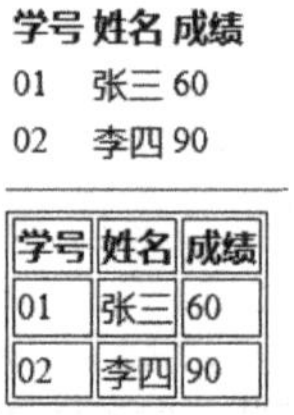

学号	姓名	成绩
01	张三	60
02	李四	90

图 3.46 显示效果

b.width 属性用来设置表格外框的宽度,属性值为非负数的长度值。当属性值为像素值时,表格宽度不随浏览器窗口的大小改变;当属性值为百分比值时,表格宽度随浏览器窗口的大小改变。当属性值为零、不写此属性值或者小于表格内所有元素的宽度值相加之和时,表格宽度会按表格内所有元素的宽度值相加之和显示。例如:

```
<!-- width 属性设置表格的宽度为 400 像素,它不会随着浏览器窗口的大小改变。-->
<table border="1" width="400">
  <tr>  <th>学号</th>  <th>姓名</th>  <th>成绩</th>  </tr>
  <tr>  <td>01</td>  <td>张三</td>  <td>60</td>  </tr>
  <tr>  <td>02</td>  <td>李四</td>  <td>90</td>  </tr>
</table>  <hr>
<!-- width 属性设置表格的宽度为 80%,它会随着浏览器窗口的大小改变。-->
<table border="1" width="80%">
  <tr>  <th>学号</th>  <th>姓名</th>  <th>成绩</th>  </tr>
  <tr>  <td>01</td>  <td>张三</td>  <td>60</td>  </tr>
  <tr>  <td>02</td>  <td>李四</td>  <td>90</td>  </tr>
</table>  <hr>
```

```
<!-- 不写 width 属性时,属性值为表格内所有元素的宽度值相加之和。-->
<table border="1">
    <tr>    <th>学号</th> <th>姓名</th> <th>成绩</th>    </tr>
    <tr>    <td>01</td> <td>张三</td> <td>60</td>    </tr>
    <tr>    <td>02</td> <td>李四</td> <td>90</td>    </tr>
</table>
```

浏览器中显示的效果如图 3.47 所示。

学号	姓名	成绩
01	张三	60
02	李四	90

学号	姓名	成绩
01	张三	60
02	李四	90

学号	姓名	成绩
01	张三	60
02	李四	90

图 3.47 显示效果

c.height 属性用来设置表格外框的高度,属性值为非负数的长度值,使用方法和高度值类似,但是不能使用百分比值(%)。例如:

```
<!-- height 属性设置表格的高度为 150 像素,它不会随着浏览器窗口的大小改变。-->
<table border="1" height="150">
    <tr>    <th>学号</th> <th>姓名</th> <th>成绩</th>    </tr>
    <tr>    <td>01</td> <td>张三</td> <td>60</td>    </tr>
    <tr>    <td>02</td> <td>李四</td> <td>90</td>    </tr>
</table><hr>
<!-- 不写 heigh 属性时,属性值为表格内所有元素的高度值相加之和。-->
<table border="1">
    <tr>    <th>学号</th> <th>姓名</th> <th>成绩</th>    </tr>
    <tr>    <td>01</td> <td>张三</td> <td>60</td>    </tr>
    <tr>    <td>02</td> <td>李四</td> <td>90</td>    </tr>
</table>
```

浏览器中显示的效果如图 3.48 所示。

d.cellpadding 属性用来设置单元格内线框边沿与其内容边沿之间的间距,属性值为非负数的长度值。当不设置 width 属性值、只设置 cellpadding 属性值时,内容与边线四周之间的间距等于 cellpadding 属性值。例如:

图 3.48 显示效果

```
<!-- cellpadding 属性设置单元内线框边沿与其内容之间的间距为 10 像素。-->
<table width=" 400 " border=" 1 " cellpadding=" 10 ">
    <tr>  <th>学号</th> <th>姓名</th>  </tr>
    <tr>  <td>01</td> <td>张三</td>  </tr>
    <tr>  <td>02</td> <td>李四</td>  </tr>
</table>
```

浏览器中显示的效果如图 3.49 所示。

学号	姓名
01	张三
02	李四

图 3.49 显示效果

e.cellspacing 属性用来设置单元格线框内的间距,属性值为非负数的长度值。当cellspacing 属性为 0 时,可以消除线框内的间距,也可以消除线框默认的 1 像素宽度值。例如:

```
<!-- cellspacing 属性设置单元格线框的宽度为 0 像素。-->
<table width=" 400 " border=" 1 "  cellspacing=" 0 ">
    <tr>  <th>学号</th> <th>姓名</th>  </tr>
    <tr>  <td>01</td> <td>张三</td>  </tr>
    <tr>  <td>02</td> <td>李四</td>  </tr>
</table>
```

浏览器中显示的效果如图 3.50 所示。

学号	姓名
01	张三
02	李四

图 3.50　显示效果

3.6.2　\<tr\>表格的行标签

该标签用于给表格添加一行,单独使用时在浏览器中不显示内容。

1)使用方法

①\<tr\>标签必须嵌套在\<table\>标签内部使用。

②一个\<table\>标签内可以有若干个\<tr\>标签,一个\<tr\>标签代表表格的一行。

③\<tr\>标签内要嵌套它的子标签\<th\>标签或者\<td\>标签,之后再嵌套其他文本标签或者文本内容使用。

④\<tr\>标签有如表 3.7 所示的两个常用属性,但建议使用 CSS 来定义它们。

表 3.7　\<tr\>标签常用的属性

属性名	属性值	属性作用
align	right、left、center 等	定义本行表格中的内容在水平方向上的对齐方式。
valign	top、middle、bottom、baseline	定义本行表格中的内容在垂直方向上的对齐方式。

a.align 属性定义表格中某一行的内容在水平方向上的对齐方式。此时单元格必须设定有足够的宽度,否则显示不出此效果。常用的属性值有 left(居左对齐,默认值)、right(居右对齐)和 center(居中对齐)等。例如:

```
<!-- 第一个<tr>标签中的 align 属性定义表格的第一行中所有的内容居左对齐。第二
个<tr>标签中的 align 属性定义表格的第二行中所有的内容居右对齐。-->
<table width="100%" border="1">
    <tr align="left">  <th>学号</th> <th>姓名</th>  </tr>
    <tr align="right"> <td>01</td> <td>张三</td>  </tr>
</table>
```

此代码在浏览器中显示的效果如图 3.51 所示。

学号	姓名
01	张三

图 3.51　显示效果

b.valign 属性定义表格中某一行的内容在垂直方向上的对齐方式,此时单元格必须设定有足够的高度,否则显示不出此效果。常用的属性值有 top(居上对齐)、middle(居中对

齐,默认值)、bottom(居下对齐)、baseline(与基线对齐)。其中,baselinc 只对拼音文字有效。它是虚构的一条基线,用来对齐在同一行中的拼音文字,大多数拼音文字都是以基线为对齐线。当文本的字号相同时,bottom 与 baseline 的基准线基本相同;当文本的字号不相同时,bottom 与 baseline 的基准线不相同,如图 3.52 所示。

(a)当 valign="bottom"时   (b)当 valign="baseline"时

图 3.52　显示效果

2)使用案例

```
<!-- 第一个<tr>标签中的 valign 属性定义表格的第一行中所有的内容居顶对齐。第二
个<tr>标签中的 valign 属性定义表格的第二行中所有的内容居底对齐。-->
<table border="1" width="100%" height="100">
  <tr valign="top">   <th>学号</th> <th>姓名</th>   </tr>
  <tr valign="bottom">   <td>01</td> <td>张三</td>   </tr>
</table>
```

浏览器中显示的效果如图 3.53 所示。

学号	姓名
01	张三

图 3.53　显示效果

3.6.3　<th>和<td>表格的单元格标签

1)作用

这两个标签都是<tr>标签的子元素,用来定义行内的单元格。不同的是,<th>标签定义头部的单元格,单元格内的文本默认样式为粗体居中对齐显示。而<td>标签定义普通的单元格,单元格内文本的默认样式为正常字体居左对齐显示。

2)使用方法

①<th>标签和<td>标签都必须嵌套在<tr>标签内部使用。

②在一组<table>标签内只能在最上面的一行<tr>标签中使用<th>标签。

③在同一行<tr>标签内不能混合使用<th>标签和<td>标签。

④<th>标签内可以嵌套行内元素或者添加文本内容,不要直接嵌套自身使用。

⑤一个<tr>标签内可以有若干个<th>标签或者<td>标签,它们在同一行中的个数表示表格的列数,通常表格中每一行中都添加相同个数的<th>标签或者<td>标签,以保证每

行表格内的单元格的个数一致。

⑥<th>标签和<td>标签有表3.8所示的几个常用的属性。

表 3.8 <tr>标签和<td>标签的常用属性

属性名	属性值	属性作用
align 与 valign	与<th>标签和<td>标签中的值相同	定义单元格中的内容在水平方向与垂直方向上的对齐方式。
colspan	正数值	合并同行不同列的单元格。
rowspan	正数值	合并不同行但同列的单元格。

a.aligh 与 valign 属性的使用方法与<tr>标签中的此属性使用方法相同,但建议使用CSS 来定义它们。

b.colspan 属性用来合并同行不同列的单元格,属性值为非负数的长度值。当 colspan="0"时,代表浏览器横跨到列组的最后一列。在合并同行中不同列的单元格时,首先要在将要合并的前面的单元格内添加 colspan 属性,colspan 属性值为将要合并的单元格的总数,之后要删除后面将要合并的单元格。注意在删除单元格时不能跨列删除。例如:

```
<!-- 合并第二行中第三列和第四列的单元格。在第二行的第三个<td>标签中添加了
colspan 属性和属性值2,同时,删除了第二行中的第四个<td>标签。合并第三行中第一
列到第三列的单元格。在第三行中的第一个<td>标签中添加了 colspan 属性和属性值
3。同时,删除了第三行中的第二和第三个<td>标签。-->
<table border="1">
  <tr>  <th>学号</th > <th>姓名</th> <th>平时成绩</th> <th>总成绩</th>  </tr>
  <tr>  <td>01</td> <td>张三</td><td colspan="2">80</td> <!-- 删除的单元格 -->
</tr>
  <tr>  <td colspan="3">02</td> <!-- 删除的单元格 --> <!-- 删除的单元格 --> <td>
80</td> </tr>
</table>
```

浏览器中显示的效果如图 3.54 所示。

图 3.54 显示效果

c.rowspan 属性用来合并不同行同列的单元格,属性值为非负数的长度值。当rowspan="0"时,代表浏览器横跨到表格中 thead、tbody 或者 tfoot 部分的最后一行。在合并同行中不同列的单元格时,首先要在前面的将要合并的单元格内添加 colspan 属性,colspan 属性值为将要合并的单元格的总数,之后要删除后面将要合并的单元格。注意在合并单元格

时不能跨越表格布局标签。例如：

```
<!-- 使用 rowspan 属性合并了第一行到第三行的第一列的单元格。在第一行的第一个
<th>标签中添加了 rowspan 属性和属性值3,同时,删除了第二行和第三行中的第一个
<td>标签。使用 rowspan 属性合并了第二行和第三行的第四列的单元格。在第二行的
第四个<td>标签中添加了 rowspan 属性和属性值2,同时,删除了第三行中的第四个
<td>标签。-->
<table border=" 1 ">
  <tr>  <th rowspan=" 3 ">学号</th> <th>姓名</th> <th>平时成绩</th> <th>总成绩
</th>  </tr>
  <tr>  <!-- 删除的单元格 --> <td>张三</td> <td>80</td> <td rowspan=" 2 ">80</td
>  </tr>
  <tr>  <!-- 删除的单元格 --> <td>李四</td> <td>60</td> <!-- 删除的单元格 -->
</tr>
</table>
```

浏览器中显示的效果如图 3.55 所示。

图 3.55　显示效果

3.6.4　表格布局标签

该标签用于定义表格内部的布局结构,对表格中的数据进行分组,便于浏览器理解和搜索引擎识别表格内的数据信息。它由定义表头的<thead>标签、定义表身的<tbody>标签和定义表脚的<tfoot>标签组成。如果使用了其中的一个标签,那么就必须使用全部标签,它们在表格中通常的顺序是:<thead>标签、<tbody>标签和<tfoot>标签,但是如果顺序写错了,在浏览器中仍然会按照从<thead>标签、<tbody>标签和<tfoot>标签的顺序显示。

1)使用方法

①它们必须嵌套在<table>标签内部使用,并且一个标签只能在<table>标签内使用一次。

②它们都要放在同一个层级中使用,不能互相嵌套或者自身嵌套使用。

③标签内都必须要先嵌套<tr>标签,再嵌套<th>标签或者<td>标签。

④<thead>标签的<tr>标签内的第一行只能嵌套<th>标签,第二行只能嵌套<td>标签。<tbody>标签和<tfoot>标签的<tr>标签内只能嵌套<td>标签。

⑤它们常用的属性有 align 和 valign 等,使用方法和<tr>、<th>和<td>标签内的 align 和 valign 属性相同。但不建议使用这些属性,最好使用 CSS 来定义。

⑥<th>和<td>标签不能跨越<thead>表头标签、<tbody>表身标签和<tfoot>表脚标签使

用 rowspan 属性,即使用了也无效。

2)使用案例

```
<! -- 即使<tbody>标签和<tfoot>标签顺序写错,依然会按照正确的顺序显示。-->
<table border=" 1 " width=" 100%">
  <tfoot>
      <tr>   <td>底部内容 1</td> <td>底部内容 2</td>   </tr>
  </tfoot>
  <tbody>
      <tr>   <td>身体内容 1</td> <td rowspan=" 2 ">身体内容 2</td>   </tr>
      <tr>   <td>身体内容 3</td> </tr>
  </tbody>
  <thead>
      <! -- 因为<thead>标签内只有一行,所以在<th>标签内使用 rowspan 属性无效。-->
      <tr>   <th rowspan=" 2 ">头部内容 1</th> <th>头部内容 2</th>   </tr>
  </thead>
</table>
```

浏览器中显示的效果如图 3.56 所示

头部内容1	头部内容2
身体内容1	身体内容2
身体内容3	
底部内容1	底部内容2

图 3.56　显示效果

3.6.5　小结案例

按照图 3.57 所示,使用表格标签制作出这个表格的 HTML 5 文档。

规格参数

拍照功能	
后置摄像头	双1200万
摄像头类型	前一摄像头
	后双摄像头
视频显示格式	HEVC、H.264、MPEG-4 Part 2 与 Mot

图 3.57　效果图

1)页面结构分析

从效果图可以看出表格的结构由五行两列构成。其中,第一行的两个单元格合并在一起,第三行和第四行的第一列合并在一起,并且表格带有标题名称。

2)页面制作

根据上面分析的结果使用相应的标签制作网页的文档,其中书写在 body 内的代码如下:

```
1.<table border=" 1 " cellspacing=" 0 " cellpadding=" 10 ">
2.   <! -- 给表格添加表格标题名称。-->
3.   <caption>规格参数</caption>
4.   <thead>   <! -- 合并第一行的两列。-->
5.     <tr>   <th colspan=" 2 ">拍照功能</th> <! -- 被删除的单元格 -->   </tr>
6.   </thead>
7.   <tbody>
8.     <tr>   <td>后置摄像头</td> <td>双 1200 万</td>   </tr>
9.     <tr>   <td rowspan=" 2 ">摄像头类型</td> <td>前一摄像头</td>   </tr>
10.    <tr>   <! -- 被删除的单元格 --> <td>后双摄像头</td>   </tr>
11.  </tbody>
12.  <tfoot>
13.    <tr>
14.   <td>视频显示格式</td> <td>HEVC、H.264、MPEG-4 Part 2 与 Mot</td>
15.    </tr>
16.  </tfoot>
17.</table>
```

3.6.6   小结练习

按照图 3.58 所示,使用表格标签制作一个四行四列的表格。其中,第一行定义为表头,并且第一行的第三个单元格和第四个单元格合并。第二行和第三行定义为表身,并且第二行和第三行的第一列合并,第三行的第二个单元格、第三个单元格和第四个单元格合并。第四行定义为表脚。

图 3.58   效果图

3.7 表单标签

表单标签是用来定义文档中表单结构和内容的标签,通过它可以收集用户在页面中填写的内容和信息,在浏览器中显示为表单。由于不同厂家的浏览器使用的内核不同,所以不同浏览器中的表单显现出的外观效果也略有不同。

它通常在网页中的登录页面、注册页面、评论区、问卷等位置以输入文本框、单选、多选等形式出现。网页中常见的表单形式如图 3.59 所示。

图 3.59　网页中常见的表单图

表单标签有固定的嵌套格式,它由<form>(表单标签)和子标签组成。它的子标签包括:<input>(输入控件标签)、<textarea>(文本框标签)、<select>(下拉列表标签)、<optgroup>(下拉列表中的选项分组标签)、<option>(下拉列表中的选项标签)、<label>(输入控件的标注标签)、<fieldset>(表单的边框标签)、<legend>(表单边框的标题标签)、<datalist>(以往数据列表标签)、<output>(输出控件标签)等,其中<output>标签需要脚本语言的支持,这里不做介绍。

3.7.1　<form>表单标签

该标签在文档中添加一个表单,单独使用时没有意义。它必须和它的子标签一起使用,否则在浏览器中不显示内容。

使用方法:

①<form>标签内通常嵌套其特有的子标签、文档内容标签或者文字内容。

②文档里可以有若干个<form>标签,但一个表单内只能有一个<form>标签。同一个文档中如果添加了多个表单标签,每个表单内的内容都是相对独立的。

③<form>标签有表 3.9 所示的几个常用的属性。

表 3.9　<form>标签的常用属性

属性名	属性值	属性作用
action	URL	告知浏览器将表单数据发送到何处。（必要属性）
method	get、post	告知表单数据以什么方式发送给服务器进行处理。
name	字符	给表单的各个控件定义接口的名称。
autocomplete	on、off	告知浏览器是否启用以往数据备选功能。
novalidate	novalidate	在提交表单时是否对表单内的数据进行有效性验证。

　　a.action 属性告知浏览器将表单数据发送到何处，属性值为 URL，此属性必须要写，否则当提交数据时，将没有对象处理数据。当此属性值为空值时，表示本页面自己处理数据，如果本页面内有处理数据的程序的话，此值有效。由于本书不涉及后台程序，所示 action 属性统一写为空值。

　　基本格式：

<form action=" URL "></form>

　　使用案例：

<!-- 告知浏览器将表单数据发送到 action.asp 处 -->
<form action=" action.asp ">
　用户名：<input type=" text ">
　密码：<input type=" password ">
　<input type=" submit " value="提交">
</form>

　　b.method 属性告知表单数据以什么方式发送给 action 属性指定的服务器进行数据处理，属性值为 post 和 get。简单地说，get 为默认方法，简单易用，传输速度快，表单数据会出现在地址栏中，适合不保密的数据和内容少的数据使用；post 方法安全，表单数据不会出现在地址栏中，适合发送密码数据和内容多的数据使用。

　　基本格式：

<form method=" post 或者 get "></form>

　　使用案例：

<!-- 告知浏览器使用 get 方法发送表单数据给服务器。-->
<form action="" method=" get ">
<!-- 当 get 属性值和<input>标签内的 name 属性一起使用时，在点击提交按钮后，才能在浏览器的地址栏中的 URL 后面看到表单提交的数据内容。而使用 post 属性值时，不会显示表单提交的数据内容。-->

用户名:<input type=" text " name=" name ">

密码:<input type=" password " name=" word ">

<input type=" submit " value="提交">

</form>

浏览器中显示的效果如图 3.60 所示。

file:///C:/Users/cxg/Desktop/日网页前端开发/1.html?name=张三&word=11121dasd

图 3.60　显示效果

c.name 属性给表单的各个控件定义接口的名称,对提交到服务器后的表单数据进行标识,同组的控件名称可以重名。此属性通常要书写,否则在提交表单时,各个表单接口传来的数据值后台程序将无法引用和处理。

基本格式:

<form name="自定义名称">…</form>

使用案例:

<form action="" name=" form1 ">

用户名:<input type=" text " name=" name ">

密码:<input type=" password " name=" password ">

<input type=" submit " value="提交">

</form>

d.autocomplete 属性告知浏览器是否使用以往填写过的数据作为备选项。它只能使用在带有 text、password、email、url、number、range、date pickers(date,month,week,time,datetime,datetime-local)、search 和 color 属性的<input>标签上,并且此属性还需要用户以往输入过数据或者使用过<datalist>(数据列表)才有效果。它的属性值为 on 开启(默认值)和 off 关闭。当在带有 password 属性值的<input>标签中使用无效时,可以使用 new-password 属性值解决这个问题。

基本格式:

<form autocomplete=" on 或者 off ">…</form>

使用案例:

<form action="" autocomplete=" off ">

用户名:<input type=" text " name=" name " autocomplete=" on ">

密码:<input type=" password " name=" password " autocomplete=" new-password ">

<input type=" submit " value="提交">

</form>

浏览器中显示的效果如图 3.61 所示：

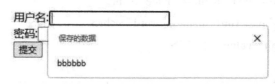

图 3.61　显示效果

e.novalidate 属性定义在提交表单时不对表单中数据内容的有效性进行验证。有效性是指表单中填写的内容、类型和格式是否符合要求。当提交数据时，它就不会再检测带有 text、password、Email、url、number、range、Date pickers（date，month，week，time，datetime，datetime-local）、search 和 color 属性的<input>标签内输入的数据是否有效。它的属性值为 novalidate，通常不使用此属性。

基本格式：

```
<form novalidate=" novalidate ">…</form>
```

使用案例：

```
<form action="" novalidate>
    E-mail：<input type=" email " name=" email " novalidate><br>
    <input type=" submit " value="提交">
</form>
```

3.7.2　<input>输入控件标签

该标签用于给文档中添加一个输入控件，可搜集用户输入、选择和提交的信息。它通过 type 属性可以定义出多种输入控件的类型，例如：定义单行文本框、按钮、单选按钮、复选框、滑动条等。

所有<input>标签都可以使用的属性见表 3.10。

表 3.10　所有<input>标签都可以使用的属性

属性名	属性值	属性作用
type	button、checkbox、file、hidden、image、password、radio、reset、submit、text、email、url、number、date、search、color 等。	定义 input 标签的类型。（必要属性）
autocomplete	on、off	告知浏览器是否启用以往数据备选功能。
name	字符	定义名称或者使选项分在一个选项组中。
value	字符	定义初始值、默认值、关联值或者按钮的名称。

续表

属性名	属性值	属性作用
autofocus	autofocus	定义页面加载后,光标聚焦在有此属性值的\<input\>标签上。一个表单中只能定义一个聚焦点,否则会产生冲突。
disabled	disabled	定义在页面加载时\<input\>标签为不可用。
form	form 的 id 值	将位于表单之外的一个或者多个\<input\>标签定义进这个表单之内。
formnovalidate	formnovalidate	重新定义\<input\>标签中的 novalidate 属性值。
required	required	定义表单中必须填写的内容和项目。

部分\<input\>标签可以使用的属性见表 3.11。

表 3.11　局部\<input\>标签可以使用的属性

属性名	属性值	属性作用	备注
checked	checked	定义按钮在页面加载时为选中状态,以方便用户使用。	只能用在 type 值为"radio、checkbox"上。
maxlength	正数值	定义可以输入最大的字符长度。	只能用在 type 值为"text、password、email、url、number、search"上。
minlength	正数值	定义可以输入最小的字符长度。	
pattern	正则表达式	用来验证输入字符的模式或者格式是否符合自定义要求。	
placeholder	说明文字	定义提示或者说明的内容。	
readonly	readonly	定义单行文本框内的内容为只读。	
size	字符数	定义单行文本框的宽度。	
formaction	URL	重新定义按钮中的 action 属性值。	只能用在 type 值为"submit"和"image"上。
formenctype	application/x-www-form-urlencoded text/plain multipart/form-data	重新定义按钮中的 enctype 属性值。	
formmethod	get、post	重新定义按钮中的 method 属性值。	
formtarget	_blank、_self、_paren、_top、framename	重新定义按钮中的 target 属性值。	
src	URL	引入图片按钮的 URL。	只能用在 type 值为"image"上。
height	长度值	定义图片按钮的高度。	
width	长度值	定义图片按钮的宽度。	

续表

属性名	属性值	属性作用	备注
min	非负数值或者日期	定义最小数值。	只能用在 type 值为"number、range 和 date pickers（date、month、week、time、datetime、datetime-local）"上。
max	非负数值或者日期	定义最大数值。	
step	正数值	定义数值的间隔。	
multiple	multiple	选择多个文件或者输入多个数值。	只能用在 type 值为"email 和 file"上。

①type 属性定义 input 标签的类型，其分类见表 3.12。

表 3.12　type 属性的分类

显示类型	属性值
单行文本框	text、password、hidden、email、url、number、date pickers（date、month、week、time、datetime、datetime-local）和 search。（当在平板或者手机上输入时，会自动弹出对应的文字键盘或者数字键盘。）
滑动条	range。
按钮	button、reset、submit 和 image。
选项	radio 和 checkbox。
上传文件	file。
拾色器	color。

• text 属性值定义<input>标签为可以输入字符的单行文本框。它有几个私有的属性，分别是：maxlength、pattern、readonly、size 和 placeholder 属性。

a.maxlength 属性用来定义可以输入最大的字符长度，属性值为非负数；

b.pattern 属性用来验证输入字符的模式或者格式是否符合自定义要求，属性值为正则表达式①，通常和 title 属性一起使用，用来描述定义的要求。例如 pattern="[0-9]" 表示输入值必须是 0 与 9 之间的数字；

c.readonly 属性用来定义单行文本框内的内容为只读，也就是禁止用户修改，但用户仍然可以选中和复制内容。它的属性值为 readonly。它通常和脚本语言一起使用，当满足一定条件时，脚本语言就会删除 readonly 属性值，使其回到可以编辑的状态。

d.size 属性定义单行文本框的宽度，属性值为字符数。建议使用 CSS 来定义。

———————————

①正则表达式（regular expression）描述了一种字符串匹配的模式（pattern），可以用来检查一个串是否含有某种子串、将匹配的子串替换或者从某个串中取出符合某个条件的子串等。

e.placeholder 定义提示或者说明的内容。

基本格式：

<input type="text" maxlength="非负数" pattern="正则表达式" title="要求内容" readonly="readonly" size="字符数" placeholder="提示内容">

使用案例：

<!-- 定义<input>标签的名称、提示内容、输入值、最大输入字符长度和文本框的宽度等属性。-->
<form action="">
  姓名：<input type="text" name="name" placeholder="请输入姓名。" pattern="[\u4E00-\u9FA5]{3}" title="请输入三个字的中文名称。">
  年龄：<input type="number" name="age" maxlength="3" min="0">
  备注 <input type="text" name="remark" valuer="无" readonly size="20">
  <input type="submit" value="提交">
</form>

浏览器中显示的效果如图 3.62 所示。

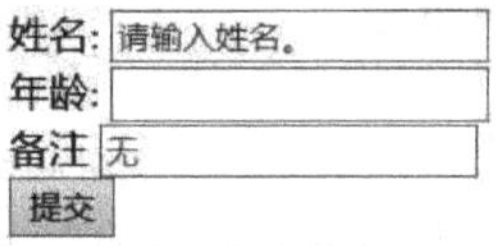

图 3.62　显示效果

当输入与定义内容不符时，显示的提示信息如图 3.63 所示。

图 3.63　提示信息

● password 属性值定义<input>标签为只能输入密码的单行文本框，文本框内的字符在浏览器中以星号或者原点显示。

基本格式：

<input type="password">

使用案例：

<form action="">
  用户名：<input type="text" name="name" placeholder="请输入姓名。">
  密码：<input type="password" name="password" placeholder="请输入密码。">
</form>

浏览器中显示的效果如图 3.64 所示。

用户名：请输入姓名。
密码：请输入密码。

图 3.64　显示效果

● email 属性值定义<input>标签为只能输入 email 地址的单行文本框，在提交表单时，会自动验证 email 格式的有效性。它有一个特有的 multiple 属性，用来允许在文本框中输入多个 email 地址，属性值为 multiple。在文本框中输入多个 email 地址时，使用英文逗号"，"分隔开每个 email 地址。

基本格式：

```
<input type="email">
```

使用案例：

```
<form action="">
    mail：<input type="email" name="email" placeholder="请输入一个email 地址" multiple> <br>
    <input type="submit" value="提交">
</form>
```

浏览器中显示的效果如图 3.65 所示。

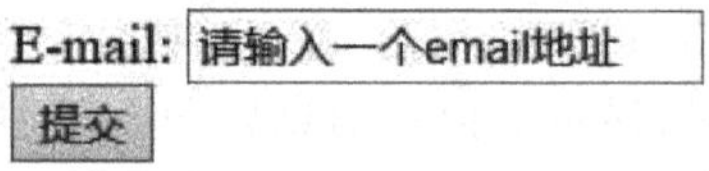

E-mail：请输入一个email地址
提交

图 3.65　显示效果

● url 属性值定义<input>标签为只能输入 URL 地址的单行文本框，在提交表单时，会自动验证 url 格式的有效性。

基本格式：

```
<input type="URL">
```

使用案例：

```
<form action="">
    请输入地址：<input type="URL" name="URL" placeholder="请输入一个 URL 地址">
    <br>
    <input type="submit" value="提交">
</form>
```

浏览器中显示的效果如图 3.66 所示。

图 3.66　显示效果

● number 属性值定义<input>标签为只能输入数字的单行文本框,在提交表单时,会自动验证输入的是否为数字。它有几个私有的属性,分别是 min、max 和 step,用来定义数值的范围和间隔,属性值为非负数。在定义 step 属性值时,一定要使用 placeholder 属性说明间隔值,否则在没有提示信息的情况下,用户可能会输入错误的内容。

基本格式:

<input type="number" min="最小数值" max="最大数值" step="间隔数">

使用案例:

<!-- 定义<input>标签为 number 文本框,min、max 属性定义数值的范围为 0 到 100。step 属性定义输入数值间隔为 5 的倍数。placeholder 说明输入数值间隔为 5 的倍数。-->
<form action="">
　请输入数字:<input type="number" name="number" placeholder="请输入 5 的倍数" min="0" max="100" step="5">
　<input type="submit" value="提交">
</form>

浏览器中显示的效果如图 3.67 所示。

图 3.67　显示效果

当输入的值间隔数或者超出设定范围错误时,表单会自动验证并提示错误信息,如图3.68 所示。

图 3.68　验证并显示信息

● date pickers 属性值定义<input>标签为可以选取日期和时间的文本框,属性值有date、month、week、time、datetime、datetime-local。它可以和 value 属性一起使用,定义初始的日期和时间。初始日期和时间的格式分别为:date 为"年-月-日"、month 为"年-月"、time 为"小时:分钟"等,中间使用英文间隔号"-"或者冒号":"分开。它还有几个私有的属性,分别是 min、max 和 step 属性,分别用来定义数值的范围和间隔,属性值为非负数。在屏幕、平板或者手机上输入时,浏览器会弹出系统自带的日期或者时间选框。

基本格式：

\<input type=" date " value="初始日期和时间" min="最小日期和时间" max="最大日期和时间" step="日期和时间间隔数">

使用案例：

\<! -- 定义\<input>标签为 date 文本框,value 属性定义初始日期为 2022-08-02。min、max 属性定义日期范围在 2018-06-01 到 2050-10-20 内。step 属性定义选择日期间隔为 5 的倍数。-->
\<form action ="">
　请选择日期\<input type=" date " name=" date " value=" 2022-08-02 " min=" 2018-06-01 " max=" 2050-10-20 ">\
　\<input type=" submit " value="提交">
\</form>

浏览器中显示的效果如图 3.69 所示。

图 3.69　显示效果

● range 属性值定义\<input>标签以滑动条的形式输入数值。它可以和 value 属性一起使用,通常配合脚本语言实现滑动滑块输入数值。它还有几个私有的属性,分别是 min、max 和 step 属性,分别用来定义数值的范围和间隔,属性值为非负数。它和 placeholder 属性一起使用时在浏览器中不显示提示效果。

基本格式：

\<input type=" range " min="最小数值" max="最大数值" step="间隔数">

使用案例：

\<! -- 定义\<input>标签为滑动条,name 属性定义每个\<input>标签的名称。value 定义滑块初始位置在 25。min、max 属性定义数值的范围为 0 到 100。step 属性定义滑动条只能在 25 的倍数值上停放。-->
\<form action ="">
　0 \<input type=" range " name=" number " value=" 25 " min=" 0 " max=" 100 " step=" 25 ">100
　\<input type=" submit " value="提交">
\</form>

浏览器中显示的效果如图3.70所示。

图3.70　显示效果

● search属性值定义<input>标签为单行搜索文本框,需要使用后台程序实现搜索功能。

基本格式:

<input type="search">

使用案例:

<form action="">
　<input type=search" placeholder="请输入搜索内容">
　<input type="submit" value="搜索">
</form>

浏览器中显示的效果如图3.71所示。

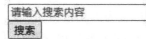

图3.71　显示效果

● button属性值定义<input>标签为自定义名称按钮,它必须和value属性一起使用,来定义按钮上显示的文字。如果不使用value属性值,自定义的按钮上将无文字。它需要配合后台程序才能实现按钮的功能效果。

基本格式:

<input type="button" value="按钮名称">

使用案例:

<!-- 定义<input>标签为自定义按钮,按钮名称为"确定付款" -->
<form>
　<input type="button" value="确定付款">
</form>

浏览器中显示的效果如图3.72所示。

确定付款

图3.72　显示效果

● reset属性值定义<input>标签为重置按钮,它能清除表单内所有填写过的数据。它通常和value属性一起使用,重新定义按钮上显示的文字。如果不定义value属性值,按钮上的文字将按照各个浏览器自定义的value属性值显示,通常显示的默认值为"重置"。

基本格式:

```
<input type="reset" value="按钮名称">
```

使用案例:

```
<!-- 定义<input>标签为重置按钮,按钮名称为"重新填写" -->
<form action="">
    姓名:<input type="text" name="name"><br>
    年龄:<input type="text" name="age"><br>
    <input type="reset" value="重新填写">
</form>
```

浏览器中显示的效果如图 3.73 所示。

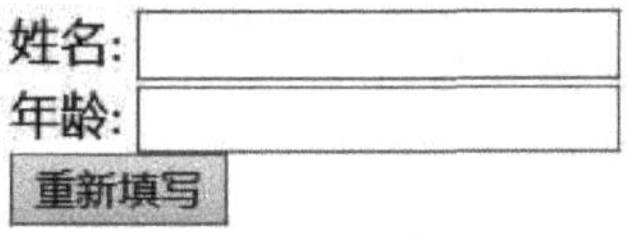

姓名:
年龄:
重新填写

图 3.73　显示效果

● submit 属性值定义<input>标签为提交按钮,它通常和 value 属性一起使用,重新定义按钮上显示的文字。如果不定义 value 属性值,按钮上的文字将按照各个浏览器自定义的 value 属性值显示,通常显示的默认值为"提交"。它有几个私有的属性,分别是 formaction、formenctype、formmethod 和 formtarget 属性,用来重新定义提交按钮中的 action、enctype、method 和 target 属性值,而不受表单<form>标签中定义的这些属性值的影响。

基本格式:

```
<input type="submit" value="按钮名称">
```

使用案例:

```
<!-- 定义<input>标签为提交按钮,第一个提交按钮的 value 值为"确定提交"。第二个提
交按钮中添加 formaction 和 formenctype 属性,并且重新定义了按钮的提交地址和数据
的编码方式。 -->
<form action="">
    姓名:<input type="text" name="name"><br>
    年龄:<input type="text" name="age"><br>
    <input type="reset" value="重新填写">
    <input type="submit" value="确定提交">
    <input type="submit" value="确定提交给管理员" formaction="(管理员的)URL"
    formenctype="multipart/form-data">
</form>
```

浏览器中显示的效果如图 3.74 所示。

姓名:
年龄:
重新填写 | 确定提交 | 确定提交给管理员

图 3.74　显示效果

● image 属性值定义<input>标签为图片按钮,它可以使按钮的外形更加丰富和符合网页的设计风格。它和<img>标签的使用方法类似,也有两个必要属性 src 和 alt,还有两个可选属性 width 和 height,这两个属性最好使用 CSS 来定义。它有几个私有的属性,分别是 formaction、formenctype、formmethod 和 formtarget 属性,用来重新定义图片按钮中的 action、enctype、method 和 target,而不受表单<form>标签中定义的这些属性值的影响。

基本格式:

<input type="image" src="图片资源的 URL" alt="替代文字">

使用案例:

<!-- 定义<input>标签为图片按钮,在第二个图片按钮中添加 formmethod 和 formtarget 属性,重新定义了按钮发送表单数据的方式和打开链接目标的方式。-->
<form action="">
　<input type="image" src="img/submit.jpg" alt="图片按钮" width="159" height="67">
　<input type="image" src="img/submit.jpg" alt="图片按钮" width="159" height="67" formmethod="post" formtarge="_blank">
</form>

浏览器中显示的效果如图 3.75 所示。

图 3.75　显示效果

● radio 属性值定义<input>标签为单选按钮,用来在多个选项中选取一个选项。它必须使用 value 给选项添加一个自定义的关联值。因为程序看不懂选项,只能通过关联值为后台程序提供选择信息。它还必须使用 name 属性将同一道题的若干个选项定义在一个组中,如果不定义,那么单选题会出现多选的错误情况。它还有一个特有的 checked 属性,属性值为 checked。checked 属性用来定义单选按钮在页面加载时为选中状态。在一道单选题中只能设置一个 checked 属性,当然也可以通过 JavaScript 脚本语言动态地设置选中的状态。

基本格式:

<input type="radio" name="自定义名称" value="关联值" checked="checked">

使用案例:

<!-- 用单选项定义了一道判断题,相同的 name 属性值代表选项在一组中,value 属性值为后台程序提供选中的数据,checked 属性定义初始的选中状态。-->
```
<form action="">
  <p>1.你认为这道题是正确的吗? </p>
  <input type="radio" name="question1" value="true"> A.正确<br>
  <input type="radio" name="question1" value="false" checked> B.错误<br>
</form>
```

浏览器中显示的效果如图 3.76 所示。

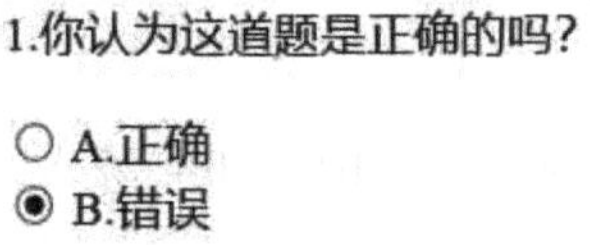

1.你认为这道题是正确的吗?

○ A.正确
◉ B.错误

图 3.76　显示效果

● checkbox 属性值定义<input>标签为复选框,用来在多个选项中选取多个选项。它必须使用 value 给选项添加一个自定义的关联值。因为程序看不懂选项,只能通过关联值为后台程序提供选择的信息。它还必须使用 name 属性将同一道题的若干个选项定义在一个组中,如果不定义,那么程序会认为各个选项不是同一道题的答案。它还有一个特有的 checked 属性,属性值为 checked。checked 属性用来定义多选按钮在页面加载时为选中状态,可以在同一道多选题中设置多个 checked 属性,当然也可以通过 JavaScript 脚本语言动态地设置选中的状态。

基本格式:

```
<input type="checkbox" name="自定义名称" value="关联值" checked="checked">
```

使用案例:

<!-- 用多选项定义了一道多选题,相同的 name 属性值代表选项在一组中,value 属性值为后台程序提供选中的数据,checked 属性定义初始的选中状态。-->
```
<form action="">
  <p>2.下面哪些是水果? </p>
  <input type="checkbox" name="question2" value="ture" checked> A.苹果
  <input type="checkbox" name="question2" value="ture" checked> B.橘子
  <input type="checkbox" name="question2" value="false" checked>C.土豆<br>
  <input type="checkbox" name="question2" value="ture">D.葡萄
  <input type="checkbox" name="question2" value="ture">E.西瓜
</form>
```

浏览器中显示的效果如图 3.77 所示。

● file 属性值定义<input>标签为上传文件按钮,用于上传文件。点击上传按钮会弹

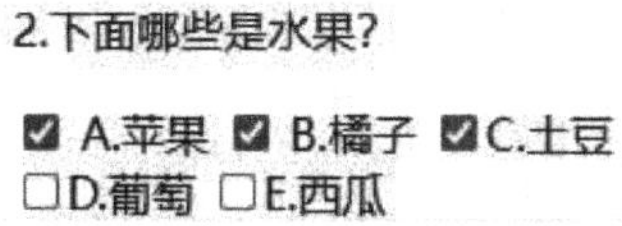

2.下面哪些是水果?

☑ A.苹果　☑ B.橘子　☑C.土豆
☐D.葡萄　☐E.西瓜

图 3.77　显示效果

出系统自带的文件选择框。它不能使用 value 属性。它还有两个私有的属性,分别是
accept 和 multiple 属性。accept 属性,用来定义弹出的文件框中显示的文件类型,它的属
性值为 MIME 类型,但是部分浏览器不支持 accept 属性。如果不定义 accept 属性,那么将
显示出全部的文件;multiple 属性用来在文件框中选择多个文件,属性值为 multiple。多选
文件时可以使用鼠标框选,也可以按住 Ctrl+鼠标左键点选。

基本格式:

<input type=" file " accept=" MIME 类型" multiple=" multiple ">

使用案例:

<!-- 定义<input>标签为上传文件按钮。name 定义上传的名称。accept 属性限定了弹
出的对话框中只显示 gif 格式的图片文件。-->
<form action="">
　<input type=" file " name=" upload " accept=" image/gif " multiple>
</form>

浏览器中显示的效果如图 3.78 所示。

图 3.78　显示效果

②autocomplete 属性与<form>标签中这个属性的功能相同,只是使用在<input>标签内。

③name 属性给输入型的<input>标签定义接口名称,或者使按钮与选项型的<input>
标签分为一组。

④autofocus 属性定义在页面加载时,将光标聚焦在有此属性值的<input>标签上,属性
值为 autofocus。此属性不能与 type=" hidden "值一起使用,也不要在同一个<form>标签内
的多个<input>标签上添加此属性,会引起聚焦冲突。

基本格式:

<input autofocus=" autofocus ">

使用案例:

<form action="">
　姓名:<input type=" text " name=" name ">
　年龄:<input type=" text " name=" age " autofocus>
　<input type=" submit " value="提交">
</form>

浏览器中显示的效果如图 3.79 所示。

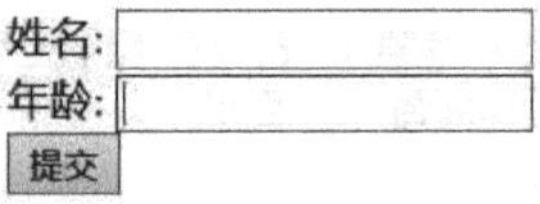

姓名：
年龄：
提交

图 3.79 显示效果

⑤disabled 属性定义在页面加载时<input>标签为禁用状态,标签内容显示为灰色,属性值为 disabled。它通常配合脚本语言动态地添加和删除 disabled 属性,满足一定条件时才可以使用。它不同于直接不显示的 type="hidden"属性,这两个属性也不要同时使用。

基本格式：

```
<input disabled="disabled">
```

使用案例：

```
<!-- 禁止提交 -->
<form action="">
    姓名:<input type="text" name="name"><br>
    年龄:<input type="text" name="age"><br>
    <input type="submit" value="提交" disabled>
</form>
```

浏览器中显示的效果如图 3.80 所示。

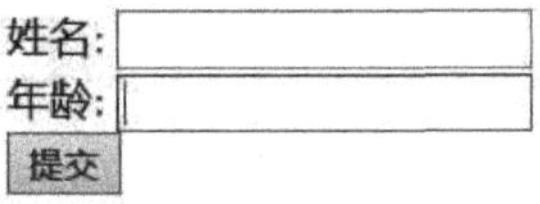

姓名：
年龄：
提交

图 3.80 显示效果

⑥form 属性可以将位于表单(<form>标签)之外的一个或者多个<input>标签定义进这个表单(<form>标签)之内。设置的方法为:在外部的<input>标签内添加 form 属性,并且 form 属性值要与<form>标签内的 id 属性值相同。<form>标签内的 id 属性值可以使用多个。多个 id 属性值可以将多个外部的<input>标签连接入表单内,多个 id 值之间使用空格分隔。

基本格式：

```
<form action="URL" id="表单名称1 表单名称2 ...">
<input form="表单名称1"></form>
```

使用案例：

```
<!-- 使位于<form>标签之外的<input>标签连接成为<form>标签内的一部分。-->
<form action="" id="form1">
    姓名:<input type="text" name="name"><br>
    <input type="submit" value="提交">
```

</form>

年龄:<input type="text" name="age" form="form1">

浏览器中显示的效果如图 3.81 所示。

图 3.81　显示效果

⑦formnovalidate 属性用来重新定义<input>标签中的 novalidate 属性值,而不再受<form>标签中定义过这个属性的影响,它的使用方法和属性值与<form>标签中的此属性相同。

基本格式:

<input formnovalidate="formnovalidate">

使用案例:

<!-- 在按钮标签上使用此属性时,其他定义为有验证的标签都将不再进行验证。-->
<form action="">
　E-mail:<input type="URL" name="email">
　<input type="submit" formnovalidate value="提交按钮">
</form>

浏览器中显示的效果如图 3.82 所示。

图 3.82　显示效果

⑧placeholder 属性在输入文字的单行文本框内显示出提示信息。它的属性值为说明文字。它在浏览器中默认的显示效果为灰色字体。placeholder 属性与 value 属性不同,value 属性代表文本框内的默认值,当点击提交信息时,服务器程序会将 value 属性值当成返回值处理,而 placeholder 属性值不会被当作返回值处理,它只会在文本框内显示出提示文字。它不能和 value、autofocus 属性一起使用,当它们一起使用时,文本框中只会显示出 value 的属性值或者焦点光标。

基本格式:

<input placeholder="说明文字">

使用案例:

<!-- 显示的提示信息为请输入姓名。它不会将 placeholder 的属性值当做返回值处理。-->
<form action="">

姓名:<input type="text" name="name" placeholder="请输入姓名。">
<input type="submit" value="提交">
</form>

浏览器中显示的效果如图3.83所示。

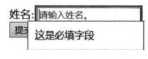

图3.83　显示效果

⑨required属性定义表单为必须填写的内容或者选中的项目,属性值为required。它通常使用在<input>的type属性为text、search、url、telephone、email、password、date pickers、number、checkbox、radio以及file的标签上。

基本格式:

<input required="required">

使用案例:

<form action="">
　　姓名:<input type="text" name="name" placeholder="请输入姓名。" required>
　　<input type="submit" value="提交">
</form>

浏览器中显示的效果如图3.84所示。

姓名:请输入姓名。
提交
这是必填字段

图3.84　显示效果

3.7.3　<label>输入控件的标注标签

该标签用于为<input>控件定义标记位置和区域,方便选择和点击。当用户点击带有该标签的文字时,系统会自动将焦点转移到和该标签相关联的表单控件上。它在浏览器中不会显示任何效果。

1)基本格式

<label for="id值">标记名称</label>
<input type="类型" name="自定义名称" id="id值" value="属性值">

2)使用方法

①<label>标签通常嵌套在<form>标签内部,并且放置在<input>标签的上方。
②<label>标签内书写的文字内容应与<input>标签的内容有关。
③<label>标签有for和form属性。form属性的使用方法和<input>标签的这个属性

的使用方法相同;for 属性用来绑定与之相关联的<input>标签,属性值为相关联的<input>标签中的 id 值。

3)使用案例

```
<! -- 定义一个单选按钮。点击按钮前的文字时,可以选中对应的单选按钮。点击表单
外部文字时,依然可以选中对应的单选按钮。-->
<form action ="" id =" form1 ">
   <label for =" option_a ">选项 A</label>
   <input type =" radio " name =" option " id =" option_a " value =" a "><br>
   <label for =" option_b ">选项 B</label>
   <input type =" radio " name =" option " id =" option_b " value =" b ">
</form><hr>
<label for =" option_a " form =" form1 ">选项 A</label>
```

浏览器中显示的效果如图 3.85 所示。

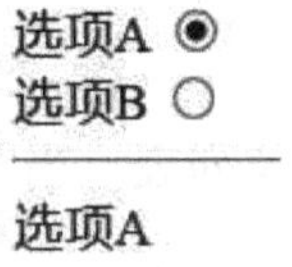

图 3.85　显示效果

3.7.4　<textarea>文本框标签

该标签用于给文档添加输入文本框。webkit 内核的浏览器默认显示可以拖动右下角进行大小缩放的文本框。当文本框小于文本的内容时,浏览器的右侧默认会显示出滚动条。

1)基本格式

```
<textarea cols="字符数" rows="行数">文本内容</textarea>
```

2)使用方法

①<textarea>标签内书写其他标签、空格、回车或者文字内容均会被认为是文本内容,并会显示在文本框内。

②<textarea>标签内的文本内容可以使用回车键换行,空格键分隔内容,并且这些格式会保留下来,显示在浏览器中。

● <textarea>标签有几个和<input>标签使用方法相同的属性,分别是:autofocus、disabled、form、maxlength、name、placeholder、readonly 和 required 属性。它还有几个特有的属性,常用的有 cols 和 rows 属性,它们分别用来定义文本框的宽度与行数(高度),属性值

为数值,但是这些属性建议使用 CSS 来定义。

3)使用案例

```
<!-- 定义文本框的宽度与行数分别为 20 和 5。-->
<form action="">
    <textarea cols="20" rows="5" placeholder="输入文字" required></textarea>
    <input type="submit" value="提交">
</form>
```

浏览器中显示的效果如图 3.86 所示。

图 3.86　显示效果

3.7.5　\<select>下拉列表标签

该标签用于在文档中插入一个下拉列表。当下拉列表框内的内容大于下拉列表框的长度时,浏览器右侧会显示出滚动条。

1)基本格式

```
<select>
    <optgroup label="分组名称 1">
        <option value="文字 11">选项 11</option>
        <option value="文字 12">选项 12</option>
        …
    </optgroup>
    <optgroup label="分组名称 2">
        <option value="文字 21">选项 21</option>
        <option value="文字 22">选项 22</option>
        …
    </optgroup>
    …
</select>
```

2)使用方法

①\<select>标签有固定的嵌套格式。\<select>标签内首先要嵌套\<optgroup>标签,之后再嵌套\<option>标签。其中,\<optgroup>和\</optgroup>标签为下拉列表相关选项的分组标签。它的

标签内只能嵌套<option>标签,之后再嵌套其他非块级标签或者文本内容。当没有可分组选项时,可以不使用<optgroup>标签,直接嵌套<option>标签。它有2个常用的属性,见表3.13。

表3.13　<select>标签的常用属性

属性名	属性值	属性作用
label	文字	为分组添加分组名称,并且分组名称不能被选中。
disabled	disabled	定义在页面加载时选项为禁用状态。

②<option>标签定义下拉列表中的选项,可以书写若干个<option>标签,每一个<option>标签只能定义一个选项内容,选项内容中书写文字。它有几个常用的属性,见表3.14。

表3.14　<option>标签的常用属性

属性名	属性值	属性作用
selected	selected	定义在页面加载时选项为选中状态。
value	文字内容	定义送往服务器的选项值。 因为<option>标签中的文字内容服务器程序是无法识别和处理的,所以就需要使用value属性对各个选项中书写的内容定义一个服务器程序能看懂的值,以便让服务器程序识别和处理。value属性的值可以和<option>标签内书写的文字内容不同。
disabled	disabled	定义在页面加载时选项为禁用状态。

③<select>标签常用的属性有autofocus、disabled、form、name、multiple、required和size。其中,name属性给数据定义统一的名称;multiple属性定义下拉列表的内容是否可以多选;size属性定义下拉列表的可见行数。它们的使用方法和<input>标签的这些属性的使用方法相同。

3)使用案例

```
<!-- 定义一个带有分组属性的下拉文本框。其中定义永川区为不可选项。-->
<form action="">
  <select>
    <optgroup label="陕西省">
      <option value="xian">西安市</option>
      <option value="baoji">宝鸡市</option>
    </optgroup>
    <optgroup label="重庆市">
      <option value="chongqing">重庆市</option>
      <option value="yongchuanqu" disabled>永川区</option>
    </optgroup>
  </select>
</form>
```

浏览器中显示的效果如图 3.87 所示。

图 3.87　显示效果

3.7.6　<datalist>数据列表标签

该标签用于给单行文本框提供预先设定好的、小规模的、可供选择的数据列表。当点击单行文本框时,会弹出预设的数据列表内容,在浏览器中显示为下拉列表。

1)基本格式

```
<datalist>
<option value="选项内容1">
<option value="选项内容2">
<option value="选项内容3">
…
</datalist>
```

2)使用方法

①<datalist>标签必须配合<input>标签使用,通常放置在<input>标签的下面。<input>标签要使用 list 属性来绑定文档中的<datalist>数据列表,<datalist>标签内也要添加 id 属性来绑定文档中对应的<input>标签,并且 list 属性值要和 id 属性值相同。

②<datalist>标签有固定的嵌套格式。<datalist>标签内只能嵌套<option>标签。<option>标签用来给<datalist>标签提供下拉列表的选项。一个<datalist>标签内可以有若干个<option>标签。

③<option>标签可以只书写开始标签,不书写结束标签,并且使用 value 属性定义列表选项的属性值。

3)使用案例

```
<form action="">
<!-- 定义了数据列表的选项、提示内容和文本框长度。-->
    <input type="text" list="fruit" placeholder="请输入你最爱吃的水果名称。" size="30">
    <datalist id="fruit">
        <option value="苹果">
        <option value="香蕉">
        <option value="梨">
```

```
</datalist>
<input type="submit" value="提交信息">
</form>
```

浏览器中显示的效果如图3.88所示。

请输入你最爱吃的水果名称。　　　提交信息

苹果

香蕉

梨

图 3.88　显示效果

3.7.7　小结案例

按照图3.89所示,使用表单标签制作出这个网页的 HTML 5 文档。

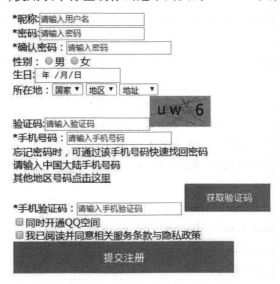

图 3.89　效果图

其中,使用到的图片素材有:名称为 id_code.jpg 的图片,宽高值为 100px 和 50px。名称为 img_btn1.png 的图片,宽高值为 154px 和 50px。名称为 img_btn2.png 的图片,宽高值为 362px 和 51px。图片素材如图3.90 所示。

id_code.jpg　　　　　　　　img_btn1.png　　　　　　　　img_btn2.png

图 3.90　id_code、img_btn1 和 img_btn2 图片

1）页面结构分析

从效果图可以看出页面的结构由表单构成，按照自上而下的顺序依次排列。使用到的表单标签有输入控件标签和下拉列表标签。

2）页面制作

根据上面分析的结果使用相应的标签制作网页的文档，其中书写在 body 内的代码如下：

```
1.  <form action="" method="post">
2.      <b>*</b>昵称:<input type="text" name="user_name" placeholder="请输入用
        户名" maxlength="20" required>  <br>
3.      <b>*</b>密码:<input type="password" name="password" placeholder="请输入
        密码" required> <br>
4.      <b>*</b>确认密码:<input type="password" name="password" placeholder="请
        输入密码" required>  <br>
5.      性别:<input type="radio" name="gender">男 <input type="radio" name="gender
        ">女<br>
6.      生日:<input type="date" name="date">  <br>
7.      所在地:<select>
8.          <option value="0">国家</option>
9.          <option value="86">中国</option>
10.         <option value="81">日本</option>
11.         <option value="82">韩国</option>
12.     </select>
13.     <select>
14.         <option value="0">地区</option>
15.         <option value="023">重庆</option>
16.         <option value="020">广州</option>
17.         <option value="021">上海</option>
18.     </select>
19.     <select>
20.         <option value="0">地址</option>
21.         <option value="001">九龙坡</option>
22.         <option value="002">沙坪坝</option>
23.         <option value="003">渝北</option>
24.     </select><br>
25.     <b>*</b>验证码:<input type="text" placeholder="请输入验证码" required><
        img src="img/id_code.jpg" alt="验证码图片" width="100"><br>
```

26.　　　`<b> * </b>`手机号码：`<input type="tel" minlength="11" maxlength="11"` `placeholder="请输入手机号码" required>`

27.　　　`<section>`忘记密码时，可通过该手机号码快速找回密码`<br>`

　　　　　请输入中国大陆手机号码`<br>`

28.　　　　其他地区号码`<a href="">`点击这里`</a>`

29.　　　`</section>`

30.　　　`<b> * </b>`手机验证码：`<input type="number" placeholder="请输入手机验证码"` `required>`

31.　　　`<input type="image" src="img/img_btn1.png" alt="获取验证码图片" width="` `140">` `<br>`

32.　　　`<input type="checkbox" name="optionq1" required>`同时开通 QQ 空间　`<br>`

33.　　　`<input type="checkbox" name="option1" required>`我已阅读并同意相关服务条款与隐私政策`<br>`

34.　　　`<input type="image" src="img/img_btn2.png" alt="提交注册图片">`

　　　35.　`</form>`

3.7.8　小结练习

　　按照图 3.91 所示，使用表格作为布局形式将 3.7.7 小结中的表单内容分为左右两列显示。

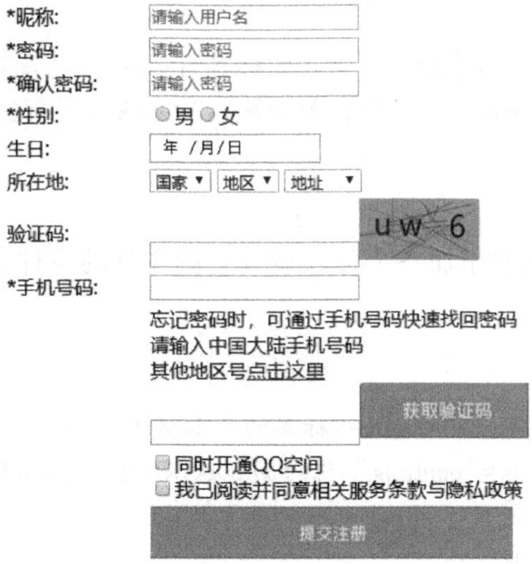

图 3.91　显示的效果图

3.8　音视频标签

音视频标签是用来在文档中插入音频或者视频的控件,在浏览器中显示为播放器的界面。不同内核的浏览器显示的默认播放界面略有不同,播放界面也可以使用脚本语言自行设计。例如图 3.93 所示方框内为网页中自定义的音视频播放器界面。

图 3.92　网页中的视频播放器

图 3.93　网页中的音频播放器

音视频标签有固定的嵌套格式。音视频标签有:<audio>(音频标签)和<video>(视频标签)。它的子标签有<source>(替换资源标签)和<track>(外部文本轨道标签)等。

3.8.1　<audio>音频标签

该标签用于在文档中添加一个可以播放音频文件的控件。它支持的音频格式有wav、mp3、ogg、acc 等。

1)基本格式

```
<!-- <audio>标签内部不使用<source>标签的基本格式。-->
<audio src="url" controls="controls">您的浏览器不支持 &lt;audio&gt;标签。</audio>
<!-- <audio>标签内部使用<source>标签的基本格式。-->
<audio controls="controls">
   <source src="url1" type="audio/ogg">
   <source src="url2" type="audio/mpeg">
   <source src="url3" type="audio/wav">
```

……

您的浏览器不支持 <audio>标签。

</audio>

2）使用方法

①<audio>标签内通常要添加固定的提示文字。例如：您的浏览器不支持<audio>标签。当浏览器不支持<audio>标签时，就会显示出提示文字信息。

②<audio>标签内可以嵌套若干个<source>标签来添加多个内容相同，但格式不同的音频文件，以保证不同的浏览器都有自己支持的音频文件可以播放。也可以不嵌套<source>标签使用，直接在<audio>标签内添加音频文件。

③<audio>标签有表3.15所示的几个常用的属性。

表3.15　<audio>标签的常用属性

属性名	属性值	属性作用
src	URL	用来引入音频资源的地址。（必要属性）
controls	controls	用来在浏览器中显示默认的播放器控件。当无 controls属性时，将不显示播放器控件。
autoplay	autoplay	用来设置打开网页时是否自动播放音频。
loop	loop	用来设置是否循环播放音频。
muted	muted	用来设置是否静音播放。
preload	auto（载入整个音频） meta（只载入元数据） none（不载入音频）	用来设置是否在页面加载时载入音频文件。它和 autoplay属性一起使用时无效。

3）使用案例

①当<audio>标签内部不使用<source>标签时，要在<audio>标签内添加 src 属性。src 属性值建议引入常用的音频格式，否则会出现因浏览器不支持引入的音频格式而导致无法播放的情况发生。例如：

<!-- src 属性值为相对路径，它引入 audio 文件夹中文件名为 music 的文件，文件的格式为 mp3。并且显示播放控件、加载时自动播放、播放完成后循环播放、播放时的状态为静音。-->

<audio src＝" audio/music.mp3 " controls autoplay loop muted>您的浏览器不支持 <audio>标签。</audio>

②当<audio>标签内部使用<source>标签时，要在每个<source>标签内添加 src 属性，并且每个 src 属性引入的音频格式都要不同，以防止浏览器不支持某一种音频格式而无法

播放的情况发生。<source>标签有一个常用的 type 属性。type 属性表示被链接文档的 MIME 类型,以避免浏览器使用错误的方式打开音频文件。它常用的属性值有:audio/ mpeg、audio/webm、audio/ogg、audio/wav 等,这个属性值可以省略不写。例如:

```
<!-- <audio>标签内的属性表示显示播放控件,并且自动播放音频文件。-->
<!-- <source>标签为播放器提供了三种音频资源格式,它们依次为 ogg、mp3 和 wav。如
果第一个文件格式可以使用,那就播放第一个文件,如果第一个文件格式不能播放,那
就播放第二个文件。以此类推,如果都不能播放,那就终止播放文件。-->
<audio controls autoplay>
    <source src="audio/music.ogg" type="audio/ogg">
    <source src="audio/music.mp3" type="audio/mpeg">
    <source src="audio/music.wav" type="audio/wav">
    您的浏览器不支持 &lt;audio&gt;标签。
</audio>
```

3.8.2 <video>频标签

该标签用于在文档中添加一个可播放视频文件的控件。它支持的视频格式有:ogg (使用 Theora 视频编解码器和 Vorbis 音频编解码器的文件)、WebM(使用 VP8 视频编解 码器和使用 Vorbis 音频编解码器的文件)和 mp4(使用 H264 视频编解码器和 AAC 音频 编解码器的文件)等。

1)基本格式

```
<!-- <video>标签内部不使用<source>标签的基本格式。-->
<video src="url" controls="controls">您的浏览器不支持 &lt;video&gt;标签。</video>
<!-- <video>标签内部使用<source>标签的基本格式。-->
<video controls="controls">
    <source src="url1" type="video/ogg">
    <source src="url2" type="video/mpeg">
    <source src="url3" type="video/webm">
    …
    您的浏览器不支持 &lt;video&gt;标签。
</video>
```

2)使用方法

①<video>标签内通常要添加固定的提示文字。当浏览器不支持<video>标签时,就会 显示出提示文字信息。

②<video>标签内可以嵌套若干个<source>标签为<video>标签来添加多个内容相同, 但格式不同的视频文件,以保证不同的浏览器都有自己支持的视频文件可以播放。也可

以不嵌套<source>标签使用,直接在<video>标签内添加视频文件。

③<video>标签内通常还可以嵌套若干个<track>标签,为视频添加多个内容相同,但语言不同的字幕文件,以保证播放视频文件时,不同国家的人可以选择不同的字幕观看。它的文件格式为Srt。它有以下几个常用的属性,分别是:kind、default、src、srclang和label。但是部分浏览器不支持<track>标签。

④<video>标签有以下几个常用的属性,分别是:src、controls、autoplay、loop、muted和preload等属性,它们的用法和<audio>标签基本相同。

⑤<video>标签还有两个特有的属性,分别是:height属性和width属性。它们用来定义视频播放器在网页中占据的宽度和高度。如果省略此属性时,视频将按默认宽高值显示。它的使用方法与图片标签宽高属性的使用方法类似,属性值为长度值。注意:绝对不要使用height和width属性来改变视频画幅的宽高比例,不然播出的视频会变形。

3)使用案例

①当<video>标签内部不使用<source>标签时,要在<video>标签内添加src属性。src属性值建议引入常用的视频格式,否则会出现因浏览器不支持引入的视频格式,而无法播放的情况发生。例如:

```
<!-- src 属性值为相对路径,它引入 video 文件夹中文件名为 movie 的文件,文件的格式
    为 mp4。并且播放控件设置了宽高值为 320×240、显示播放控件、加载时自动播放、播
    放完成后循环播放、播放时状态为静音。-->
<video src="video/movie.mp4" width="320" height="240" controls autoplay loop muted>
    您的浏览器不支持 &lt;video&gt;标签。</video>
```

②当<video>标签内部使用<source>标签时,要在每个<source>标签内添加src属性,并且每个src属性引入的视频格式都要不相同,以防止浏览器不支持某一种视频格式而无法正常播放的情况发生。<source>标签有一个常用的type属性。type属性表示被链接文档的MIME类型,以避免浏览器使用错误的方式打开视频文件。它常用的属性值有:video/ogg、video/mp4和video/webm等,可以省略不写。例如:

```
<!<!-- <video>标签内的属性表示播放控件宽高为 320×240,显示播放控件,并且自动
    播放视频文件。-->
<!-- <source>标签为播放器提供了三种视频资源格式,它们依次为 ogg、mp4 和 webm。
    如果第一个文件格式可以使用,那就播放第一个文件,如果第一个文件格式不能播放,
    那就播放第二个文件。以此类推,如果都不能播放,那就终止播放文件。-->
<video width="320" height="240" controls autoplay>
    <source src="video/movie.ogg" type="video/ogg">
    <source src="video/movie.mp4" type="video/mpeg">
    <source src="video/movie.webm" type="video/webm">
    您的浏览器不支持 &lt;video&gt;标签。
    <track kind="subtitles" src="subs_chi.srt" srclang="zh" label="Chinese">
```

```
    <track kind=" subtitles " default src=" subseng.srt " srclang=" en " label=" English ">
</video>
```

3.8.3 小结案例

按照图 3.94 所示,使用音视频标签制作出这个网页的 HTML 5 文档。

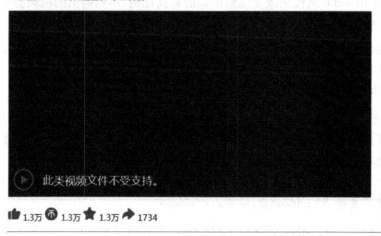

图 3.94　效果图

其中,使用到的图片素材有:名称为 icon_prohibit.jpg,它的宽高值都为 14px 和 14px; 名称为 icon_collect.jpg、icon_like.jpg、icon_point.jpg 和 icon_share.jpg 的图片,它们的宽高值都为 26px 和 26px。图片素材如图 3.95 所示。

图 3.95　icon_prohibit.jpg、icon_collect、icon_like、icon_point 和 icon_share 图片

1)页面结构分析

从效果图中可以看出页面显示的是页身区域的内容。在这个页身区域中,内容又被分成了上中下三个部分,上部分为导航栏,中部分为视频的标题和视频内容,下部分为评论信息。它们按照自上而下的顺序依次排列。在文档中可以使用结构标签划分文档的各个区域,使用<a>标签制作页头的导航栏,使用<h2>标签定义标题,使用<video>标签插入视频,使用<p>标签定义段落内容。

2）页面制作

根据上面分析的结果使用相应的标签制作网页的文档,其中书写在 body 内的代码如下:

```
1.  <main>
2.    <header>
3.      <a href="">首页</a> &gt; <a href="">产品介绍</a> &gt; <a href="">视频</a>
4.    </header>
5.    <h2>产品视频介绍</h2>
6.    <time>2019-10-01 17:34:55</time>
7.    <a href="" target="_blank">来源:XX 网</a
8.    <hr>
9.    <p>8.0 万播放 <img src="img/icon_prohibit.jpg" alt="">未经作者授权,禁止转载
       </p>
10.   <video src="a.mp4" controls width="700">您的浏览器不支持 video 标签。</
      video>
11.   <p>
12.     <!-- 使用到的图片放在了 img 文件夹中 -->
13.     <img src="img/icon_like.jpg" alt="点赞图标"><span> 1.3 万 </span>
14.     <img src="img/icon_point.jpg" alt="积分图标"><span> 1.3 万 </span>
15.     <img src="img/icon_collect.jpg" alt="收藏图标"><span> 1.3 万 </span>
16.     <img src="img/icon_share.jpg" alt="分享图标"><span> 1734 </span>
17.   </p>
18.   <hr>
19.   <article>
20.     <h2>评论</h2>
21.     <section>...</section>
22.   </article>
23. </main>
```

3.8.4　小结练习

按照图 3.96 所示,使用表格作为布局形式,将相应的元素分为两列显示,并制作出这个音乐播放器的网页文档。

你的酒馆对我打了烊

专辑：你的酒馆对我打了烊 歌手：陈雪凝 ↱分享 ★收藏

词：陈雪凝
曲：陈雪凝
和声：宇美灵芝
混音：锺灋霦
发行：3SEVEN叁七
你出现 就沉醉了时间
没有酒 我像个荒诞的可怜人
可是你 却不曾施舍二两
你的酒馆对我打了烊
子弹在我心头上了膛
请告诉我今后怎么扛
遗体麟伤还笑着原谅
你的酒馆对我打了烊
承诺是小孩子说的谎
你出现 就沉醉了时间
没有酒 我像个荒诞的可怜人
可是你 却不曾施舍二两
你的酒馆对我打了烊

▶ 0:00 / 3:35 ━━━━━━ ◀))

图 3.96 效果图

①理解 HTML 5 与 CSS 3 之间的关系；
②理解 CSS 3 的语法；
③掌握 CSS 3 选择器的使用方法；
④理解 CSS 3 的优先级；
⑤理解 CSS 3 的样式种类。

4.1　CSS 3 概述

4.1.1　CSS 3 简介

CSS 3 是英文 Cascading Style Sheets 3 的缩写，中文翻译为层叠样式表，它是用来定义 HTML 标签显示样式和布局的一种描述语言。它可以给同一个元素重复添加多种样式，但最终在浏览器中只会根据样式的优先级显示出一种样式。

CSS 3 是从 CSS 1 和 CSS 2 的基础上发展而来的，它与传统的 CSS 相比不仅继承了以前版本的优秀内容，还丰富和添加了更多的选择器和样式，是目前最新的层叠样式表。虽然有些 HTML 5 的标签和它自带的属性本身就可以为网页的内容添加样式，例如：定义文本为斜体的<i>标签、定义块元素宽度值的 width 属性，但是随着网页的功能越来越复杂、内容越来越丰富，标签承担的任务也越来越多，将标签和属性写在一起不仅会使网页文档越来越臃肿，还会使修改和维护变得困难。为了解决这种问题，创建出一种文档结构清晰、标签书写简洁、功能分工明确的网页标记语言就变得越发重要，而 CSS 3 就是通过与 HTML 5 的配合，将结构和样式分离，使 HTML 5 只负责书写网页的结构和内容，使 CSS 3 只负责控制网站的网页样式和布局，这样通过编辑 CSS 3 文档就可以对一个网页甚至整个网站的样式和布局作出修改，从而极大地减少网页代码的书写量，提升网页前端开发的工作效率和浏览器解析网页的速度。CSS 3 将网页前端开发带入了一个新的阶段，在这个阶段，文字、视频、音频、图像、动画以及与设备的交互都能展现出更好的效果。

4.1.2　CSS 3 语法

CSS 3 由选择器和声明两部分组成。选择器用来定位要修饰的元素（也就是 HTML 5 标签或者标签中的内容）的位置，声明用来给选择器选中的元素添加需要的样式。

1) CSS 3 的语法格式

选择器{属性名1:属性值1;属性名2:属性值2;...}

图 4.1   CSS 3 语法格式

语法格式说明：

①大括号前面为选择器,选择器有很多种,可以单独使用,也可以组合使用。

②声明放置在英文的大括号"{}"内,括号内可以放置多条声明,每条声明之间要用英文分号";"分隔开。

③每条声明都由一个属性名和一个属性值组成。属性名和属性值之间使用英文冒号":"相连。其中：

- 属性值不能省略不写。
- 当属性值为数字值时,要写出单位,比如 1px、10% 等。
- 在不打断属性名和属性值的情况下,无论添加多少个空格或者回车符,都不会影响声明在浏览器中显示的效果,但是不能在属性值与单位之间添加空格。
- 一个大括号内可以添加多个声明。为了阅读方便,可以一行只写一条声明。当然也可以不换行书写。这两种书写的方法在浏览器中显示的效果相同。

④在书写样式时建议使用英文小写字母,不要使用英文大写字母,更不要将大小写字母混合使用。

⑤当使用 class 或者 id 选择器时,它们的属性值要区分字母的大小写。

使用案例：

```
/* 通过 CSS 定义 h1 标签的样式为 16 像素的红色字体。*/
h1{font-size:16px;
    color:red;
}
```

它等价于在一行中书写：

```
h1{font-size:16px;color:red;}
```

2) CSS 注释的语法格式

```
/* 注释内容 */
```

语法格式说明：

①用来解释源代码的含义。它有助于他人或者日后编辑代码时理解代码的内容。注释只会在源代码中显示,不会在浏览器中显示。

②注释符号必须写在 CSS 3 的表单内,通常写在需要注解的代码前面。

③它可以单行书写,也可以多行书写,多行书写时使用回车键换行。

④注释符号以斜杠和星号"/ * "开始,以星号和斜杠" * /"结束,注解的内容放在"/ * "和" * /"之间。注释符号不建议和注释内容紧挨在一起书写,最好留一个空格的间隔。

4.1.3　CSS 3 的使用方法

当浏览器执行带有 CSS 3 的 HTML 5 文档时,网页中的内容会根据样式表定义的格式显示出来。也就是说,样式表必须配合 HTML 5 文档一起使用才有效,单独使用通常不会显示出任何效果。

给 HTML 5 文档添加样式表常用的方法有三种,分别是内联样式、内部样式和外部样式。无论使用哪种方式给 HTML 5 文档添加样式,只要添加的声明相同,在浏览器中显示的效果也相同。

1)内联样式

内联样式用于给文档中的一个 HTML 5 标签添加样式。由于定义的样式与标签混在一起,所以它适合给标签一对一地添加样式,它会损失样式表批量定义 HTML 5 标签的优势,一般不建议使用。

(1)基本格式

<标签名称 style ="声明 1;声明 2;声明 3;..."></标签名称>

(2)使用方法

①将 style 属性直接添加在 HTML 5 标签的内部,添加方法与 HTML 5 标签中的属性的添加方法相同,但是属性值为 CSS 3 的声明。

②内联样式在样式表中的优先级最高,如果使用了其他方法,也给这个标签也添加了声明,那么其他方法添加的声明将会被内联样式覆盖掉,所以谨慎使用此方法。有时也用它来测试声明在 HTML 5 标签上是否有效果。

(3)使用案例

<p style =" color:red;">这是内联样式定义的红色文字。</p>

浏览器中显示的效果如图 4.2 所示。

<div align="center">这是内联样式定义的红色文字。</div>

<div align="center">图 4.2　显示效果</div>

2)内部样式

内部样式用于给同一个网页文档内被选择器选中的元素上添加相同的声明,通常使用<style>标签将它添加在<head>标签的内部使用。由于样式书写在文档的头部,因此它适合给同一个文档内选择器选中的元素添加相同的声明。

（1）基本格式

```
<head>
<style type="text/css">
    选择器 1{声明 1;声明 2;声明 3;…}
    选择器 2{声明 1;声明 2;声明 3;….}
    …
</style>
</head>
<body>
    <标签名称 1 属性 1="属性值 1"> …</标签名称>
    <标签名称 2 属性 2="属性值 2"> …</标签名称>
</body>
```

（2）使用方法

①将<style>标签放置在<head>标签内部,通常放置在<title>标签的后面。如果有必要,可以在同一个文档中放置多个<style>标签。

②将样式表的内容放置在<style>标签内。

③<style>标签有以下几个属性,分别是 type、media 和 scoped 属性。type 属性表示被链接文档的 MIME 类型,属性值通常为"text/css",在 HTML 5 中可以省略不写,但是在其他 HTML 版本中要写出来,以避免不支持 CSS 3 代码的旧版本浏览器将 CSS 代码直接显示在浏览器中;media 属性表示使用媒体资源的设备类型;scoped 属性可以在<body>标签内给局部区域添加样式,但是目前只有 Firefox 浏览器支持此属性,不建议使用。

（3）使用案例

```
1.    <!DOCTYPE html>
2.    <html>
3.    <head>
4.        <meta charset="utf-8">
5.        <title>内部样式使用案例</title>
6.        <!--选择器选择的是 p 标签-->
7.        <style type="text/css">
8.            p {color:red;}
9.        </style>
10.   </head>
11.   <body>
12.       <p>这是内部样式定义的红色文字。</p>
13.   </body>
14.   </html>
```

浏览器中显示的效果如图 4.3 所示。

这是内部样式定义的红色文字。

图 4.3　显示效果

3) 外部样式

外部样式用于从外部引入一个样式表文件给网站中选中的元素添加样式。它通常使用文本编辑器单独制作,并保存成后缀为.css 的文件。一个网站中可以有许多的 CSS 文件,它们通常放置在 CSS 文件夹中。由于 CSS 文件与 HTML 文件相分离,所以它适合给整个网站添加统一的样式。

(1)基本格式

```
<link rel=" stylesheet " href=" url ">
```

(2)使用方法

①要使用<link>标签引入外部的 CSS 文件到 HTML 中。

②<link>标签要放置在<head>标签内部,通常放置在<title>标签的后面,同一个文档中可以放置多个<link>标签,引入不同的 CSS 文件。

③<link>标签内常用的属性有 rel、type 和 href。rel 属性值通常为 stylesheet;type 属性值通常为 text/css;href 属性值为引入 CSS 文件的 URL。

(3)使用案例

将 CSS 文件命名为 main.css,并且在 CSS 文件内书写以下代码:

```
p {color:red;}
```

在 HTML 5 中的代码为:

```
1.  <!DOCTYPE html>
2.  <html>
3.  <head>
4.      <meta charset=" utf-8 ">
5.      <title>外部样式使用案例</title>
6.      <link rel=" stylesheet " href=" main.css " type=" text/css ">
7.  </head>
8.  <body>
9.   <p>这是外部样式定义的红色文字。</p>
10. </body>
11. </html>
```

浏览器中显示的效果如图 4.4 所示。

这是外部样式定义的红色文字。

图 4.4　显示效果

4.2　选择器的分类

选择器用在 HTML 5 文档中选择要设置样式的元素,根据选择的不同方式,可分为:通配符选择器、id 选择器、类选择器、元素选择器、属性选择器、伪类、伪元素。每个选择器都可以单独使用,也可通过特定的规则组合在一起使用。

4.3　选择器的使用方法

4.3.1　通配符选择器

通配符选择器用于寻找 HTML 5 文档中所有的元素来给它们添加样式。选择器的写法为星号"＊",通常使用它来初始化各个浏览器的默认样式。使用通配符选择器,会影响浏览器渲染的速度,因为它会把所有的 HTML 5 元素全部设置一遍,所以不建议使用。最好的初始化方式是把使用到的元素分组在一起进行初始化,以减少多余的初始化步骤,从而提高代码执行的效率。

1)基本格式

＊{属性名 1:属性值 1;属性名 2:属性值 2;...}

2)使用案例

在表单中的代码为:

＊{color:red;}

在<body>标签中的代码为:

```
<h3>这是红色的标题文字。</h3>
<a title="tit le2" href="">这是红色的超链接文字。</a>
<p>这是红色的段落文字。</p>
```

浏览器中显示的效果如图 4.5 所示。

这是红色的标题文字。

这是红色的超链接文字。

这是红色的段落文字。

图 4.5　显示效果

4.3.2　ID 选择器

ID 选择器用于寻找 HTML 5 文档中带有特定 id 属性值的元素来给它添加样式。它是一种自定义名称的选择器,用来一对一地选择元素。

1)基本格式

在表单中的代码为:

#id 的属性值{属性名 1:属性值 1;属性名 2:属性值 2;...}

在 HTML 5 文档中的格式为:

<标签名称 id="自定义的名称">...</标签名称>

2)使用方法

①它需要同时在 HTML 5 和 CSS 的文档内添加内容,所以使用起来比较麻烦。如有更适合的选择器,建议优先考虑使用适合的选择器。

②id 属性值为自定义名称,并且在同一个 HTML 5 文档内每个标签中的 id 名称都是唯一的。

③使用时需要在 HTML 5 文档的标签内添加 id 属性,还要在样式表中添加 id 选择器和声明,选择器的写法以井号"#"(英文读作:sharp)开头,后面加上 id 属性值,中间不能有间隔。

④一个 HTML 5 标签上只能添加一个 id 属性名和属性值。如果添加了多个属性值,也只有第一个属性值有效。

⑤id 选择器对字母的大小写敏感,书写时需要区分。

3)使用案例

在表单中的代码为:

#red{color:red;}
#green{color:green;}

在<body>标签中的代码为:

<ul>
  <li id="red">这是红色的列表文字。</li>
</ul>
<p id="green">这是绿色的文字。</p>

浏览器中显示的效果如图 4.6 所示。

· 这是红色的列表文字。

这是绿色的文字。

图 4.6 显示效果

4.3.3 类选择器

类选择器用于寻找 HTML 5 文档中带有特定 class 属性值的标签来给它添加样式。它是一种自定义名称的选择器,用来一对多地选择元素。

1)基本格式

在表单中的代码为:

.class 的属性值 1{属性名 1:属性值 1;属性名 2:属性值 2;…}

.class 的属性值 2{属性名 1:属性值 1;属性名 2:属性值 2;…}

…

在 HTML 5 文档中的格式为:

<标签名称 1 class="属性值 1 属性值 2…"> …</标签名称>

<标签名称 2 class="属性值 1 属性值 2…"> …</标签名称>

…

2)使用方法

①它需要同时在 HTML 5 和 CSS 的文档内添加内容,所以使用起来比较麻烦。如有更适合的选择器时,建议优先考虑使用适合的选择器。

②类属性值为自定义名称,并且在同一个 HTML 5 文档内同组的元素上要添加相同的类名。

③使用时需要在 HTML 5 文档的标签内添加类属性,还要在样式表中添加类选择器和声明,选择器的写法以点号"."(英文读作:dot)开头,后面加上 class 属性值,中间不能有间隔。

④一个 HTML 5 标签上只能添加一个 class 属性,添加多个 class 属性无效。但是它可以添加多个属性值,属性值之间使用空格分开。并且属性值之间都是平级关系,它们放置的顺序不会影响声明的优先级。

⑤类选择器对字母的大小写敏感,书写时需要区分。

3)使用案例

在表单中的代码为:

```
/* 声明相同时,放在后面的声明会覆盖前面的声明。*/
.green{color:green;}
.red{color:red;}
```

在<body>标签中的代码为:

```
<h3 class="red green">这是红色的标题。</h3>
<p class="green">这是绿色的段落文字。</p>
<p class="green red">这是红色的段落文字。</p>
```

浏览器中显示的效果如图 4.7 所示。

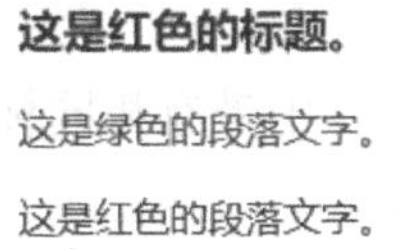

这是红色的标题。

这是绿色的段落文字。

这是红色的段落文字。

图 4.7　显示效果

在大型公司编写网页文档时,由于是团队合作,所以通常预先定义好 CSS 的样式。也就是先使用类选择器定义各种通用的样式和功能,然后将需要的类样式和功能添加到元素上。这样不仅可以规范代码,还可以提高工作效率。例如下面的案例中,先在表单中编写好各种通用样式,在使用时直接使用类选择器就可以调用。Bootstrap 就是这种编写模式。

在表单中的代码为:

```
/* 使用类选择器预定义样式。*/
.yellow{color:yellow;}
.red{color:red;}
.font_12px{font-size:12px;}
.font_20px{font-size:26px;}
.bg_green{background-color:green;}
.bg_blue{background-color:blue;}
.size_100x100{width:100px;height:100px;}
.size_200x50{width:200px;height:50px;}
```

在<body>标签中的代码为:

```
<p class="yellow font_12px bg_green size_200x50">1</p>
<p class="red font_20px bg_blue size_100x100">2</p>
```

浏览器中显示的效果如图 4.8 所示。

<div style="text-align:center">图 4.8　显示效果</div>

4.3.4　标签选择器

标签选择器用于寻找 HTML 5 文档中带有相同标签的元素来给它们添加样式。它也叫做元素选择器。

1）基本格式

标签的名称{属性名 1:属性值 1;属性名 2:属性值 2;…}

2）使用案例

在表单中的代码为:

p{color:red;}

在<body>标签中的代码为:

<h3>这是黑色的标题。</h3>
<p>这是红色的段落文字。</p>
<p>这是红色的段落文字。</p>

浏览器中显示的效果如图 4.9 所示。

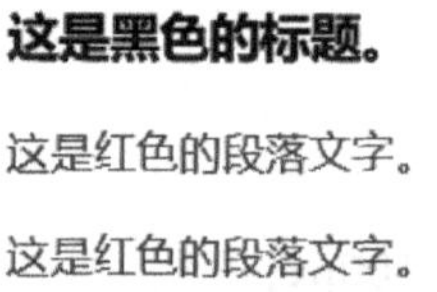

<div style="text-align:center">

这是黑色的标题。

这是红色的段落文字。

这是红色的段落文字。

</div>

<div style="text-align:center">图 4.9　显示效果</div>

4.3.5　属性选择器

属性选择器用于寻找 HTML 5 文档中带有相同属性的元素来给它们添加样式。当属性使用 class 属性名时,它与类选择器选择的对象相同,也就是说,这时类选择器".class"等价于属性选择器"[class]"。

1)基本格式

标签选择器[属性]{属性名 1:属性值 1;属性名 2:属性值 2;…}

在 HTML 5 文档中的格式为：

<标签名称 属性名 11="属性值 11 属性值 12"…> …</标签名称>
<标签名称 属性名 21="属性值 21 属性值 22"…> …</标签名称>
…

2)使用方法

①选择器的写法前部通常为标签选择器(可以省略不写),后部为英文括号"[ ]"(不能省略不写),括号内放置相应的属性。如果两个部分都有时,要换在一起书写。

②当不写属性值、只写属性名时,会选择文档中所有带有这个属性名的标签。

例如在表单中的代码为：

[title]{color:green;}

在<body>标签中的代码为：

<h3 title="">带有 title 属性名的字体样式都为绿色。</h3>
<a title="title1 title2" href="">带有 title 属性名的字体样式都为绿色。</a>
<p title="title1 title2">带有 title 属性名的字体样式都为绿色。</p>
<p><em title="title1">带有 title 属性名的字体样式都为绿色</em>。</p>

浏览器中显示的效果如图 4.10 所示。

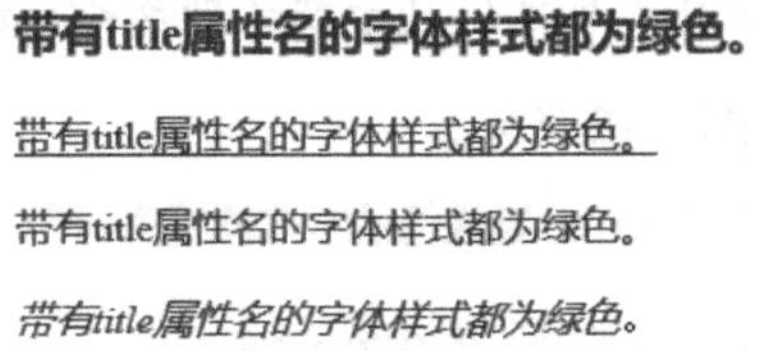

带有title属性名的字体样式都为绿色。

带有title属性名的字体样式都为绿色。

带有title属性名的字体样式都为绿色。

带有title属性名的字体样式都为绿色。

图 4.10　显示效果

③当写属性值时,可以进一步缩小选择的范围,只选择与它同值的元素。当属性值为单个时,可以省略包裹在属性值外的英文双引号"" "";当属性值为多个或者属性值为符号时,不可以省略包裹在属性值外的英文双引号"" ""。它又可以分为六种选择方式,分别是：

　●[属性名=属性值]用于选取属性名和属性都相同的元素。括号中的属性内容必须和 HTML 5 文档标签中的属性内容相同,否则将无法选择到该元素。

例如在表单中的代码为：

[title=title1]{color:green;}
[title="title1 title2"]{color:red;}

在<body>标签中的代码为：

<h3 title=" title1 ">只有 title1 属性值的字体样式为绿色。</h3>
<a title=" title1 title2 " href="">带有 title1 和 title2 属性值的字体样式为红色。</a>
<p title=" title1 title2 ">带有 title1 和 title2 属性值的字体样式为红色。</p>
<p>有<em title=" title1 ">只有 title1 属性值的字体样式为绿色</em>。</p>

浏览器中显示的效果如图 4.11 所示。

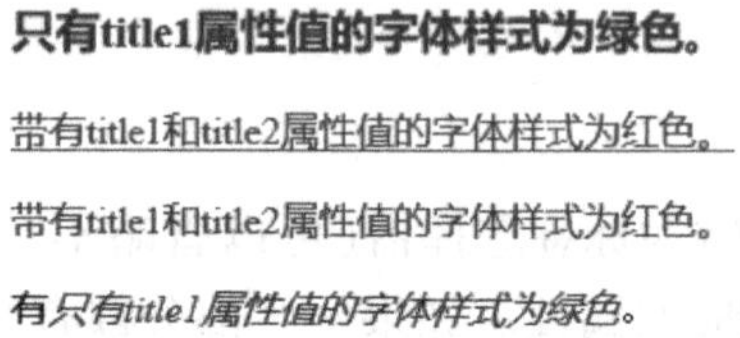

只有title1属性值的字体样式为绿色。

带有title1和title2属性值的字体样式为红色。

带有title1和title2属性值的字体样式为红色。

有*只有title1属性值的字体样式为绿色。*

图 4.11　显示效果

• [属性名~=属性值]用于从带有多个属性值的元素中选出指定带有某一个属性值的元素。它选择的属性值与书写的顺序无关。

例如在表单中的代码为：

[title~ = title3] { color : green ; }

在<body>标签中的代码为：

<h3 title=" title3 ">带有 title3 属性值的字体样式为绿色。</h3>
<a title=" title1 title2 " href="">没有 title3 属性值显示默认颜色。</a>
<p title=" title3 title2 ">带有 title3 属性值的字体样式为绿色。</p>
<p>没有<em title=" title1 ">title3 属性值显示默认颜色</em>。</p>

浏览器中显示的效果如图 4.12 所示。

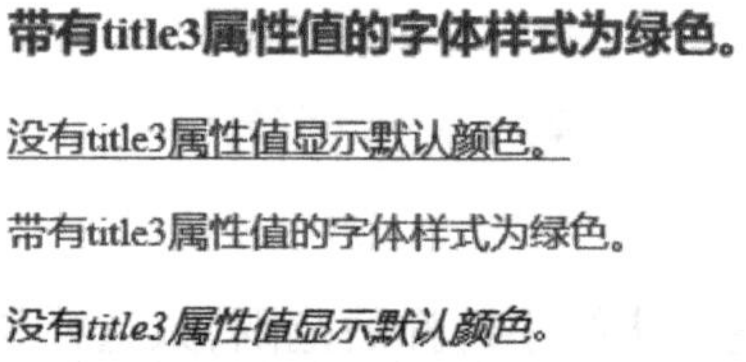

带有title3属性值的字体样式为绿色。

没有title3属性值显示默认颜色。

带有title3属性值的字体样式为绿色。

没有title3属性值显示默认颜色。

图 4.12　显示效果

• [属性名|=属性值]用于选取带有指定单词开头的属性值的元素，该值必须是一个完整的单词，否则将无法选择到该元素。它常用来匹配语言值。

例如在表单中的代码为：

[lang| = en] { color : red ; }

在<body>标签中的代码为：

<h3 lang="en">带有 en 属性值开头的字体样式为红色。</h3>

<a lang="en-us" href="">带有 en 属性值开头的字体样式为红色。</a>

<p lang="en-gb">带有 en 属性值开头的字体样式为红色。</p>

<p lang="us">没有 en 属性值显示默认颜色。</p>

浏览器中显示的效果如图 4.13 所示。

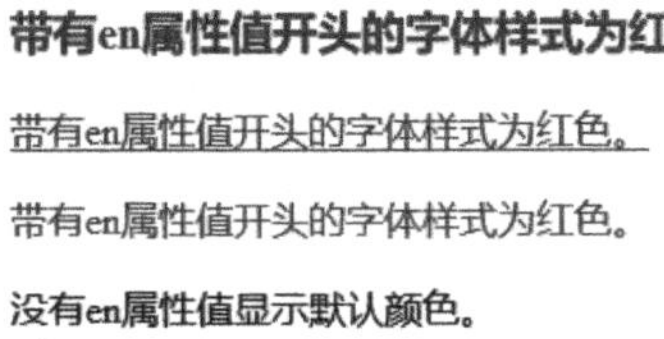

带有en属性值开头的字体样式为红色。

<u>带有en属性值开头的字体样式为红色。</u>

带有en属性值开头的字体样式为红色。

没有en属性值显示默认颜色。

图 4.13 显示效果

● [属性名^=属性值]用于选取带有指定字符开头的属性值的元素。

例如在表单中的代码为：

[title^=ti]{color:green;}

在<body>标签中的代码为：

<h3 title="ti-3">带有 ti 属性值开头的字体样式为绿色。</h3>

<a title="tit le2" href="">带有 ti 属性值开头的字体样式为绿色。</a>

<p title="le3 tle2">没有 ti 属性值显示默认颜色。</p>

<p><em title="title">带有 ti 属性值开头的字体样式为绿色。</em></p>

浏览器中显示的效果如图 4.14 所示。

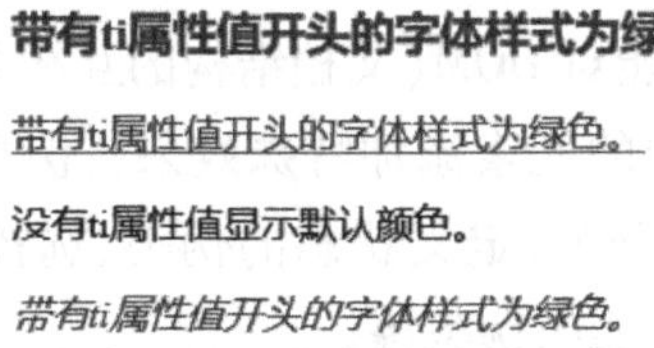

带有ti属性值开头的字体样式为绿色。

<u>带有ti属性值开头的字体样式为绿色。</u>

没有ti属性值显示默认颜色。

带有ti属性值开头的字体样式为绿色。

图 4.14 显示效果

● [属性名$=属性值]用于选取带有指定字符结尾的属性值的元素。

例如在表单中的代码为：

[title $=e2]{color:green;}

在<body>标签中的代码为：

<h3 title="ti-e3">没有 e2 属性值显示默认颜色。</h3>

<a title="tit le2" href="">带有 e2 属性值结尾的字体样式为绿色。</a>

<p title="lt3 tle2">带有 e2 属性值结尾的字体样式为绿色。</p>

浏览器中显示的效果如图 4.15 所示。

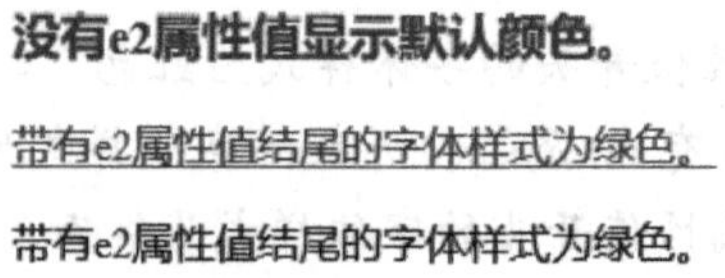

没有e2属性值显示默认颜色。

带有e2属性值结尾的字体样式为绿色。

带有e2属性值结尾的字体样式为绿色。

图 4.15　显示效果

●［属性名 * =属性值］用于选取一个包含指定字符的属性值的元素。

例如在表单中的代码为：

［title * =i］{color:green;}

在<body>标签中的代码为：

<h3 title="ti-e3">带有 i 字符的属性值显示为绿色。</h3>
<a title="tit le2" href="">带有 i 字符的属性值显示为绿色。</a>
<p title="lt3 tle2">没有 i 字符的属性值显示为默认颜色。</p>

浏览器中显示的效果如图 4.16 所示。

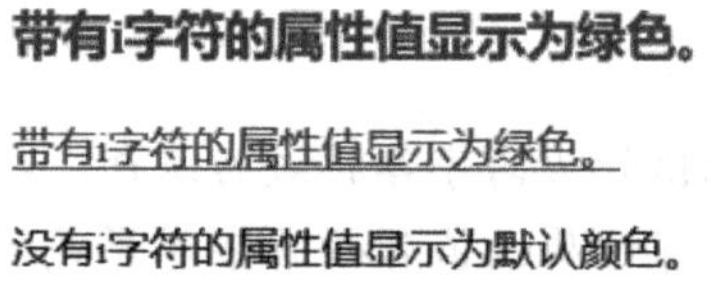

带有i字符的属性值显示为绿色。

带有i字符的属性值显示为绿色。

没有i字符的属性值显示为默认颜色。

图 4.16　显示效果

4.3.6　伪类

伪类不存在于文档中,但它能对 DOM(文档结构的互相关系)树中已有的元素进行操作。它能通过动态的方法给选中的元素添加特殊效果。伪类的选择器众多,使用方法基本相似,按照使用的功能可以划分为:定义状态的伪类、选择结构的伪类、定义表单的伪类、定义语言的伪类、定义其他功能的伪类等。

● 定义状态的伪类可以改变当前元素的状态。它常使用在超链接标签上。常用的有::link、:hover、:active、:visited 等。

● 选择结构的伪类可以利用文档树对元素进行选择,从而可以减少如 class 属性和 id 属性在文档中的使用量,以达到使文档的代码简化和使文档结构清晰的目的。常用的有::empty、:first-child、:last-child、:nth-child(n)、:nth-last-child(n)、:first-of-type、:nth-of-type (n)、:nth-last-of-type (n)、:last-of-type、:only-child、:only-of-type 等。

● 定义表单的伪类只能使用在表单元素上,它通过属性来匹配元素,为表单元素添加特殊的状态。常用的有::focus、:checked、:default、:disabled、:empty、:enabled、:in-range、:out-of-range、:indeterminate、:valid、:invalid、:optional、:required、:readwrite 等。

- 定义语言的伪类用于匹配和设置特定的语言元素,常用的有::lang 等。
- 定义其他功能的伪类。常用的有:root、:fullscreen 等。

1)基本格式

选择器:伪类{属性名 1:属性值 1;属性名 2:属性值 2;...}

2)使用方法

伪类的书写格式为选择器在前、伪类在后,它们之间使用英文的冒号":"分开,之后添加声明。伪类前的选择器通常使用标签选择器。

下面介绍一些常用的伪类的使用方法。

(1)定义状态的伪类

作用:它通常应用在超链接标签上,给超链接添加使用状态效果,这些状态见表4.1。

表 4.1 给超链接添加的使用状态

属性名	属性作用
:link	未访问过元素的状态。
:visited	已访问过元素的状态。
:hover	鼠标悬停在元素上的状态。
:active	鼠标点击元素时的状态。

基本格式:

a:link{属性名 11:属性值 11;属性名 12:属性值 12;...}/* 未访问过超链接的状态。*/
a:visited{属性名 21:属性值 21;属性名 22:属性值 22;...}/* 已访问过超链接的状态。*/
a:hover{属性名 31:属性值 31;属性名 32:属性值 32;...}/* 鼠标悬停在超链接上的状态。*/
a:active{属性名 41:属性值 41;属性名 42:属性值 42;...}/* 鼠标点击超链接时的状态。*/

这四种状态的书写顺序不能颠倒,如果顺序颠倒会出现显示的错误。四种状态也不一定都要全部使用,最常使用的是:hover 状态。在书写时,<a>标签内的 href 中要添加地址,否则谷歌和火狐都不会显示 a:link 的效果。并且定义了 a:visited 效果的<a>标签在点击后将不再显示 a:link 的效果,浏览器会记录它为点击过的状态,除非删除浏览器中的 cookie。它们通常和装饰类声明一起使用。

使用案例:

在表单中的代码为:

```
a:link{color:black;}          /* 所有未访问过的超链接字体为黑色。*/
a:visited{color:yellow;}       /* 所有已访问过的超链接字体为黄色。*/
a:hover{color:red;}            /* 鼠标悬停在超链接上的字体为红色。*/
a:active{color:green;}         /* 鼠标点击超链接时的字体为绿色。*/
```

在<body>标签中的代码为：

```
<!-- 如果不在超链接中写 target="_blank"属性,点击超链接时,会在原窗口中重新打开
页面,已访问过的超链接效果将显示不出来。-->
<a  href="www.baidu.com" target="_blank">超链接点击的四种状态</a>
```

浏览器中显示的效果如图 4.17 所示。

超链接点击的四种状态

图 4.17　显示效果

（2）:first-child 伪类

作用:选中在 HTML 5 文档中所有父元素内出现的第一个子元素,并且第一个子元素要和选择器选择的元素相同。如果这个元素在父元素内不是第一个子元素或者和选择器选择的元素不相同,那么它都不会被选中。类似功能的伪类见表 4.2。

表 4.2　与:first-child 伪类功能相似的伪类

属性名	属性作用
:nth-child(n)	选择所有父元素中第 n 个出现的子元素,n 为正整数或者预定义值 even 和 odd。
:last-child	选择所有父元素中最后一个出现的子元素。
:nth-last-child(n)	选择所有父元素中倒数第 n 个出现的子元素,n 为正整数。
:only-child	选择所有父元素中仅有一个子元素的元素。

基本格式:

选择器:first-child{属性名 1:属性值 1;属性名 2:属性值 2;...}

使用案例:

表单中的代码为:

```
p:first-child {color:red;}
li:first-child {color:green;}
strong:first-child {color:blue;}
em:first-child {color:yellow;}
```

<body>标签中的代码为:

　　<! -- <body>标签为父元素,内有四个子元素分别为:<p>、<ul>、<p>和<ul>。p:first
-child 只能选中第一个<p>标签,因为它是<body>标签内出现的第一个子元素。-->

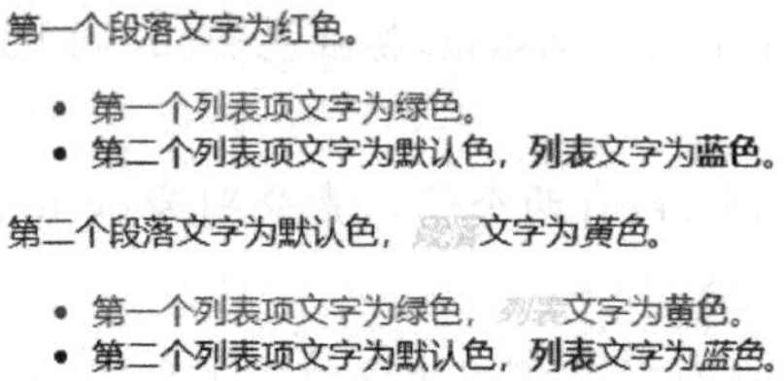

　　<p>第一个段落文字为红色。</p>

　　<ul>

　　　　<! -- <ul>标签为父元素,内有两个子元素都是:<li>。li:first-child 只能选中第
一个<li>标签,因为它是<ul>标签内出现的第一个子元素。-->

　　　　<li>第一个列表项文字为绿色。</li>

　　　　<! -- <li>标签为父元素,内有两个子元素都是:<strong>。strong:first-child 只能
选中第一个<strong>标签。因为它是<li>标签内出现的第一个子元素。-->

　　　　<li>第二个列表项文字为默认色,<strong>列表</strong>文字为<strong>蓝色</
strong>。</li>

　　</ul>

　　<! -- <p>标签为父元素,内有两个子元素都是:<em>。em:first-child 只能选中第一
个<em>标签。-->

　　<p>第二个段落文字为默认色,<em>段落</em>文字为<em>黄色</em>。</p>

　　<ul>

　　　　<! -- <li>标签为父元素,内有两个子元素分别为:<em>和<strong>。em:first-
child 能选中第一个<em>标签,而 strong:first-child 不能选中第二个<strong>标签。-->

　　　　<li>第一个列表项文字为绿色,<em>列表</em>文字为<strong>黄色</strong>。</li>

　　　　<! -- <li>标签为父元素,内有两个子元素分别为:<em>和<strong>。strong:first-
child 只能选中第一个<strong>标签。-->

　　　　<li>第二个列表项文字为默认色,<strong>列表</strong>文字为<em>蓝色</em>。
</li>

　　</ul>

　　浏览器中显示的效果如图 4.18 所示。

図 4.18　显示效果

　　(3):first-of-type 伪类

　　作用:选中在 HTML 5 文档中所有父元素内指定的第一次出现的并且和选择器选择
元素相同的子元素。无论这个元素处在父元素内的何种位置,只要和选择器选择的元素
相同并且是第一次出现,那么它就会被选中。它不像:first-child 伪类必须是父元素内出现
的第一个子元素。类似的伪类见表 4.3。

表 4.3　与:first-of-type 伪类功能相似的伪类

属性名	属性作用
:nth-of-type(n)	选择所有父元素中指定的第 n 个出现的子元素,n 为正整数。
:last-of-type	选择所有父元素中指定的最后一个出现的子元素。
:nth-last-of-type(n)	选择所有父元素中指定的倒数第 n 个出现的子元素,n 为正整数。
:only-of-type	选择所有父元素中指定的仅有一个子元素的元素。

基本格式:

选择器:first-of-type{属性名 1:属性值 1;属性名 2:属性值 2;...}

使用案例:

表单中的代码为:

h3:first-of-type{color:silver;}
li:first-of-type{color:green;}
em:first-of-type{color:pink;}
strong:first-of-type{color:blue;}
p:first-of-type{color:red;}

<body>标签中的代码为:

<!-- <body>标签为父元素,内有五个子元素分别为:
、<h3>、<ul>、<em>和<p>。
<body>标签内出现的第一个子元素是
标签。要想使用 first-child 选中<h3>、<ul>、<
em>和<p>标签是不行的。如果使用:nth-child(n)就要数它们是第几个子元素了,这样使
用就比较麻烦了。如果代码再是动态的添减,那就更不能使用:nth-child(n)了。这时可
以使用:first-of-type 来自动选中指定的第一次出现的子元素。-->

<h3>这个<em>标题</em>文字为<em>粉红色</em></h3>
<ul>

<!-- <li>标签为父元素,内有两个子元素分别为:<strong>和<em>,它们都能被各
自第一次出现的伪类选中。-->

<li>第一个列表项文字为绿色,<strong>第一个</strong>文字为蓝色,<em>列表项
</em>文字为粉色。</li>

<li>第二个列表项文字为默认色,<em>第二个</em>文字为粉色,<strong>列表项
</strong>文字为蓝色。</li>

</ul>
<em>这个文字</em>为<em>粉红色</em>
<p>这个段落文字为红色,<em>段落</em>为粉红色。</p>

浏览器中显示的效果如图4.19所示。

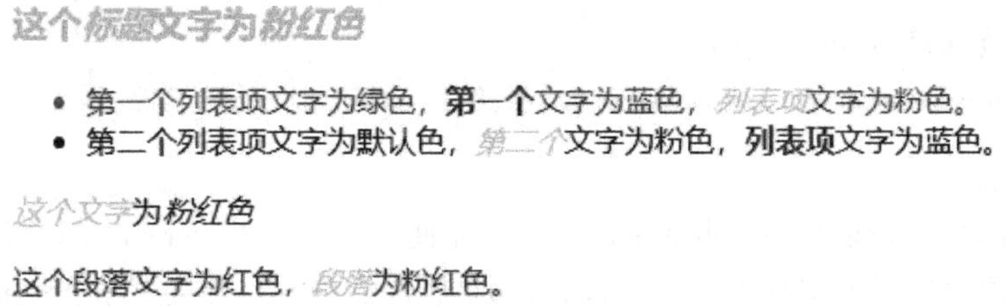

这个标题文字为粉红色

- 第一个列表项文字为绿色，**第一个文字为蓝色**，*列表项*文字为粉色。
- 第二个列表项文字为默认色，*第二个*文字为粉色，**列表项文字为蓝色**。

*这个文字*为粉红色

这个段落文字为红色，*段落*为粉红色。

图 4.19　显示效果

4.3.7　伪元素

伪元素也不存在于文档中,但它能对文档树中已有的元素进行特定操作。它比伪类的操作层级更深一层,能通过动态的方法给选中的元素添加伪类无法添加的状态和内容。常用的伪元素选择器见表4.4。

表 4.4　常用的伪元素选择器

属性名	属性作用
::before	在选取元素内容的前面添加内容。
::after	在选取元素内容的后面添加内容。
::first-letter	选取元素内容的第一个字(母)。
::first-line	选取段落的第一行内容。

1)基本格式

选择器::伪元素{属性名1:属性值1;属性名2:属性值2;...}

2)使用方法

伪元素的书写格式为选择器在前、伪元素在后,它们之间使用英文的双冒号"::"分开,之后再添加声明。伪元素的选择器通常使用标签选择器。

下面介绍一些常用伪元素的使用方法。

(1)::before 伪元素

作用:向选中的元素前面插入内容或者属性,它可以在标签前插入文本、图片、分割线,甚至还可以插入 CSS 的声明,可以用它添加或者清除浮动、增大点击热区、制作复选框计数、制作图形动画等效果。与之相反的是::after 伪元素,它用来向选中的元素后面插入内容或者属性。基本格式:

```
/ * content 属性值为文本或者空值时：*/
选择器::before{content:"插入文本内容";属性名1:属性值1;属性名2:属性值2;...}
/ * content 属性值为 url 时：*/
选择器::before{content:url(地址路径);属性名1:属性值1;属性名2:属性值2;...}
```

使用方法：

①它要配合 content 属性一起使用，并且只能使用一个。当 content 属性值为文本或者空值时，属性值要使用英文双引号""""包裹；如果属性值为 url，直接书写 url 和括号，括号内放置 url。

②空标签不能使用伪元素，因为添加的内容出现在元素包裹内容的地方，而空标签没有包裹内容的地方，所以不能使用。

使用案例：

表单中的代码为：

```
p::before{content:" * ";}
p::after{content:"...";}
```

<body>标签中的代码为：

```
<p>这是一段前面加了星号,后面加了省略号的文字</p>
```

浏览器中显示的效果如图 4.20 所示。

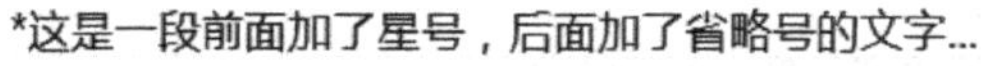

*这是一段前面加了星号，后面加了省略号的文字...

图 4.20　显示效果

(2)::first-line 伪元素

作用：动态地选中段落文字中的第一行文本。第一行文本为浏览器中显示的第一行段落文字，它会根据段落设置的宽度值或者浏览器窗口的大小而变化。这个伪元素只能使用以下的声明：font、color、background、word-spacing、letter-spacing、text-decoration、vertical-align、text-transform、line-height 和 clear。与之类似的伪元素还有::first-letter，使用方法相似，用来选中段落中的第一个字符。这个伪元素只能使用以下的声明：font、color、background、margin、padding、border、text-decoration、vertical-align（仅当 float 为 none 时）、text-transform、line-height、float 和 clear。

基本格式：

```
选择器::first-line{属性名1:属性值1;属性名2:属性值2;...}
```

使用案例：

表单中的代码为：

```
p::first-line{color:red;}
```

<body>标签中的代码为：

<p>第一行文本的颜色为红色。第一行文本为浏览器中显示文字的第一行段落,它会根据段落设置的宽度值或者浏览器窗口的大小变化。</p>

浏览器中显示的效果如图 4.21 所示。

第一行文本的颜色为红色。第一行文本为浏览器中显示文字的第一行段落，它会根据段落设置的宽度值或者浏览器窗口的大小变化。

图 4.21　显示效果

4.4　选择器的组合使用

选择器不仅能单独使用,还可以两个或者两个以上组合使用。通过选择器的组合使用,不仅可以减少 id 选择器和类选择器的使用量,还可以实现更多选择的方法,从而达到代码简洁、逻辑清晰的效果。

4.4.1　并列选择器

并列选择器同时选中满足两个或者两个以上条件的元素。它也叫交集选择器。

1)基本格式

选择器 1 选择器 2...{属性名 1:属性值 1;属性名 2:属性值 2;...}

2)使用方法

①选择器只能一个挨着一个书写,之间不能分开。

②通常只并列书写两个选择器,前面的选择器通常为元素选择器,后面的选择器通常为 id 选择器或者类选择器。如果将 id 选择器或者类选择器放置在前面,会出现选择器被认为是一个选择器的错误情况。例如:p.id、img#logo 等,但不能书写成.idp、#logoimg。通常 id 选择器不必使用并列选择器,因为 id 选择器的权重值最高,并且在文档中没有重名,所以直接使用 id 选择器就可以达到选择的目的。

3)使用案例

表单中的代码为:

```
/* 使用并列选择器选中指定的标签并且给元素添加样式。*/
p.red{color:red;}
p#pink{color:pink;}
b.green{color:green;}
b.red.green{color:blue;}
```

<body>标签中的代码为:

```
<p class="red">这段文字会被 p.red 选择器选中为红色。</p>
<p>这段文字不会被选中，默认值为黑色。</p>
<p id="pink" class="red">这段文字会被 p#pink 选择器选中为粉色。</p>
<b id="pink" class="red">这段文字不会被选中，默认值为黑色。</b>
<b class="green">这段文字会被 b.green 选择器选中为绿色。</b>
<b class="red green">这段文字会被 b.red.green 选择器选中为蓝色。</b>
```

浏览器中显示的效果如图 4.22 所示。

这段文字会被p.red选择器选中为红色。

这段文字不会被选中，默认值为黑色。

这段文字会被p#pink选择器选中为粉色。

这段文字不会被选中，默认值为黑色。 **这段文字会被b.green选择器选中为绿色。** **这段文字会被b.red.green选择器选中为蓝色。**

图 4.22　显示效果

4.4.2　分组选择器

分组选择器可以将具有相同声明的元素合并在一组书写，或者给不同类型的选择器选中的不同元素上添加相同的声明。它也叫并集选择器。

1)基本格式

选择器 1,选择器 2,...{属性名 1:属性值 1;属性名 2:属性值 2;...}

2)使用方法

①选择器之间使用英文逗号","分开，书写顺序不区分先后。

②通常并列多个选择器使用。

3)使用案例

表单中的代码为：

```
/* .p_1 为 class 选择器,#li_1 为 id 选择器,h3 为标签选择器,[href] 为属性选择器,
p::first-letter 为伪元素选择器。分组选择器与分开书写各个选择器的效果相同。*/
.p_1,#li_1,h3,[href],p::first-letter{color:blue;}
```

它等价于：

```
.p_1{color:blue;}
#li_1{color:blue;}
h3{color:blue;}
[href]{color:blue;}
p::first-letter{color:blue;}
```

<body>标签中的代码为：

```
<ul>
   <li>第一个列表项文字为默认色,<strong class=" p_1 ">列表</strong>文字为蓝色。</
li>
   <li id="li_1">第二个列表项文字为蓝色。</li>
</ul>
<h3>第一个标题文字为蓝色。</h3>
<p>第一个段落文字为默认色,<em class=" p_1 ">第</em>为蓝色。</p>
<p>第二个段落文字为默认色,<a href="">第</a>为蓝色。</p>
```

浏览器中显示的效果如图 4.23 所示。

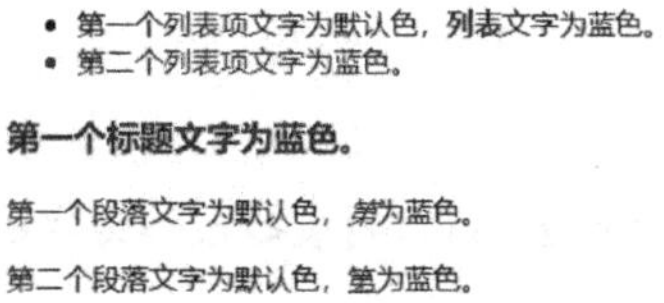

- 第一个列表项文字为默认色，列表文字为蓝色。
- 第二个列表项文字为蓝色。

第一个标题文字为蓝色。

第一个段落文字为默认色，第为蓝色。

第二个段落文字为默认色，第为蓝色。

图 4.23　显示效果

4.4.3　后代选择器

后代选择器用于选择 HTML 5 文档中相同的某个元素内的下一级或者下几级处指定的元素,可以跨级选择,也就是选择某个元素中包含的指定的元素。如果被选择的元素不是这个元素内的后代元素,那么它将不能被选中。它也叫做包含选择器。

1)基本格式

父级选择器 后代选择器...{属性名 1:属性值 1;属性名 2:属性值 2;...}

2)使用方法

①父级选择器是指选择父级元素的选择器。后代选择器是指选择父级以后元素的选择器。

②选择器之间使用空格分开,书写时从左向右,左边必须写上一级(父级)的元素,右边写低一级或者低几级(子级)的元素,可以跨后代、多层级书写。

③在查看后代选择器选中的是哪个元素时,由于文档中元素的后代分叉较多,所以从右向左查看选中是哪个元素的后代,这样效率比较高。

3)使用案例

表单中的代码为:

```
/* 指定<main>标签的<strong>标签的<ul>标签的<em>标签后代的文字为红色。*/
main ul strong em{color:red;}
#li_1 em{color:green;}
aside em{color:blue;}
```

<body>标签中的代码为：

```
<main>
    <ul>
        <li>第一个列表项，<strong><em>列表</em>文字</strong>被选中为红色。</li>
        <li id="li_1">第二个列表项，<em>列表</em><strong>文字</strong>被选中
为绿色。</li>
    </ul>
    <p>这个段落<em>文字</em>没有被选中。</p>
</main>
<aside>
    <ul>
        <li>第一个列表项，<strong><em>列表</em>文字</strong>被选中为蓝色。</li>
    </ul>
</aside>
```

浏览器中显示的效果如图 4.24 所示。

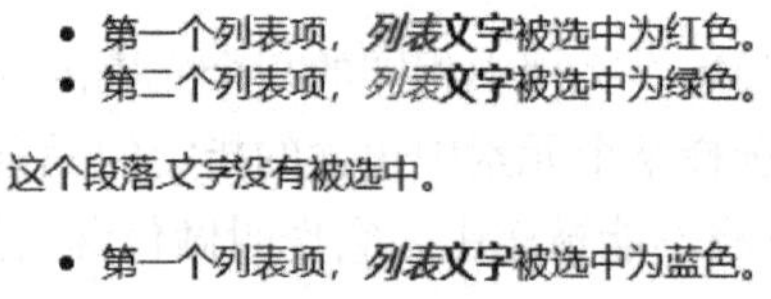

- 第一个列表项，*列表***文字**被选中为红色。
- 第二个列表项，*列表***文字**被选中为绿色。

这个段落文字没有被选中。

- 第一个列表项，*列表***文字**被选中为蓝色。

图 4.24　显示效果

4.4.4　子元素选择器

子元素选择器用于选择 HTML 5 文档中相同的某个元素内的下一级的某个元素，也就是只能选中某个元素中的子元素，而不能跨代选中元素中的后代元素。如果被选择的元素不是这个元素内的子元素，那么它将不能被选中。

1）基本格式

父级选择器>子级选择器>...{属性名 1：属性值 1；属性名 2：属性值 2；...}

2）使用方法

选择器之间使用大于号"＞"分开，书写时从左向右，左边写父级的元素，右边写子级的元素。可以多层级，但不能跨后代书写。

3）使用案例

表单中的代码为：

/* <em>标签为 p_1 类的子元素,通过子元素选择器定义 p_1 类中的<em>标签内的文字为红色。*/

.p_1>em{color:red;}

#li_1>em{color:blue;}

　　<body>标签中的代码为:

<ul>

　　<li>第一个列表项,<strong class="p_1"><em>列表</em></strong>文字被选中为红色。</li>

　　<li id="li_1">第二个列表项,<em　class="p_1">列表<strong class="p_1">内容</strong></em>文字被选中为蓝色。</li>

</ul>

<p class="p_1">第一个段落,<em>段落</em>文字被选中为红色。</p>

　　浏览器中显示的效果如图 4.25 所示。

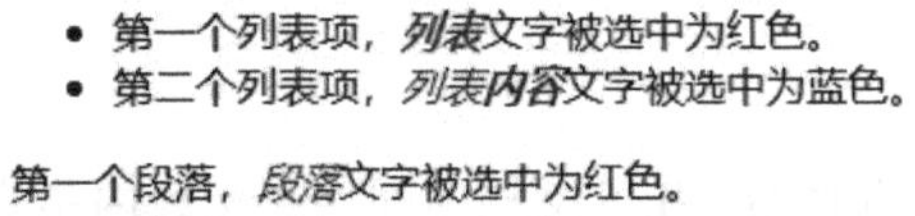

- 第一个列表项,*列表*文字被选中为红色。
- 第二个列表项,*列表内容*文字被选中为蓝色。

第一个段落,*段落*文字被选中为红色。

图 4.25　显示效果

4.4.5　相邻兄弟选择器

　　相邻兄弟选择器用于选择 HTML 5 文档中在同一个父级内相邻元素的后一个元素,也就是只选择某个元素中相邻元素后面的元素。如果被选择的元素不是这个元素内的子元素或者两个元素不相邻,那么它将不能被选中。

　　1)基本格式

选择器 1+选择器 2{属性名 1:属性值 1;属性名 2:属性值 2;…}

　　2)使用方法

　　选择器之间使用加号"+"分开,书写时从左向右,左边写选择器 1,右边写选择器 2,它们选中的两元素之间必须相邻。

　　3)使用案例

　　表单中的代码为:

/* <em>标签作为<strong>标签的相邻兄弟,p_1 类作为<li>标签的相邻兄弟,定义它们的文字为红色 */

strong+em{color:red;}

.p_1+li{color:red;}

<body>标签中的代码为：

<ul>

    <li>第一个列表项，<strong>列表的</strong><em>内容</em>文字被选中为红色。</li>

    <li class="p_1">第二个列表项，<em>列表</em><strong class="p_1">内容</strong>没被选中为默认色。</li>

    <li>第三个<strong>列表项<em>被选中</em></strong>为红色。</li>

    <li>第四个列表项没被选中为默认色。</li>

</ul>

浏览器中显示的效果如图 4.26 所示

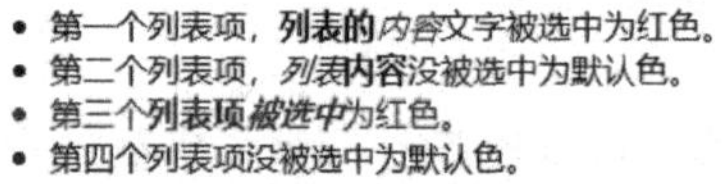

- 第一个列表项，**列表的***内容*文字被选中为红色。
- 第二个列表项，*列表**内容***没被选中为默认色。
- 第三个**列表项*被选中***为红色。
- 第四个列表项没被选中为默认色。

图 4.26　显示效果

4.4.6　后续兄弟选择器

后续兄弟选择器用于选择 HTML 5 文档中同一个父级内指定元素之后的相同的若干元素，也就是只选中某个元素中指定元素之后的元素，选择的元素之间可以不相邻。如果被选择的元素不是这个元素内的子元素，那么它将不能被选中。

1）基本格式

选择器 1~选择器 2{属性名 1:属性值 1;属性名 2:属性值 2;...}

2）使用方法

选择器之间使用波浪号"~"分开，书写时从左向右，左边写选择器 1，右边写选择器 2，它们选中的元素之间可以不相邻。

3）使用案例

表单中的代码为：

/ * 定义<main>标签之后的<p>标签的文字都为红色。* /
main~p{color:red;}

<body>标签中的代码为：

    <p>第一个段落文字没被选中为默认色。</p>

    <main>

        <p>main 内的段落文字没被选中为默认色。</p>

    </main>

    <p>第二个段落文字被选中为红色。</p>

```
<h3>第一个标题文字没被选中为默认色。</h3>
<p>第三个段落文字被选中为红色。</p>
```

浏览器中显示的效果如图 4.27 所示。

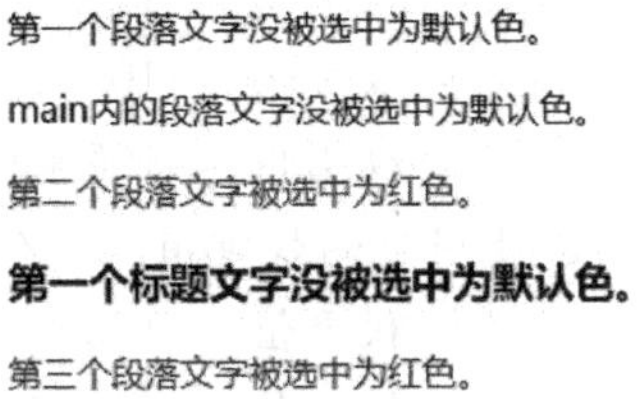

第一个段落文字没被选中为默认色。

main内的段落文字没被选中为默认色。

第二个段落文字被选中为红色。

第一个标题文字没被选中为默认色。

第三个段落文字被选中为红色。

图 4.27 显示效果

4.5 选择器的优先级

当多个不同的选择器同时给一个元素添加声明时，会出现优先级的问题。选择器的优先级不是由选择器所处文档中的位置决定的，而是由选择器的权重值决定的。权重值越高的选择器，声明的效果会优先显示出来。优先级的次序通常为：

内联样式>id 选择器>类选择器＝伪类＝属性选择器>标签选择器>通配选择器>继承的样式>默认值的样式

①每个选择器都有一个对应的权重值，权重值越大，越优先显示，例如：内联样式的权重值为 1000；id 选择器的权重值为 100；类、伪类和属性选择器的权重值都为 10；标签选择器的权重值为 1；通配符的权重值为 0；继承的样式权重值为无；默认值的权重值也为无，但是比继承的样式还要低，如图 4.28 所示。

图 4.28 选择器的权重值

②组合使用选择器的权重值通常大于单独使用的选择器，但是分组选择器除外，因为分组选择器实质上是合并书写，与单独使用时的权重值相同。组合使用的选择器的权重值大小按选择器的累加值计算优先级，累加值越大，越优先显示。例如：某选择器内出现了标签选择器 ul（权重值为 1）、id 选择器#nav（权重值为 100）、标签选择器 li（权重值为 1）、类选择器.active（权重值为 10）、标签选择器 A（权重值为 1），那么它的累计权重值为 113，如图 4.29 所示。

图 4.29 权重值的计算示例

③当计算出的权重值相等时,声明越靠近被选择的元素,越会被优先显示出来。
例如表单中的代码为:

```
/* 选择器单独使用时的权重值。*/
p{color:red;}                          /* 权重值 = 1 */
.orange{color:orange;}                 /* 权重值 = 10 */
#blue{color:blue;}                     /* 权重值 = 100 */
/* 在第一个<article>标签中组合使用时的权重值。*/
#navy{color:navy;}                     /* 权重值 = 100 */
#navy p{color:yellow;}                 /* 权重值 = 100+1=101 */
#navy .orange{color:lime;}             /* 权重值 = 100+10=110 */
#navy .orange em{color:olive;}         /* 权重值 = 100+10+1=111 */
/* 在第二个<article>标签中组合使用时的权重值。*/
.purple{color:purple;}                 /* 权重值 = 10 */
.purple p{color:silver;}               /* 权重值 = 10+1=11 */
.purple .orange{color:teal;}           /* 权重值 = 10+10=20 */
em{color:maroon;}                      /* 权重值 = 1 */
```

<body>标签中的代码为:

```
<h3>默认色显示为黑色,权重值为最低。</h3>
<p>标签选择器显示为红色,权重值为1。<span id="blue" class="orange">id 标签选择
器显示为蓝色,权重值为100。<em class="orange">类选择器显示为橙色,权重值为
10。</em></span><em id="blue" class="orange" style="color:gray">内联样式表显示
为灰色,权重值为1000。</em></p>
<article id="navy" class="purple">
  <h3>继承 id="navy"的颜色显示为海蓝色,权重值为无。</h3>
  <p>后代选择器显示为黄色,权重值为101。<span id="blue" class="orange">id 选择
器显示为亮绿色,权重值为110。<em class="orange">类选择器显示为橄榄色,权重值
为111。</em></span><em id="blue" class="orange" style="color:gray">内联样式表
为灰色,权重值为1000。</em></p>
</article>
<article class="purple">
  <h3>继承 class="purple"的颜色显示为紫色,权重值为无。</h3>
  <p>后代选择器显示为银色,权重值为11。<span id="blue" class="orange">id 选择
器显示为蓝色,权重值为100。<em class="orange">类选择器显示为蓝绿色,权重值为
20。</em></span><em>标签选择器显示为褐红色,权重值为1(因为权重值1比它的
默认值和继承值都高)。</em></p>
</article>
```

浏览器中显示的效果如图 4.30 所示。

默认色显示为黑色，权重值为最低。

标签选择器显示为红色，权重值为1。**id**标签选择器显示为蓝色，权重值为100。*类选择器显示为橙色，权重值为10。内联样式表显示为灰色，权重值为1000。*

继承id="navy"的颜色显示为海蓝色，权重值为无。

后代选择器显示为菁色，权重值为101。**id**选择器显示为亮绿色，权重值为110。*类选择器显示为橄榄色，权重值为111。内联样式表为灰色，权重值为1000。*

继承class="purple"的颜色显示为紫色，权重值为无。

后代选择器显示为银色，权重值为11。**id**选择器显示为蓝色，权重值为100。*类选择器显示为蓝绿色，权重值为20。标签选择器显示为褐红色，权重值为1(因为权重值1比它的默认值和继承值都高)。*

图 4.30 显示效果

4.6 多重样式的优先级

多重样式是指给同一个文档中的同一个元素上使用不同的方法添加属性名相同但属性值不同的声明，或是给同一个文档中的同一个元素上使用相同的方法反复添加属性名相同但属性值不同的声明。

多重样式的优先级是指在同一个元素上重复或者多次添加声明时，声明最终只会显示出一种样式。它通常按照"内联样式>内部样式表＝外部样式表>默认样式"的顺序显示样式。它有以下几种情况：

①使用不同的样式表给同一个元素上添加不同的声明时，由于声明不同，所以各个声明不会互相影响，都会在浏览器中显示出来，这时优先级没有发挥作用。

例如外部样式表 main.css 样式表中代码为：

p{font-size:20pt;}

内部样式表中代码为：

```
<link rel="stylesheet" type="text/css" href="main.css">
<style type="text/css">
  p{background-color:yellow;}
</style>
```

<body>标签中的代码为：

```
<p style="color:blue;">蓝色的文字是内联样式定义的,黄色的背景色是内部样式定义
的,20pt 的字号是外部样式定义的。</p>
```

浏览器中显示的效果如图 4.31 所示。

蓝色的文字是内联样式定义的，黄色的背景色是内部样式定义的，20pt的字号是外部样式定义的。

图 4.31 显示效果

②使用不同的样式表给同一个元素上添加相同的声明时,由于声明相同,所以在浏览器中显示的样式看着相同,但是声明实际上还是按多重样式的优先级显示的。

例如外部样式表 main.css 样式表中代码为:

```
p{color:blue;}
```

内部样式表中代码为:

```
<link rel="stylesheet" type="text/css" href="main.css">
<style type="text/css">
  p{color:blue;}
</style>
```

\<body\>标签中的代码为:

```
<p style="color:blue;">虽然都定义了文字的颜色为蓝色,但是只显示出了内联样式定
义的蓝色</p>
```

浏览器中显示的效果如图 4.32 所示。

虽然都定义了文字的颜色为蓝色,但是只显示出了内联样式定义的蓝色。

图 4.32　显示效果

③使用不同的样式表给同一个元素上添加相同的声明但属性值不同时,当设定内联样式时,因为它的优先级最高,所以会优先显示出来。

例如外部样式表 main.css 样式表中代码为:

```
p{font-size:20pt;}
p{color:green;}
```

内部样式表中代码为:

```
<link rel="stylesheet" type="text/css" href="main.css">
<style type="text/css">
  p{color:red;}
</style>
```

\<body\>标签中的代码为:

```
<p style="color:blue;">内联样式定义的蓝色文字优先被显示出来,20pt 的字号是外部
样式定义的。</p>
```

浏览器中显示的效果如图 4.33 所示。

内联样式定义的蓝色文字优先被显示出来, 20pt的字号是外部样式定义的。

图 4.33　显示效果

④当没有内联样式时,权重值相同的声明的优先级会按声明先后出现的顺序显示,会优先显示最后出现在样式表中的声明。这是因为计算机执行代码是按从上往下的顺序逐

行执行的,权重值相同的声明在执行时会被下一条相同的声明覆盖掉,所以在浏览器中只会显示放在最后面一条的声明。其他没有重复定义的并且具有继承属性的声明将会被继承下来显示在浏览器中。

例如外部样式表 main.css 样式表中代码为:

p{font-size:20pt;}

p{color:green;}

内部样式表中代码为:

<!-- 当没有内联样式时,将按<style>标签和<link>标签先后排列的顺序显示声明,放置在最后出现的声明会优先显示出来。-->

<link rel="stylesheet" type="text/css" href="main.css">

<style type="text/css">

　　p{font-size:10pt;}

　　p{color:red;}

</style>

它等价于

p{font-size:10pt;color:red;}

<body>标签中的代码为:

<p>红色是内部样式表定义的,字体大小也是内部样式表定义的。</p>

浏览器中显示的效果如图 4.34 所示。

红色是内部样式表定义的，字体大小也是内部样式表定义的。

图 4.34　显示效果

内部样式表中的<style>与<link>标签位置互换时:

<style type="text/css">

　　p{font-size:10pt;}

　　p{color:red;}

</style>

<link rel="stylesheet" type="text/css" href="main.css">

它等价于

p{font-size:20pt;color:green;}

浏览器中显示的效果如图 4.35 所示。

绿色是外部样式表定义的，字体大小也是外部样式表定义的。

图 4.35　显示效果

4.7 声明的分类

声明是实现 CSS 功能和效果的重要内容。CSS 3 中的声明众多,本书根据声明的不同功能和效果,把它们分为三大类,分别为:装饰类声明、盒模型和特效类声明。在后面的章中将逐一介绍。

4.8 小结案例

按照图 4.36 所示,在不改变 HTML 文档的情况下,使用选择器定义出这个页面的样式效果。

怎么提升CSS选择器性能?

- 避免使用通用选择器
- 避免使用标签或class选择器限制id选择器
- 避免使用标签限制class选择器
- 如无必要避免组合使用选择器
- 如无必要避免多层级使用选择器
- 使用继承

1、避免使用通用选择器。浏览器匹配文档中所有的元素后分别向上逐级匹配class为content的元素,直到文档的根节点。因此其匹配开销是非常大的,所以应避免使用通配选择器的情况。

2、避免使用标签或者class选择器限制id选择器。id选择器在文档中的优先级最高,所以它无需和其它选择器一起组合使用。例如:不要写成.button#backButton{…}或者.menu-left#newMenuIcon{…},最好写成#backButton{…}或者#newMenuIcon{…}的形式。

3、避免使用标签限制class选择器。例如:不要写成p.indented{…},可以直接使用class选择器.indented{…}的形式。

4、如无必要避免组合使用选择器。因为它会加大css的查找工作量,在不冲突的情况下可以将层级简化或者直接使用class选择器替换组合选择器。例如:不要写成treeitem[mailfolder="true"] treerow>treecell{…},可以写成treeitem[mailfolder="true"] treerow>treecell{…}或者直接使用class选择器.treecell-mailfolder{…}的形式。

5、如无必要避免多层级使用选择器。因为它会加大css的查找工作量,在不冲突的情况下可以将层级简化或者直接使用class选择器替定位到元素上。例如:不要写成treehead>treerow>treecell{…},可以写成treehead treecell{…}或者直接使用class选择器.treecell-header{…}的形式。

6、使用继承。使用带有继承属性的声明时,可以直接书写在它的父级元素上,无需给每一个子元素单独书写声明。例如:不要写成#bookmarkMenuItem > .menu-left{list-style-image:url(blah)},最好写成#bookmarkMenuItem{list-style-image:url(blah)}

图 4.36　显示的效果图

HTML 文档在<body>内的代码为:

```
<h2>怎么提升 CSS 选择器性能? </h2>
<ul>
   <li class="l1">避免使用通用选择器</li>
   <li class="l1">避免<span>使用标签或 class 选择器</span><span>限制 id 选择器</span></li>
   <li>避免<span>使用标签限制 class 选择器</span></li>
```

```
    <li>如无必要避免<span name="list_1">组合使用选择器</span></li>
    <li>如无必要避免<span>多层级使用选择器</span></li>
    <li><span name="list_1">使用继承</span></li>
</ul>
<section>
```

<p class="p1">1、避免使用通用选择器。浏览器匹配文档中所有的元素后分别向上逐级匹配 class 为 content 的元素,直到文档的根节点。因此其匹配开销是非常大的,所以应避免使用通配选择器的情况。</p>

<p><span>2、避免使用标签或者 class 选择器限制 id 选择器。id 选择器在文档中的优先级最高,所以它无须和其他选择器一起组合使用。例如:不要写成.button#backButton{…}或者.menu-left#newMenuIcon{…},最好写成#backButton{…}或者#newMenuIcon{…}的形式。</span></p>

<p>3、避免使用标签限制 class 选择器。例如:不要写成 p.indented{…},可以直接使用 class 选择器.indented{…}的形式。</p>

<p>4、如无必要避免组合使用选择器。因为它会加大 css 的查找工作量,在不冲突的情况下可以将层级简化或者直接使用 class 选择器替换组合选择器。例如:不要写成 treeitem[mailfolder="true"] treerow>treecell{…},可以写成 treeitem[mailfolder="true"] treerow>treecell{…}或者直接使用 class 选择器.treecell-mailfolder{…}的形式。</p>

```
</section>
```

<p>5、如无必要避免多层级使用选择器。因为它会加大 css 的查找工作量,在不冲突的情况下可以将层级简化或者直接使用 class 选择器定位到元素上。例如:不要写成 treehead>treerow>treecell{…},可以写成 treehead treecell{…}或者直接使用 class 选择器.treecell-header{…}的形式。</p>

<p>6、使用继承。使用带有继承属性的声明时,可以直接书写在它的父级元素上,无需给每一个子元素单独写声明。例如:不要写成#bookmarkMenuItem > .menu-left{list-style-image:url(blah)},最好写成#bookmarkMenuItem{list-style-image:url(blah)}</p>

4.8.1 页面结构与样式分析

从页面结构可以看出该页面由标题、列表和段落文字组成,按照自上而下的顺序依次排列。文档使用结构标签划分各个区域,使用<h2>标签定义标题,使用<ul>标签定义列表文字,使用<p>标签定义段落文字,并且使用了 class 对某些标签进行了分类,所以不用修改 HTML 文档,使用不同的选择器就可以给页面中的文字添加色彩样式。

4.8.2 样式表制作

根据上面分析的结果,使用相应的选择器给文档添加样式,具体制作代码如下:

```
li{color:red;}
li.l1{color:blue;}
li span{color:yellow;}
.l1>span{color:silver;}
span:nth-of-type(2){color:pink;}
[name="list_1"]{color:aqua;}
p{color:purple;}
.p1{color:orange;}
section span{color:green;}
br+p{color:maroon;}
section~p{color:lime;}
```

课后习题

1.习题 1

按照图 4.37 所示,在不改变 HTML 文档的内容、属性和结构的前提下,使用选择器选中表格中指定的单元格并且填充背景色,如图 4.37 所示:图(a)中全部的单元格填充为蓝色、图(b)中全部的单元格填充为蓝色、图(c)中第一行的单元格全部填充为蓝色、图(d)中第一列的单元格全部填充为蓝色、图(e)中全部的奇数列填充为蓝色、图(f)中全部的奇数列和奇行相交的单元格填充为蓝色、图(g)中第 4 行和第 4 列相交的单元格填充为蓝色。其中,背景色声明只能使用 background-color:blue。

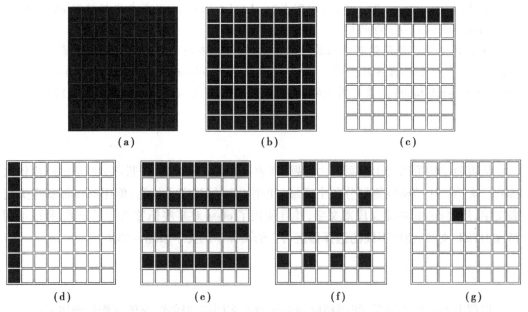

图 4.37 习题 1 效果图

表格的 HTML 文档代码在素材文件夹中下载。

2.习题 2

按照图 4.38 所示,制作出这个网页文档,并且使用选择器给元素添加字体颜色、字体字号、背景颜色、宽度和高度等样式。网页的 HTML 文档代码在素材文件夹中下载。

短视频代码，在社交功能方面，短视频有什么开发难点　　　　11px #000 雅黑

线宽：640px

一、Android和iOS两端前后台互通　←——16px #333 雅黑

#3399ff

Android端和iOS端的数据是不互通的，但要做到两端分别的前后台互通。后台可以设置用户注册后需要通过实名认证才可开启直播间，提交认证后，系统后台可以进行通过或拒绝，如果通过，那不论是在APP还是在pc端，主播都应该能在前台进行开播。　　　　#ff9933

- 什么是域名？域名对SEO优化的影响　　　←——14px #000 雅黑
- 短视频代码，在社交功能方面，短视频有什么开发难点
- 苹果开始重视TikTok账号 邀请网红宣传iPhone 12系列
- 华为鸿蒙OS将打破安卓垄断，42款机型可升级

二、短视频代码移动端直播实现

短视频代码的直播功能实现与直播代码相似，前端采集编码设备，提供直播信号源的采集和编码压缩功能，并将信号推送到直播流媒体服务器上。　　　　宽高：209px 100px

图 4.38　习题 2 效果图

①掌握 CSS 3 装饰类声明的使用方法；
②掌握显示模式转换的使用方法。

　　装饰类声明用来给元素上添加各种样式或者格式。它与 HTML 标签中带有装饰效果的标签显示的效果类似,但是没有语义。通常一个声明中只能使用一个属性值。装饰样式可以分为:字体样式、文本样式、列表样式和表格样式等。

5.1　字体样式

　　字体样式用来设置字体或者给字体添加各种效果。例如:定义字体的颜色、类型、字号、粗细和风格等。因为字体样式有继承性,所以通常将此属性定义在 body 元素或者它的父级元素上,这样不仅可以为整个文档内的字体添加统一的样式,还可以使代码变得简洁。

5.1.1　color 属性

　　该属性用于设置字体的颜色,属性值为颜色值。

常用颜色值的表示方法

　　在网页开发中,颜色值通常使用十六进制的数值来表示。但是为了便于设计师的使用,也可以使用颜色的英文名称、RGB 颜色、RGBA 颜色、HSL 颜色或者 HSLA 颜色等色值。

　　十六进制颜色。颜色值书写的格式以井号"#"开头,后面跟着三组十六进制的数值,每组数值由两位数组成,最小值为 00,最大值为 ff。从前往后分别代表红色(R)、绿色(G)和蓝色(B),例如:#ffb6c1 代表浅粉红、#ffffff 代表白色。如果三组中的数值都相同,那么可以简写为三个数值。例如:#ffffff 可以简写成#fff。

　　名称颜色。颜色值可以直接书写为英文的颜色单词,通常使用的有:aqua, black, blue,

fuchsia、gray、green、lime、maroon、navy、olive、purple、red、silver、teal、white、yellow 等。

RGB 颜色。颜色值书写的格式以字母"rgb"开头,后面紧跟英文括号"( )",括号内放置三组 rgb 强度值,强度值之间使用英文逗号","分隔。每组数值由三位数组成,最小值为 0 或者 0%,最大值为 255 或者 100%。从前往后分别代表红色(R)、绿色(G)和蓝色(B),例如:rgb(147,112,219)代表紫色。

RGBA 颜色。它与 RGB 颜色模式相比,括号内最后多了一个数值,这个数值为透明度值 a,a 代表透明度(alpha),其他值与 rgb 的值的书写方法相同。透明值取值的范围为 0.0 到 1.0 之间的小数,0.0 代表完全不透明,1.0 代表完全透明。例如:rgba(147,112,219,0.5)代表 50%透明度的紫色。

1)基本格式

选择器{color:颜色值;}

2)使用案例

表单中的代码为:

p{color:red;}

<body>标签中的代码为:

<p>这段文本设置了文本颜色。</p>

浏览器中显示的效果如图 5.1 所示。

这段文本设置了文本颜色。

图 5.1 显示效果

5.1.2 font-family 属性

该属性用于设置文字的字体。不同的操作系统中默认的字体类型各不相同,字体设计使用的类型也是多种多样。为了使所有的浏览器都能正确显示出字体,CSS 定义了 5 种通用的英文字体,它们是:Serif 字体、Sans-serif 字体、Monospace 字体、Cursive 字体、Fantasy 字体。当然也可以使用其他的字体,比如:中文区就常使用黑体和宋体。

1)基本格式

选择器{font-family:字体 1,字体 2...,通用字体系列;}

2)使用方法

①字体最好选用通用字体系列或者系统自带的字体系列,以保证字体能正确显示。

②如果要使用特定字体,可以在属性值中设置多种替代的字体,并将通用字体系列放在最后,字体之间使用英文逗号","分开。当系统中没有第一个字体时,就会按顺序使用

下一个字体,直到使用默认字体为止。这样可以防止用户端的系统中没有这种字体而无法正确显示的情况发生。

　　③英文字体必须位于中文字体之前,否则英文字体将会按定义的中文字体显示。

　　④当字体名称中有空格和特殊符号时,必须使用英文单引号"' '"或者双引号"" ""将字体名称包裹起来,否则字体将不能使用。比如:' Arial Black '或者" Arial Black "。

　　3)使用案例

　　表单中的代码为:

body{font-family:" New York "," Arial Black ",微软雅黑,宋体,serif;}

　　<body>标签中的代码为:

<p>这段文字继承了 <body>标签定义的字体样式。
电脑系统中没有 New York 字体,所以英文字体显示为 Arial Black 字体。中文字体显示为微软雅黑。</p>

　　浏览器中显示的效果如图 5.2 所示。

这段文字继承了\<body\>标签定义的字体样式。
电脑系统中没有New York字体, 所以英文字体显示为Arial Black字体。中文字体显示为微软雅黑。

图 5.2　显示效果

5.1.3　font-size 属性

　　该属性用于设置文档中字体的字号,它的属性值为非负数长度值。在浏览器中,文字的字号小于 12 像素通常看不清楚。

表 5.1　常用的长度单位

长度单位可以分为相对长度和绝对长度。
相对长度会随屏幕分辨率的高低或者显示窗口的大小变化,它常用的单位有: 　　px(像素)是网页设计常用的长度单位,它指显示设备上显示的一个点,它的缺点是数值没有弹性。例如:1024px 表示 1024 个像素点。 　　em(相对父级元素的值)能继承父级元素的长度,并且按它大小的倍数计算值,它的优点是数值有弹性。例如:父级元素的字体大小是 16px,那么 1.5em 就是 1.5em×16px＝24px。 　　%(百分比的值)是相对于它父级元素长度的百分比,它的优点是有弹性。例如:父级元素的大小是 100px,那么 80% 就是 80%×100px＝80px。 　　绝对长度不会随显示器的屏幕分辨率高低变化,它常用的单位有:in(英寸)、cm(厘米)、mm(毫米)、pt(点)和 dp(设备独立像素)等。

　　1)基本格式

选择器{font-size:长度值;}

2）使用案例

表单中的代码为：

```
#f1{font-size:20px;}
#f2{font-size:1.2em;}
#f3{font-size:120%;}
#f4{font-size:5mm;}
```

<body>标签中的代码为：

```
<p id="f1">这是 20px 的相对值字体。</p>
<p id="f2">这是 1.2em 的相对值字体。</p>
<p id="f3">这是 120%的相对值字体。</p>
<p id="f4">这是 5mm 的绝对值字体。</p>
```

浏览器中显示的效果如图 5.3 所示。

这是20px的相对值字体。

这是1.2em的相对值字体。

这是120%的相对值字体。

这是5mm的绝对值字体。

图 5.3　显示效果

5.1.4　font-weight 属性

该属性用于设置字体的粗细。它可以定义出如<b>标签和<strong>标签的显示效果，也可以去除它们的粗体效果，但是它没有语义。它的属性值为预定义值或者 100 的整倍数数值，见表 5.2。

表 5.2　font-weight 属性

属性值	属性作用
Normal、Bold、lighter 等	Normal（默认值）。定义字体为标准粗细，等同于数值 400；Bold 定义字体为粗体字，等同于数值 700。lighter 定义字体为更细的字体。
倍数值	从 100 到 900（值为 100 的整倍数）共有 9 个级别，字体由细到粗。建议优先使用数值定义字体粗细，如果定义的值系统中的字体库中没有对应粗细的字体，设置的值将无效。

1）基本格式

选择器{font-weight:预定义值或者数值;}

2）使用案例

表单中的代码为：

```
#f1{font-weight:bold;}
#f2{font-weight:100;}
b,strong{font-weight:normal;}
```

<body>标签中的代码为：

```
<p id="f1">这个字体是粗体。</p>
<p id="f2">这个字体的粗细是100。</p>
<b>这个 &lt;b&gt;和 &lt;strong&gt;标签的</b><strong>文字去掉了粗体效果。</strong>
```

浏览器中显示的效果如图 5.4 所示。

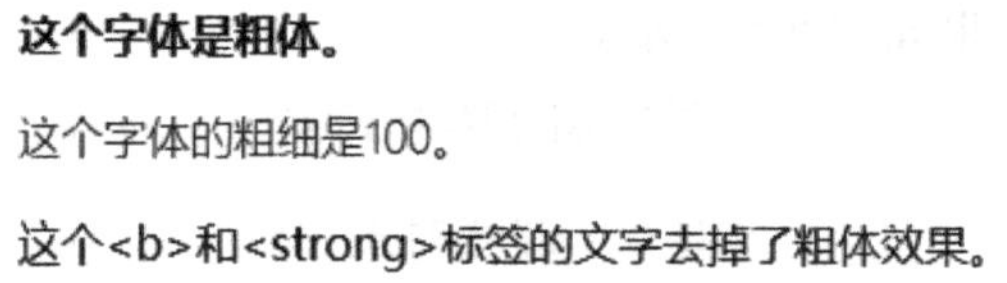

这个字体是粗体。

这个字体的粗细是100。

这个<b>和<strong>标签的文字去掉了粗体效果。

图 5.4　显示效果

5.1.5　font-style 属性

该属性用于设置字体的风格。它可以定义出如<i>标签和<em>标签的显示效果，也可以去除它们的斜体效果，但是它没有语义。它的属性值为预定义值，见表 5.3。

表 5.3　font-style 属性

属性值	属性作用
normal	默认值。字体正常显示。
italic	字体以斜体显示。
oblique	字体以倾斜显示。通常情况下，italic 和 oblique 定义的字体在浏览器中看上去效果相同。

1）基本格式

```
选择器{font-style:预定义值;}
```

2）使用案例

表单中的代码为：

#f1{font-style:italic;}
#f2{font-style:oblique;}
i,em{font-style:normal;}

<body>标签中的代码为：

<p id="f1">这个字体是斜体。</p>
<p id="f2">这个字体是倾斜显示。</p>
<i>这个 &lt;i&gt;和 &lt;em&gt;标签的</i><em>文字去掉了斜体效果。</em>

浏览器中显示的效果如图 5.5 所示。

这个字体是斜体。

这个字体是倾斜显示。

这个<i>和<em>标签的文字去掉了斜体效果。

图 5.5　显示效果

5.1.6　font 属性的复合写法

font 属性的复合写法用于在一个声明中同时设置所有字体的属性。这种复合写法中，相同的属性值只能设置一个，不能设置多个，并按照顺序依次书写，每个属性值之间使用空格分开。其中，font-size 和 font-family 为必要属性值，其他属性值可以缺省，缺省的属性值将自动使用默认值。

1）基本格式

选择器{font:font-style font-variant font-weight font-size/line-height font-family;}

2）使用案例

表单中的代码为：

p{font:italic bold 20px/30px "New York","Arial Black",微软雅黑,宋体,serif;}

复合写法等同于分开书写：

p{font-style:italic;font-weight:bold;font-size:20px;line-height30px;
　font-family:"New York","Arial Black",微软雅黑,宋体,serif;}

<body>标签中的代码为：

<p>这是一段使用 font 属性的复合写法定义的字体。</p>

浏览器中显示的效果如图 5.6 所示。

这是一段使用font属性的复合写法定义的字体。

图 5.6　显示效果

5.1.7 @font-face 属性

该属性用于从服务器端下载字体到用户的计算机上使用。它解决了 font-family 属性只能使用系统中已有字体的问题,使设计师能更好地设计网页中字体的样式。

1)基本格式

```
/* 从服务器端下载字体的方法。*/
@font-face{font-family:字体名称;
           src:url('字体资源路径1'),url('字体资源路径2'),…;}
/* 在用户的计算机上使用下载的字体的方法 */
选择器{font-family:字体名称;}
```

2)使用方法

①设置@font-face 属性从服务器端下载字体。font-family 属性值可以为自定义的字体名称,但建议使用原字体的名称。src 属性值为下载字体资源的路径。常用的字体文件后缀有:.ttf、.otf、.woff、.eot 或者.svg 等。

②使用@font-face 下载字体。选择器声明中的 font-family 属性值要与@font-face 属性中的 font-family 属性值相同,也就是字体名称相同,否则将无法下载字体。

3)使用案例

表单中的代码为:

```
@font-face{font-family:王羲之书法字体;src:url('王羲之书法字体.ttf');}
p{font-family:王羲之书法字体;}
```

<body>标签中的代码为:

```
<p>这是一段使用@font-face 属性定义的字体样式。</p>
```

浏览器中显示的效果如图 5.7 所示。

這是一段使用@font-face屬性定義的字體樣式。

图 5.7　显示效果

5.2　文本样式

文本样式用来设置文本或者给文本添加各种效果。例如:定义文本的颜色、水平对齐方式、首行缩进、装饰样式、文本溢出样式、字符间距、行间距、单词间距、自动换行等。因为文本样式有继承性,所以通常将此属性定义在 body 元素或者它的父级元素上,这样不仅可以为文档内的字体添加统一的样式,还可以使代码简洁。

5.2.1 text-align 属性

该属性用于设置文本的水平对齐方式。它的属性值为预定义值,见表5.4。

表 5.4 text-align 属性

属性值	属性作用
left	默认值,居左对齐。
right	居右对齐。
center	居中对齐。

1)基本格式

选择器{text-align:预定义值;}

2)使用方法

①该属性通常用来对齐非行内元素中的文字,并且元素的宽度要大于文字的宽度才有效果。

②在对齐图片时,要将图片嵌套在宽度大于图片的非行内元素内才有效果。

3)使用案例

表单中的代码为:

p{text-align:right;}

<body>标签中的代码为:

<p>这段文本设置了水平对齐效果。</p>
<p><img src=" img/star_01.png " alt=" "></p>

浏览器中显示的效果如图 5.8 所示。

这段文本设置了水平对齐效果。

图 5.8 显示效果

5.2.2 text-indent 属性

该属性用于给文本添加首行缩进样式,它的属性值为长度值。

1)基本格式

选择器{text-indent:长度值;}

2)使用方法

①只能在非行内元素上使用,并且块元素要有足够的宽度才有效果。

②属性值可以为负数值。

3)使用案例

①案例1:设置段落的首行文字缩进两个字符。建议使用 em 单位,如果使用 px 单位,那么就要手动计算出各个段落缩进两个字符的长度值,长度值为段落文字的字号乘以2,但是如果使用 em 单位,计算机就会按段落的字号的倍数自动计算出它缩进的长度值。

表单中的代码为:

p{text-indent:2em;}

<body>标签中的代码为:

<p>这段文本使用了首行缩进效果。</p>

浏览器中显示的效果如图5.9所示。

<div align="center">这段文本使用了首行缩进效果。</div>

<div align="center">图 5.9 显示效果</div>

②案例2:使用图片替换文字超链接。

表单中的代码为:

```
/* 方法1:将链接文字向右隐藏。*/
#a1{display:inline-block;text-decoration:none;color:red;width:100px;height:30px;
    background-image:url(img/logo_news.jpg);background-size:100px 30px;
    text-indent:200px;white-space:nowrap;overflow:hidden;}
/* 方法2:将链接文字向下隐藏。*/
#a2{display:inline-block;text-decoration:none;color:red;width:100px;height:0px;
    padding-top:30px;background-image:url(img/logo_news.jpg);background-size:100px
30px;overflow:hidden;}
```

<body>标签中的代码为:

```
<a id="a1" href="http://www.news.com" target="">新闻中心</a><br>
<a id="a2" href="http://www.news.com" target="">新闻中心</a>
```

浏览器中显示的效果如图5.10所示。

红框内为超链接文字在浏览器中实际的位置,黑框内为浏览器中不可见的区域,如图5.11 所示。

图 5.10　显示效果　　　　　　　　　图 5.11　显示效果

5.2.3　text-decoration 属性

该属性用于设置文本的装饰样式。它可以给元素添加如<del>标签的删除线或者<a>标签的下划线效果,也可以去除它们的效果,但是它没有语义。其属性值为预定义值,见表 5.5。

表 5.5　text-decoration 属性

属性值	属性作用
none	默认值,无装饰样式。
underline	添加下划线。
overline	添加上划线。
line-through	添加删除线。

1)基本格式

选择器{text-decoration:预定义值;}

2)使用案例

表单中的代码为:

p{text-decoration:line-through;}
a{text-decoration:none;}
del{text-decoration:none;}

<body>标签中的代码为:

<p>这段文本设置了装饰样式。</p>
<a href="">这是一个删除了下划线的超链接。</a>
<del>这个 <del>标签去掉删除线。</del>

浏览器中显示的效果如图 5.12 所示。

这段文本设置了装饰样式。

这是一个删除了下划线的超链接。 这个<del>标签去掉删除线。

图 5.12 显示效果

5.2.4 text-overflow 属性

该属性用于设置文本溢出时的显示样式。它的属性值为预定义值,见表 5.6。

表 5.6 text-overflow 属性

属性值	属性作用
clip	当文本框宽度值小于文字宽度值时,会裁减溢出的文字。
ellipsis	用省略符三个点"..."来代表被修剪的文本。

1)基本格式

选择器{text-overflow:预定义值;}

2)使用方法

①text-overflow 属性只能在块元素上使用,并且通常配合 white-space:nowrap 属性(忽略文本换行符,对强制换行符无效)和 overflow:hidden 属性(隐藏显示溢出的文本)一起使用。

②修剪的文本长度值要小于本段落文字的长度值,否则无效。

③无论单行文字还是多行文字,裁剪后显示的结果都为单行文字。如果只想让多行文字中的最后一行显示为省略效果,要么手写省略号,要么把多行文字拆分成几个带有独立标签的单行文字,然后在最后一行添加此属性。注意:在多行文字中,如果使用强制换行符,强制换行符后的文字也会显示为一行文字,超出的部分依然会按设定的样式显示。

3)使用案例

表单中的代码为:

```
p,section:last-of-type{width:100px;white-space:nowrap;overflow:hidden;text-overflow:
ellipsis;}
/* 当鼠标移到段落文字上时,使隐藏部分可见。*/
p:hover{overflow:visible;}
div{width:300px;}
```

<body>标签中的代码为:

```
<!-- 下面文本上都设置了文本的溢出样式、忽略了文本换行符和隐藏显示溢出的属
性,并且使用伪元素设置了动态的显示效果。-->
<p>这个段落设置了300px的宽度,超出段落宽度的文字会以省略号显示出来。</p>
<hr>
<p>这个段落设置了300px的宽度,并且使用了换行符。
换行符不会使段落文本在浏览器中显示为换行,
超出段落宽度的文字会以省略号显示出来。</p> <hr>
<p>这个段落设置了300px的宽度,并且使用了强制换行符。<br>强制换行符会使这段
文字分为两行显示,并且这两行文本超出段落宽度的文字都会以省略号显示出来。
</p> <hr>
<!-- 多行显示文本省略符的方法。-->
<section>这个段落设置了300px的宽度,在</section>
<section>不超出定义宽度的位置手动添加段</section>
<section>落标签换行。在文本的最后一段添加溢出样式。</section><hr>
<div>或者将段落文字的全部内容书写出来,在最后的一行上手动添加省略号...</div>
```

浏览器中显示的效果如图5.13所示。

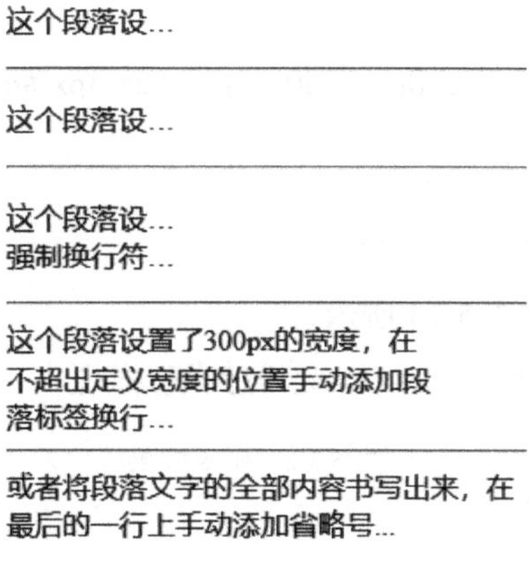

图 5.13　显示效果

5.2.5　text-shadow 属性

该属性用于给文本添加阴影效果。它的属性值为预定义值,见表5.7。

表 5.7　text-shadow 属性

属性值	属性作用
h-shadow	添加水平方向的阴影。允许负数值。（必要属性）
v-shadow	添加垂直方向的阴影。允许负数值。（必要属性）
blur	添加阴影的模糊距离。
color	定义阴影的颜色。

1）基本格式

选择器｛text-shadow：水平阴影值 1 垂直阴影值 1 模糊距离值 1 颜色值 1，水平阴影值 2 垂直阴影值 2 模糊距离值 2 颜色值 2，…；｝

2）使用方法

①水平阴影值和垂直阴影值为必须值。阴影模糊的距离值为可选项，省略时值为 0。

②一个属性中可以添加多个阴影值，每个阴影值之间使用英文逗号","分开。

3）使用案例

表单中的代码为：

p｛color：#fff；text-shadow：1px 1px 0px #000，-1px -1px 5px #ccc；｝

<body>标签中的代码为：

<p>这段文本设置了阴影样式。</p>

浏览器中显示的效果如图 5.14 所示。

这段文本设置了阴影样式。

图 5.14　显示效果

5.2.6　letter-spacing 属性

该属性用于设置文本字符之间的间距。它的属性值为长度值或者预定义值 normal（等同于 0px），长度单位建议使用 px 值。

1）基本格式

选择器｛letter-spacing：长度值或者预定义值；｝

2）使用方法

属性值可以为负值。正值表示单词之间间隔增大，负值表示单词之间间隔减小。

3）使用案例

表单中的代码为：

p{letter-spacing:30px;}

<body>标签中的代码为：

<p>This is a paragraph.</p>
<p>对中文也有效。</p>

浏览器中显示的效果如图 5.15 所示。

T h i s　　i s　　a　　p a r a g r a p h .
对　中　文　也　有　效　。

图 5.15　显示效果

5.2.7　word-spacing 属性

该属性用于设置英文单词之间的间距。它的属性值为长度值或者预定义值 normal
（等同于 0px），长度单位建议使用 px 值。

1）基本格式

选择器{word-spacing:长度值或者预定义值;}

2）使用方法
①该属性通常在英文单词上使用，它用来设置空格符的宽度距离。
②属性值可以为负值。正值表示单词之间间隔增大，负值表示单词之间间隔减小。

3）使用案例

表单中的代码为：

p{word-spacing:30px;}

<body>标签中的代码为：

<p>This is a paragraph.</p>
<p>在带有 空格符的中文中 也有效果。</p>

浏览器中显示的效果如图 5.16 所示。

This　　is　　a　　paragraph.
在带有　　空格符的中文中　　也有效果。

图 5.16　显示效果

5.2.8 word-break 属性

该属性用于指定当英文单词超出它的区域的宽度时，是否允许在单词内断句。它只对英文单词有效，属性值为预定义值，见表 5.8。

表 5.8 word-break 属性

属性值	属性作用
normal	默认值，使用浏览器默认的换行规则。
break-all	只能按单词换行。
keep-all	在半角空格或者连字符处换行。

1）基本格式

选择器{word-break:预定义值;}

2）使用案例

表单中的代码为：

/* 使用了 border 属性定义出元素的边框，方便观看元素的位置。 */
p{width:11em;border:1px solid #000000;}
#test1{word-break:normal;}
#test2{word-break:break-all;}

<body>标签中的代码为：

\<p id=" test1 ">This is a veryveryveryveryveryveryveryveryveryvery long paragraph.\</p>
\<p id=" test2 ">This is a veryveryveryveryveryveryveryveryveryvery long paragraph.\</p>

浏览器中显示的效果如图 5.17 所示。

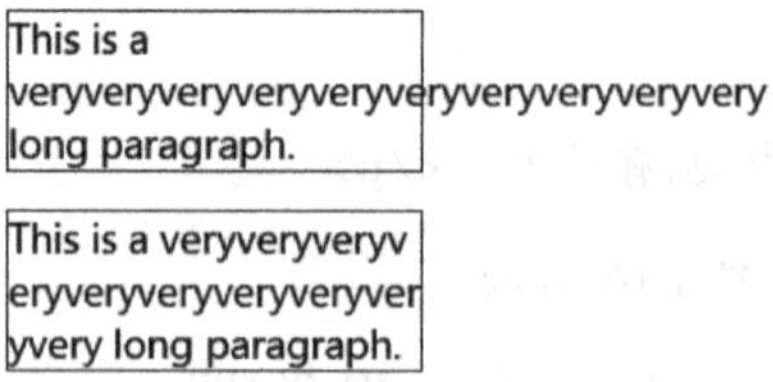

This is a
veryveryveryveryveryveryveryveryveryvery
long paragraph.

This is a veryveryveryv
eryveryveryveryveryver
yvery long paragraph.

图 5.17 显示效果

5.2.9 word-wrap 属性

该属性用于设置超长的英文单词是否断开并换行显示。它只对英文单词有效,属性值为预定义值,见表5.9。

表 5.9 word-wrap 属性

属性值	属性作用
normal	默认值,只在允许的断字点换行。
break-word	在长单词或者 URL 地址内部直接进行单词的换行。

1)基本格式

选择器{word-wrap:预定义值;}

2)使用案例

表单中的代码为:

p{width:11em;border:1px solid #000000;word-wrap:break-word;}

<body>标签中的代码为:

<p>This paragraph contains a very long word:thisisaveryveryveryveryveryverylongword. The long word will break and wrap to the next line.</p>

浏览器中显示的效果如图 5.18 所示。

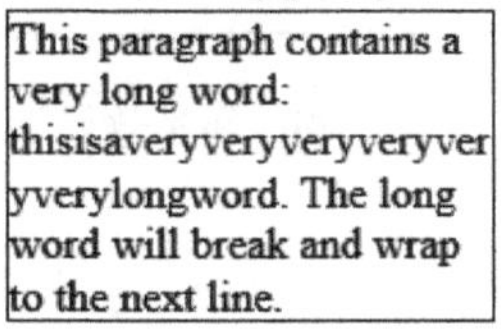

This paragraph contains a very long word: thisisaveryveryveryveryver yverylongword. The long word will break and wrap to the next line.

图 5.18 显示效果

5.2.10 line-height 属性

该属性用于设置文本之间的行间距,也就是行高。当高度足够时,也可以使用它来设置父级内的元素垂直居中。它的属性值为长度值或者预定义值 normal(等同于 0px),长度单位建议使用 px。

1)基本格式

选择器{line-height:长度值或者预定义值;}

2）使用方法

①该属性不允许使用负数值，并且会影响盒模型的布局。

②当它在没设置高度值的块元素上使用时，文本的默认行高值会撑开块元素。当它在设置了高度值的块元素上使用时，文本会在块元素内上下居中显示。

③当它应用在行内元素上时，它虽然不会撑开行内元素的高度，但它会留出行高的高度，并且使行内元素在设置的行高内居中显示。

3）使用案例

表单中的代码为：

```
/* 使用了 border 属性定义出元素的边框，方便观看行高。*/
body{width:250px;border:1px solid black;}
p{line-height:50px;border:1px solid black;}
b{line-height:50px;border:1px solid black;}
```

<body>标签中的代码为：

```
<p>这段块元素的文本设置了行高。</p>
<b>这段行内元素的文本设置了行高。</b>
```

浏览器中显示的效果如图 5.19 所示。

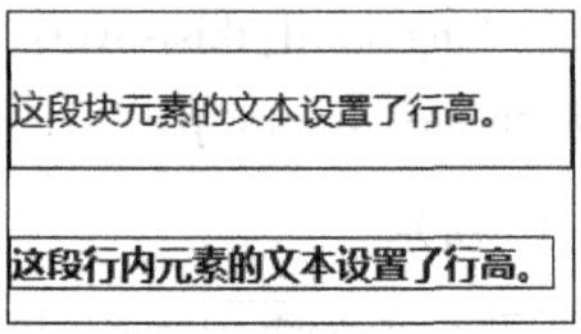

图 5.19　显示效果

5.2.11　white-space 属性

该属性用于定义文本中空格、换行符和 tab 字符的处理方式。它的属性值为预定义值，见表 5.10。

表 5.10　white-space 属性

属性值	属性作用
normal	默认值，会合并空格符，忽略换行符、允许自动换行。
pre	按文档原始格式显示，会保留空格符，保留换行符、不允许自动换行。
nowrap	会合并空格符，忽略换行符、不允许自动换行。

1）基本格式

选择器{white-space:预定义值;}

2）使用案例

表单中的代码为：

p{white-space:pre;}

<body>标签中的代码为：

<p>这段　　　文本设置了
空格、换行和 tab 字符的　处理方式。</p>

浏览器中显示的效果如图 5.20 所示。

这段　　文本设置了
空格、换行和tab字符的　　处理方式。

图 5.20　显示效果

5.3　列表样式

列表样式用来设置列表或者给列表添加各种效果。例如：可以设置列表的项目符号的位置、使用图片替换列表的项目符号或者设置列表的项目符号的类型等。

5.3.1　list-style-position 属性

该属性用于定义列表项目符号的位置。它的属性值为预定义值，见表 5.11。

表 5.11　list-style-position 属性

属性值	属性作用
inside	列表项目标记放置在文本以内。
outside	默认值。保持标记位于文本的左侧。

1）基本格式

选择器{list-style-position:预定义值;}

2）使用案例

表单中的代码为：

ul{list-style-position:inside;}
ol{list-style-position:outside;}

<body>标签中的代码为:

<p>该列表的 list-style-position 的值是" inside ":</p>
<ul>
  <li>列表中的文字</li>
  <li>列表中的文字</li>
</ul>
<p>该列表的 list-style-position 的值是" outside ":</p>
<ol>
  <li>列表中的文字</li>
  <li>列表中的文字</li>
</ol>

浏览器中显示的效果如图 5.21 所示。

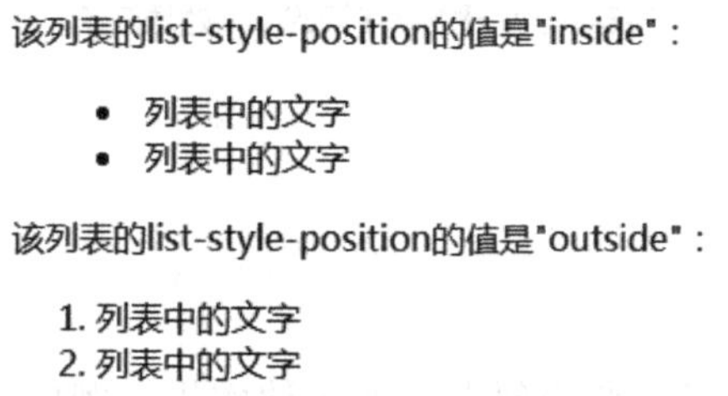

该列表的list-style-position的值是"inside"：

    • 列表中的文字
    • 列表中的文字

该列表的list-style-position的值是"outside"：

    1. 列表中的文字
    2. 列表中的文字

图 5.21　显示效果

5.3.2　list-style-image 属性

该属性用于使用图片替换列表的项目符号。

1) 基本格式

选择器{list-style-image:url(图片资源);}

2) 使用方法

① 此属性具有继承性,通常和 list-style-position:inside 一起使用。
② url 为引入图片资源的位置,书写在英文括号"( )"内。
③ 添加的图片尺寸建议使用制图软件直接调成需要的大小。

3) 使用案例

表单中的代码为:

ul{list-style-image:url(img/list-icon.png);list-style-position:inside;}

<body>标签中的代码为:

```
<ul>
  <li>咖啡</li>
  <li>茶</li>
  <li>可口可乐</li>
</ul>
```

浏览器中显示的效果如图 5.22 所示。

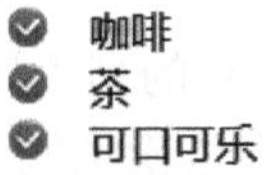

图 5.22　显示效果

5.3.3　list-style-type 属性

该属性用于设置列表的项目符号的类型。它可以改变列表项目前面的显示符号的样式，也可以去除它们。它的属性值为预定义值，见表 5.12。

表 5.12　list-style-type 属性

属性值	属性作用
none	去掉列表的项目符号。
disc	默认值。标记为实心圆。
circle	标记为空心圆。
square	标记为实心方块。

1）基本格式

选择器{list-style-type：预定义值；}

2）使用案例

表单中的代码为：

ul{list-style-type：decimal；}／*将无序列表标记成数字序列。*／
#li3{list-style-type：none；} ／*将列表前的序列去除。*／

<body>标签中的代码为：

```
<ul>
  <li>咖啡</li>
  <li>茶</li>
  <li id="li3">可口可乐</li>
</ul>
```

浏览器中显示的效果如图 5.23 所示。

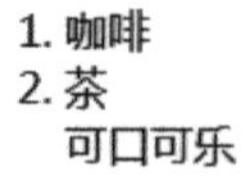

1. 咖啡
2. 茶
可口可乐

图 5.23　显示效果

5.3.4　list-style 属性的复合写法

此属性用于一个声明中同时设置所有的列表属性。这种复合写法中相同的属性值只能设置一个,不能设置多个,并按照顺序依次书写,每个属性值之间使用空格分开。如果缺省某个属性值,缺省的属性值将自动使用默认值。

1)基本格式

选择器{list-style:list-style-type list-style-position list-style-image;}

2)使用案例

表单中的代码为:

ul{list-style:square inside url(img/list-icon.png);}

复合写法等同于分开书写:

ul{list-style-type:square;}
ul{list-style-position:inside;}
ul{list-style-image:url(img/list-icon.png);}

<body>标签中的代码为:

```
<ul>
  <li>咖啡</li>
  <li>茶</li>
  <li>可口可乐</li>
</ul>
```

浏览器中显示的效果如图 5.24 所示。

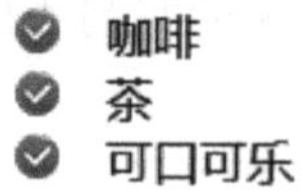

咖啡
茶
可口可乐

图 5.24　显示效果

5.4　表格样式

表格样式用来设置表格或者给表格添加各种效果。例如：可以设置表格边框线的宽度、表格的宽度和高度、边框线的样式、表格的边宽、表格的内边距、表格文本的对齐方式等。

5.4.1　border 属性

该属性用于设置表格边框线的宽度。它和盒模型的 border 属性使用方法基本相同。

1）基本格式

选择器{border:线宽 线形 线颜色;}

2）使用方法

①它可以使用在<table>、<th>和<td>标签上，因为它们都有各自独立的边框线值。

②属性值设置的顺序通常为线宽，属性值为长度值；线形，属性值为预定义值，例如：solid(实线)、double(双实线)、dotted(点划线)等；线的颜色，属性值为颜色值。

3）使用案例

表单中的代码为：

table{border:4px solid red;}
th{border:4px solid blue;}
td{border:4px solid green;}

<body>标签中的代码为：

```
<table>
  <tr> <th>学号</th><th>姓名</th><th>成绩</th> </tr>
  <tr> <td>01</td><td>张三</td><td>60</td> </tr>
  <tr> <td>02</td><td>李四</td><td>90</td> </tr>
</table>
```

浏览器中显示的效果如图 5.25 所示。

图 5.25　显示效果

5.4.2 width 和 height 属性

width 属性用于定义表格的宽度,height 属性用于定义表格的高度。它们和盒模型的width 属性、height 属性使用方法基本相同。

1)基本格式

选择器{ width:长度值;heigh:长度值;}

2)使用方法

①它可以使用在<table>、<th>和<td>标签上,因为它们都有各自独立的长度值。

②如果<table>标签设置的宽度和高度值超过<th>和<td>标签上设置的宽度和高度值,会按<table>标签上设置的宽度和高度值显示表格的宽度和高度。

③如果<th>和<td>标签内元素的宽度和高度值超过<table>、<th>和<td>标签上设置的宽度和高度值,表格会被撑开,并按单元格的总宽度和总高度值显示表格的宽度和高度。

3)使用案例

表单中的代码为:

```
table,th,td{border:1px solid black;}
table{width:300px;height:40px;}
th{width:1px;height:1px;}
td{width:1px;height:1px;}
```

<body>标签中的代码为:

```
<table>
  <tr> <th>学号</th><th>姓名</th><th>成绩</th> </tr>
  <tr> < td>01</td><td>张三</td><td>60</td> </tr>
  <tr> <td>02</td><td>李四</td><td>90</td> </tr>
</table>
```

浏览器中显示的效果如图 5.26 所示。

学号	姓名	成绩
01	张三	60
02	李四	90

图 5.26 显示效果

5.4.3 border-collapse 属性

该属性用于定义表格边框线的样式。它的属性值为预定义值,见表 5.13。

表 5.13 border-collapse 属性

属性值	属性作用
separate	默认值。边框会分开显示。它不会忽略 border-spacing 和 empty-cells 属性的效果。
collapse	如果可以合并会合并为一条边框。它会忽略 border-spacing 和 empty-cells 属性的效果。

1)基本格式

选择器{border-collapse:预定义值;}

2)使用方法

①需要和 border 属性一起使用,否则将无法看到定义的边框线。

②声明要书写在<table>标签上。

3)使用案例

表单中的代码为:

table,th,td{border:1px solid black;}
table{border-collapse:collapse;}

<body>标签中的代码为:

```
<table>
  <tr> <th>学号</th><th>姓名</th><th>成绩</th> </tr>
  <tr> <td>01</td><td>张三</td><td>60</td> </tr>
  <tr> <td>02</td><td>李四</td><td>90</td> </tr>
</table>
```

浏览器中显示的效果如图 5.27 所示。

学号	姓名	成绩
01	张三	60
02	李四	90

图 5.27 显示效果

5.4.4 border-spacing 属性

该属性用于设置表格中边框线与边框线之间的距离,它的属性值为长度值。

1)基本格式

选择器{border-spacing:水平方向的长度值 垂直方向的长度值;}

2)使用方法

①该属性只能在 border-collapse 属性值为 separate 时使用。

②通常将声明定义在<table>标签上使用。

③它有两个属性值,分别代表水平方向的间隔距离和垂直方向的间隔距离。也可以将属性值简写成一个值,代表水平和垂直方向的间隔值相同。

3)使用案例

表单中的代码为:

```
table{border-spacing:15px;}
table,th,td{border:1px solid black;}
```

<body>标签中的代码为:

```
<table>
    <tr><th>学号</th><th>姓名</th><th>成绩</th></tr>
    <tr><td>01</td><td>张三</td><td>60</td></tr>
    <tr><td>02</td><td>李四</td><td>90</td></tr>
</table>
```

浏览器中显示的效果如图 5.28 所示。

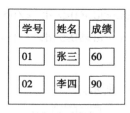

图 5.28 显示效果

5.4.5 padding 属性

该属性用于设置表格中内容与边框的距离。它和盒模型的 padding 属性使用方法基本相同。

1）基本格式

选择器{padding：长度值；}

2）使用方法

①通常将声明定义在<th>和<td>标签上，以改变单元格的宽度和高度值。

②定义在<table>标签上时，只会改变表格外框线之间的线宽。

③添加此属性后会改变表格的原始宽度和高度值。

3）使用案例

表单中的代码为：

table，th，td{border：1px solid black；}
td{padding：15px；}

<body>标签中的代码为：

```
<table>
   <tr> <th>学号</th><th>姓名</th><th>成绩</th> </tr>
   <tr> <td>01</td><td>张三</td><td>60</td> </tr>
   <tr> <td>02</td><td>李四</td><td>90</td> </tr>
</table>
```

浏览器中显示的效果如图 5.29 所示。

学号	姓名	成绩
01	张三	60
02	李四	90

图 5.29　显示效果

5.4.6　text-align 和 vertical-align 属性

它们用于设置表格中文本的对齐方式。它的属性值为预定义值，见表5.14。

表 5.14　text-align 和 vertical-align 属性

属性值	属性作用
text-align	left 默认值，左对齐；right 右对齐；center 居中对齐。
vertical-align	top 默认值，顶部对齐；bottom 底部对齐；middle 居中对齐。

1）基本格式

选择器{text-align:预定义值;vertical-align:预定义值;}

2）使用方法

①通常将声明定义在\<th\>和\<td\>标签上使用。

②对齐的单元格内要有多余的宽度或者高度,否则看不出对齐的效果。

3）使用案例

表单中的代码为:

table,th,td{border:1px solid black;}

table{width:300px;height:100px;}

td{height:50px;text-align:center;vertical-align:bottom;}

\<body\>标签中的代码为:

```
<table>
  <tr> <th>学号</th><th>姓名</th><th>成绩</th> </tr>
  <tr> <td>01</td><td>张三</td><td>60</td> </tr>
  <tr> <td>02</td><td>李四</td><td>90</td> </tr>
</table>
```

浏览器中显示的效果如图 5.30 所示。

学号	姓名	成绩
01	张三	60
02	李四	90

图 5.30　显示效果

5.5　显示模式的转换

display 属性能强行改变 HTML 5 标签的显示模式,使元素按自定义的模式显示。注意:当使用此声明在文档结构标签和内容结构标签上时,会改变文档的布局结构,所以请谨慎使用此声明。它的属性值众多,常用的有以下几个属性值,见表 5.15。

表 5.15　display 属性

属性值	属性作用
none	不在浏览器中显示,但并没有删除此元素。
inline	默认值。强行转换为行内元素显示。
block	强行转换为块元素显示。
inline-block	强行转换为行内块元素显示。

使用案例:将行内元素(span)强行转换为行内块元素。

表单中的代码为:

```
/*如果定义的行内块元素内没有元素,那么它的行线会按行内块元素的底部对齐;如果定义的行内块元素内有元素,那么它的行线会按行内块元素内的内容的底部对齐。*/
span{display:inline-block;width:60px;height:60px;background-color:pink;}
```

<body>标签中的代码为:

```
<span></span><span> </span><span></span><span> </span><span></span>
<span></span><span>有内容</span><span> </span><span>有内容</span><span>
</span>
```

浏览器中显示的效果如图 5.31 所示。

图 5.31　显示效果

5.6　声明的继承性

继承性是指某些元素可以继承它的上一级或者上几级中的声明来使用,这样就不用在每个元素上都添加声明了,从而简化代码,提高工作效率。例如:可以在 body 元素上添加常用的文本样式,这样就可以给文档中所有的文本添加统一的样式了。但是,如果在网页中大量使用继承性,会导致难以寻找到样式的来源,增加修改和编写代码复杂度的问题,继承性应该合理使用。建议将公用的声明设置在 body 元素上,将非公用的声明设置在元素的父级上或者元素自身上。

并不是所有的声明都有继承性,而且声明的来源和继承的多少也并不相同。通常来讲,有继承属性的声明有:color、font-系列、text-系列、line-系列等;没有继承属性的声明有:

边框属性、外边距属性、内边距属性、背景属性、定位属性、宽高属性以及所有盒模型的属性等,见表5.16。

表 5.16　声明的继承性

	显示模式	display
无继承性的声明	文本属性	vertical-align、text-decoration、text-shadow、white-space、unicode-bidi
	盒模型的属性	width、height、margin、margin-top、margin-right、margin-bottom、margin-left、border、border-style、border-top-style、border-right-style、border-bottom-style、border-left-style、border-width、border-top-width、border-right-right、border-bottom-width、border-left-width、border-color、border-top-color、border-right-color、border-bottom-color、border-left-color、border-top、border-right、border-bottom、border-left、padding、padding-top、padding-right、padding-bottom、padding-left
	背景属性	background、background-color、background-image、background-repeat、background-position、background-attachment
	定位属性	float、clear、position、top、right、bottom、left、min-width、min-height、max-width、max-height、overflow、clip、z-index
	生成内容属性	content、counter-reset、counter-increment
	轮廓样式属性	outline-style、outline-width、outline-color、outline
	页面样式属性	size、page-break-before、page-break-after
	声音样式属性	pause-before、pause-after、pause、cue-before、cue-after、cue、play-during
有继承性的声明	字体系列属性	font、font-family、font-weight、font-sizefont-style、font-variant、font-stretch、font-size-adjust
	文本系列属性	text-indent、text-align、line-height、word-spacing、letter-spacing、text-transform、direction、color
	元素可见性	visibility
	表格布局属性	caption-side、border-collapse、border-spacing、empty-cells、table-layout
	列表布局属性	list-style-type、list-style-image、list-style-position、list-style
	生成内容属性	quotes
	光标属性	cursor
	页面样式属性	page、page-break-inside、windows、orphans
	声音样式属性	speak、speak-punctuation、speak-numeral、speak-header、speech-rate、volume、voice-family、pitch、pitch-range、stress、richness、azimuth、elevation
所有元素可以继承的声明	元素可见性	visibility
	光标属性	cursor

续表

行内元素可以继承的声明	字体系列属性	同上
	文本系列属性	除 text-indent、text-align 之外
块级元素可以继承的声明		text-indent、text-align
特殊继承性的声明		a 标签的文字颜色和下划线是不能继承的
		h 标签的文字大小是不能继承的

使用案例：

表单中的代码为：

article{color：deeppink；font-size：20px；line-height：50px；background：yellow；width：400px；height：200px；}

section{background：pink；}

<body>标签中的代码为：

```
<article>
    在 &lt;article &gt;标签上设置<b>字体颜色</b>、<b>字体行高</b>与<b>字体大小</b>，
    <section>其后代元素上也会继承这些属性。</section>
</article>
```

浏览器中显示的效果如图 5.32 所示。

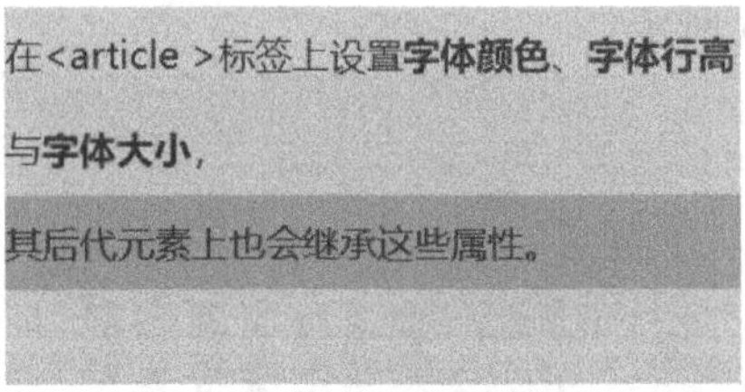

图 5.32　显示效果

5.7　小结案例

按照图 5.33 所示，使用装饰类声明给网页文档定义页面的效果，并且制作出带有交互效果的导航栏和正文内容。

图 5.33　效果图

当光标悬浮于导航栏之上时,导航栏的文字背景颜色会变成深蓝色,其效果如图 5.34 所示。

图 5.34　效果图

其中,使用到的图片素材有:名称为 banner06.jpg 的图片,它的宽高值为 1440px 和 500px。图片素材如图 5.35 所示。

图 5.35　图片 banner06.jpg

5.7.1　页面结构与样式分析

从效果图可以看出页面的结构由页头和页身两部分组成。页头包含一个由列表制作的导航栏,页身包含标题导航、标题、段落文字、图片和表格。这里将导航栏中的元素转换为行块元素使其显示在同一行中,列表默认的开头圆点符号和超链接默认的下划线使用文本装饰声明删除,段落文字设置行高和字间距,表格使用表格样式设置线宽。

5.7.2 页面制作

根据分析的结果,网页文档具体制作的代码如下:

```
1.   <!DOCTYPE html>
2.   <html>
3.   <head>
4.      <meta charset="utf-8">
5.      <title>5.7.小结案例</title>
6.      <style type="text/css">
7.        *{margin:0px;padding:0px;}
8.        /* 设置导航栏父级元素总的宽高值和背景颜色。*/
9.        header nav{width:100%;height:60px;background-color:#00a2ca;}
10.       /* 去掉列表默认的圆点和换行,并且使列表内的文字居中对齐。*/
11.       header ul{list-style:none;text-align:center;}
12.       /* 在列表项上设置显示模式,使列表项在同一行中显示。*/
13.       header nav>ul>li{display:inline-block;}
14.       /* 去掉超链接文字默认的下划线样式,并给超链接添加其它样式。设置显
              示模式,给超链接和列表项都添加宽度值。*/
15.       header a{text-decoration:none;display:inline-block;width:120px;color:#FFF;
16.       font:bold 18px/60px "\5FAE\8F6F\96C5\9ED1",arial,Helvetica,sans-serif;}
17.       /* 给超链接添加伪类,当鼠标悬停在元素上时背景颜色会改变。*/
18.       header a:hover{background:#0095bb;}
19.    /* 内容栏 */
20.       /* 内容栏的导航栏样式 */
21.       main{width:1000px;}
22.       main ul{font:bold 18px/80px arial,黑体,sans-serif;word-spacing:20px;}
23.       main li{display:inline-block;}
24.       main a{color:#333;text-decoration:none;}
25.       /* 鼠标接触到导航文字时变成红色 */
26.       main a:hover{color:red;}
27.    /* 文章标题的样式 */
28.       h1{line-height:20px;text-align:center;letter-spacing:10px;color:#0095bb;}
29.       time{line-height:60px;color:#666;}
30.       span{color:#333;text-align:right;}
```

31.　　　　hr{width：1000px；text-align：left；}

32.　　　　/* 文章图片的样式 */

33.　　　　img{width：1000px；text-align：center；}

34.　　　　h4{line-height：40px；}

35.　　　　p{width：1000px；text-indent：2em；letter-spacing：4px；line-height：30px；}

36.　　　　/* 表格自身也有宽度,如果只减去左右内边距表格会超出。*/

37.　　　　table{width：900px；border-collapse：collapse；text-align：center；}

38.　　　　tr{border：1px solid black；}

39.　　　　th,td{padding：10px；border：1px solid black；}

40.　　　　section{line-height：60px；text-align：right；}

41.　　　</style>

42.　　</head>

43.　　<body>

44.　　<header>

45.　　　<nav>

46.　　　　<ul>

47.　　　　　<li><a href=" index.html ">首 ； ； ； ； ； ；页</a></li>

48.　　　　　<li><a href=" profile.html ">学校概况</a></li>

49.　　　　　<li><a href=" departments.html ">院系设置</a></li>

50.　　　　　<li><a href=" branch.html ">行政部门</a></li>

51.　　　　　<li><a href=" staff.html ">师资队伍</a></li>

52.　　　　</ul>

53.　　　</nav>

54.　　</header>

55.　　<main>

56.　　　<nav>

57.　　　　<ul>

58.　　　　　<li><a href="">首页</a><span> ></span></li>

59.　　　　　<li><a href="">学校概况</a><span> ></span></li>

60.　　　　　<li><a href="">学校简介</a></li>

61.　　　　</ul>

62.　　　</nav>

63.　　　<h1>学校简介</h1>

64.　　　<time>发布时间:2022-8-24 16:43:29</time> <span>点击次数:2703</span>

65.　　　<hr>

66.　　　<h4>学校简介：</h4>

67.   <p>学校继承并发扬重庆大学多年形成的浓厚文化积淀和良好校风学风,大力开展教学改革,推行教育创新,加强"应用技术型大学"建设,以"基础实、技能强、素质高"为人才培养目标,重点突出学生实践能力、创新能力、就业能力、创业能力的培养和提高,努力探索创新与就业相结合的育人模式,为学生走向成功创造优良的环境。 </p>

68. <img src="img/banner06.jpg" alt="学校照片">

69. <h4>各部门联系方式:</h4>

70. <table>

71.   <tr><th>部门名称</th><th>办公电话</th><th>办公地址</th></tr>

72.   <tr><td>党政办</td><td>49481068</td><td>第一行政楼308室</td></tr>

73.   <tr><td>人事处</td><td>49481098</td><td>第一行政楼206室</td></tr>

74.   <tr><td>财务处</td><td>49841488</td><td>第一行政楼208室</td></tr>

75. </table>

76.
  <section>编辑:刘钊</section>

77. </main>

78. </body>

79. </html>

课后习题

按照图5.36所示,在不改变HTML代码(代码在课后资源中下载)的前提下,使用装饰类声明定义HTML的内容,使内容按照定义的样式显示。

图5.36 效果图

①理解盒模型的作用；
②掌握盒模型的样式；
③掌握盒布局样式；
④理解盒模型的 BFC 问题。

　　所有的 HTML 标签都可以看成一个容器或者一个盒子,在这个盒子上不仅可以添加各种样式,使盒子看起来美观,还可以通过给盒子设置边距和定位等属性,使盒子成为灵活方便的页面布局元素。虽然 HTML 中的<table>标签也可以创建页面的布局,但是它只能在行和列中创建规整的格子,如果想要在非行和列中添加元素就比较麻烦了,而使用盒模型就可以轻松地在页面中布局元素的位置。

　　盒模型的样式,可以分为:盒边框样式、盒背景样式、盒布局样式和盒模型的其他样式。

6.1　盒边框样式

　　盒边框样式不仅可以给元素的外轮廓添加装饰,使元素看起来更加美观,还可以给块元素设置宽度和高度,使块元素在页面中按设置的大小占据页面中的位置,更能给元素设定外边距来定义盒子在页面中的位置。常用的盒边框样式有:边框的线条样式、内外边距样式以及边框的其他样式,它们都是可选的属性,如图 6.1 所示。

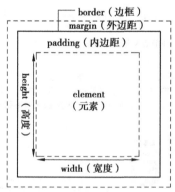

图 6.1　盒模型的属性

6.1.1 border 属性

该属性用于定义盒边框线条的样式,它可以定义元素边框线的宽度、形状和颜色。可以同时定义四个边框线条的样式,也可以单独定义某一条边框线的样式,属性值见表6.1。

表6.1 border 属性

属性名	常用属性值	属性作用
border	线条的宽度 线条的形状 线条的颜色	它是 border 属性的复合写法,在一个声明中可以同时设置四条边框线的样式,使四条边框线的样式都相同。
border-style	none 默认值,无边框 dotted 点线边框 solid 单实线边框 double 双实线边框	使用三个声明分别设置四条边框线的形状、线宽和颜色值。它要和 border-width、border-color 属性一起使用,否则无效果。
border-width	非负数长度值	
border-color	颜色值	
border-bottom	线条的宽度、线条的形状、线条的颜色	在一个声明中只设置底边框线的三种样式。类似的还有 border-left、border-right、border-top。
border-bottom-style	与 border-style 值相同	使用三个声明分别设置底边框线的形状、线宽和颜色值。它要和 border-bottom-width、border-bottom-color 属性一起使用,否则无效果。类似的还有 border-left-style/width/color、border-right-style/width/color、 border-top-style/width/color。
border-bottom-width	与 border-width 值相同	
border-bottom-color	与 border-color 值相同	

1)基本格式

```
/* 在一个声明中同时设置四条边框线的样式,使四条边框线的样式都相同。*/
选择器{border:线条宽度值 线条形状值 线条的颜色值;}
/* 使用三个声明分别设置四条边框线的形状、线宽和颜色值。*/
选择器{border-style:上边线形值 右边线形值 下边线形值 左边线形值;}
选择器{border-width:上边宽度值 右边宽度值 下边宽度值 左边宽度值;}
选择器{border-color:上边颜色值 右边颜色值 下边颜色值 左边颜色值;}
/* 在一个声明中只设置底边框线的形状、线宽和颜色值。*/
选择器{border-bottom:线条宽度值 线条形状值 线条的颜色值;}
/* 使用三个声明分别设置底边框线的形状、线宽和颜色值。*/
```

选择器{border-bottom-style:线形值;}

选择器{border-bottom-width:宽度值;}

选择器{border-bottom-color:颜色值;}

2)使用方法

①边框线的显示范围与元素的显示模式有关。块元素的边框线独占一行显示,并且可以设置它的宽度和高度。行内元素的边框线按其包裹内容的宽度和高度显示,并且不能设置它的宽度和高度。

②当线形值为 none 时,可以去除 HTML 标签上自带的边框,例如:去除表格、表单上自带的边框。

③当线宽值为 0 时,元素将不显示边框线。当线宽值非 0 时,盒子的外部尺寸会增加。

④在使用 border 属性时,每个属性值之间用空格分开,各属性值不建议缺省。

例如表单中的代码为:

p{border:1px solid blue;}

<body>标签中的代码为:

<p>这段文字设定了边框。</p>

浏览器中显示的效果如图 6.2 所示。

这段文字设定了边框。

图 6.2 显示效果

⑤在使用 border-style/width/color 属性时,属性值按顺时针分别设置上、右、下、左各边的线条样式。也可以将属性值简写为三个值、两个值或者一个值。当只有三个属性值时,代表设置的顺序为上边、右边和左边、下边;当只有两个属性值时,代表设置的顺序为上边和下边、右边和左边;当只有一个属性值时,代表四边设置的样式相同。

例如表单中的代码为:

#p1{border-style:solid dotted dashed double;border-width:1px 2px 3px 4px;border-color:red blue green pink;}

#p2{border-style:solid dotted dashed;border-width:1px 2px 3px;border-color:red blue green;}

#p3{border-style:solid dotted;border-width:1px 2px;border-color:red blue;}

#p4{border-style:solid;border-width:1px;border-color:red;}

<body>标签中的代码为:

<p id="p1">有四个属性值时,四边样式都不同。</p>

<p id="p2">只有三个属性值时,上下边样式不同,左右边样式相同。</p>

<p id="p3">只有两个属性值时,上下边样式相同,左右边样式相同。</p>

<p id="p4">只有一个属性值时,四边样式都相同。</p>

浏览器中显示的效果如图 6.3 所示。

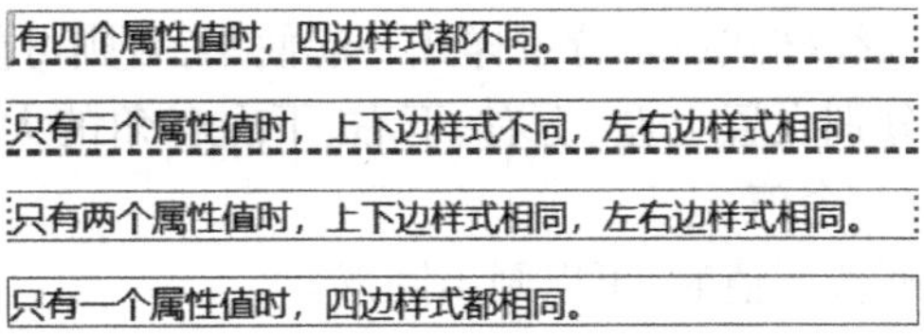

> 有四个属性值时，四边样式都不同。
>
> 只有三个属性值时，上下边样式不同，左右边样式相同。
>
> 只有两个属性值时，上下边样式相同，左右边样式相同。
>
> 只有一个属性值时，四边样式都相同。

<p style="text-align:center">图 6.3　显示效果</p>

⑥在使用 border-bottom/left/right/top 属性时，每个属性值之间用空格分开，各个属性值不建议缺省。

例如表单中的代码为：

p｛border-bottom：2px dotted red；｝

<body>标签中的代码为：

<p>这段文字只设定了底边框。</p>

浏览器中显示的效果如图 6.4 所示。

这段文字只设定了底边框。

<p style="text-align:center">图 6.4　显示效果</p>

⑦在使用 border-bottom/left/right/top-style/width/color 属性时，每个属性中只能添加一个对应的属性值。

例如表单中的代码为：

p｛border-bottom-style：double；border-bottom-width：4px；border-bottom-color：green；｝

<body>标签中的代码为：

<p>这段文字只设定了底边框。</p>

浏览器中显示的效果如图 6.5 所示。

这段文字只设定了底边框。

<p style="text-align:center">图 6.5　显示效果</p>

6.1.2　border-radius 属性

该属性用于使盒边框的直角变为圆角。它的属性值为正长度值。四个角的大小可以分别设置，属性值使用的方法与 border-width 的值类似。

1）基本格式

选择器｛border-radius：上左角值 上右角值 下右角值 下左角值；｝

2)使用方法

①该属性最好和边框线样式或者背景样式一起使用,否则可能看不出样式效果。

②属性值按顺时针分别设置上左、上右、下右、下左各角的大小。也可以将属性值简写为三个值、两个值或者一个值。

③当属性值大于边框长宽值时,可以画出圆形。

3)使用案例

表单中的代码为:

p{border:1px solid blue;width:70px;height:70px;border-radius:25px;padding:10px;}

<body>标签中的代码为:

<p>这个边框设置了圆角。</p>

浏览器中显示的效果如图 6.6 所示。

图 6.6　显示效果

6.1.3　margin 和 padding 属性

margin 和 padding 属性分别定义盒子的内外边距。margin 属性用来定义相邻元素之间或者父子级元素之间外边框之间的间距。padding 属性用来定义同一个元素内的外边框与元素内容之间的间距。

1)基本格式

```
/* 在一个声明中分别设置四条边各自的内外边距。*/
选择器{margin:上边距值 右边距值 下边距值 左边距值;}
选择器{padding:上边距值 右边距值 下边距值 左边距值;}
/* 在一个声明中设置某一条边的内外边距。斜杠为四个属性选其中的一个使用。*/
选择器{margin-top/bottom/righ/left:边距值;}
选择器{padding-top/bottom/righ/left:边距值;}
```

2)使用方法

①归零文档内所有元素的内外边距。由于不同内核的浏览器定义元素内外边距的初始值不同,为了在浏览器中获得相同的显示效果,通常要归零内外边距值。

例如表单中的代码为:

```
*{margin:0px;padding:0px;} /* 使用通配符选择器归零所有元素的内外边距。*/
```

②它们的属性值为长度值或者预定义值 auto。属性值的书写方法与 border 属性值类似，顺时针依次设置上、右、下、左各边的间距。属性值也可以省略为三个值、两个值或者一个值。预定义值 auto 通常只设置宽度值，它可以自动计算出元素两边的距离，使有足够宽度的块元素内的元素水平居中显示。

例如表单中的代码为：

/ * 使段落元素水平居中显示在浏览器中，要给元素设置宽度值，否则块元素会占据一行显示。*/
p｛margin：0px auto；width：200px；background：red；｝

<body>标签中的代码为：

<p>水平居中的段落。</p>

浏览器中显示的效果如图 6.7 所示。

水平居中的段落。

图 6.7　显示效果

③margin 属性值允许使用负数值。padding 属性值不允许使用负数值。

④当两个相邻的块元素上都设置有垂直方向的 margin 属性值时，上下外边距会自动合并，合并边距值取较大的一个外边距的值。如果想保留上下两个边距值，最方便的方法就是将其中一个边的边距值设置为上下两个边距的相加值。

例如表单中的代码为：

header，article，section｛margin：30px；width：100px；height：30px；background：red；｝

<body>标签中的代码为：

/ * 垂直并且相邻的块元素的外边距会自动合并成一个30px。*/
<header></header>
<article> </article>
<section></section>

浏览器中显示的效果如图 6.6 所示。

图 6.8　显示效果

⑤添加内外边距，会改变盒子的总宽度值或者高度值，也就是会改变盒模型的总体尺寸。计算改变的总宽度值的公式为：

左外边距值+左边线宽度值+左内边距值+元素宽度值+右内边距值+右边线宽度值+右外边距值=总宽度值

例如:图 6.9 所示盒模型宽度为 70px,边线宽度值为 0px,如果给盒模型添加 10px 的外边距和 5px 的内边距,那么盒模型的总宽度将变为 100px。也就是:10px+0px+5px+70px+5px+0px+10px=100px。

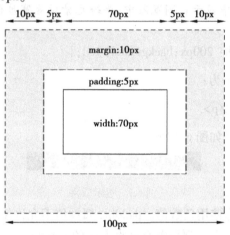

图 6.9　盒模型总宽度值的计算

表单中的代码为:

```
* {margin:0px;padding:0px;}
/* 初始化内外边距值,否则所有元素将有默认的内外边距值。*/
p{border:1px solid blue;width:170px;margin:20px;padding:20px;}
```

<body>标签中的代码为:

```
<p>这段文字设定了内外边距值。</p>
```

浏览器中显示的效果如图 6.10 所示。

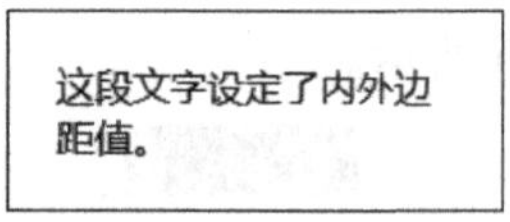

这段文字设定了内外边距值。

图 6.10　显示效果

⑥当盒子内嵌套盒子时,也就是子元素嵌套在父级元素中,它通常会跟随着父级元素一起挪动,它的子元素默认的移动原点在它父级元素内容区域的左上角。

例如表单中的代码为:

```
/* 画两个大小相同的正方形盒子。margin 属性用来消除段落标签上默认的外边距。*/
section,p{margin:0px;padding:0px;width:100px;height:100px;}
```

／＊因为设置的两个盒子的大小相同，这里使用 padding 属性撑大父级的盒子。＊／
section｛background：red；padding：50px；｝
p｛background：orange；｝

　　\<body>标签中的代码为：

\<section>
　\<p>盒子\</p>
\</section>

　　浏览器中显示的效果如图 6.11 所示。

图 6.11　显示效果

6.1.4　width 和 height 属性

　　width 属性定义盒子的宽度，height 属性定义盒子的高度。它们的属性值为长度值。
　　1）基本格式

选择器｛width：长度值；height：长度值；｝

　　2）使用方法
　　①它们使用在非行内元素上才有效果。
　　②通常宽度值或者高度值设置为偶数值，因为奇数值不容易使元素居中对齐。
　　③如果不设置宽高值，宽高值将由包裹在元素内的内容的宽高值决定。
　　④通常在图像和视频元素上只设置宽度值，高度值会按宽度值的比例自动决定。
　　例如表单中的代码为：

p｛width：150px；background：pink；｝
img｛width：100px；｝

　　\<body>标签中的代码为：

\<p>只设置宽度值时，图片的高度值按比例自动缩放。\<img src＝" star.jpg " alt＝" ">\</p>

　　浏览器中显示的效果如图 6.12 所示。

图 6.12　显示效果

⑤如果块元素内包裹的是文本,文本的换行位置由文本的宽度或者它的父级元素的宽度决定。

例如表单中的代码为:

section{width:150px;}

<body>标签中的代码为:

```
<section>
    <p>定义在父级元素上的宽度值,子级文本元素会受到影响。</p>
</section>
```

浏览器中显示的效果如图 6.13 所示。

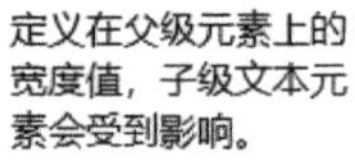

定义在父级元素上的
宽度值,子级文本元
素会受到影响。

图 6.13　显示效果

⑥如果块元素内包裹的是图片,图片元素的宽度不会受父级元素的宽度值影响。

例如表单中的代码为:

section{width:150px;}

<body>标签中的代码为:

```
<section>
    <p>定义在父级元素上的宽度值,子级图片将不会受到影响。<img src="star.jpg" alt=""></p>
</section>
```

浏览器中显示的效果如图 6.14 所示。

定义在父级元素上的
宽度值,子级图片将
不会受到影响。

图 6.14　显示效果

⑦如果父级元素的宽度大于子级元素的宽度,子级元素的宽度不会受到影响。

例如表单中的代码为:

section{width:300px;background:pink;}
p{width:200px;background:yellow;opacity:0.5;}

<body>标签中的代码为:

<section>
<p>父级元素定义的宽度值大于子级元素的宽度值,子级元素会按自身的宽度显示。
</p>
</section>

浏览器中显示的效果如图 6.15 所示。

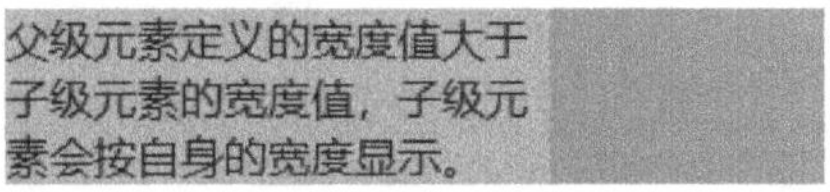

> 父级元素定义的宽度值大于
> 子级元素的宽度值,子级元
> 素会按自身的宽度显示。

图 6.15 显示效果

⑧如果父级元素的宽度小于子级元素的宽度,子级元素会超出父级元素显示。

例如表单中的代码为:

section{width:100px;background:pink;}
p{width:200px;height:50px;background:yellow;opacity: 0.5;}

<body>标签中的代码为:

<section>
<p>父级元素定义的宽度值小于子级元素的宽度值,子级元素会超出父级元素的宽度显示。</p>
</section>

浏览器中显示的效果如图 6.16 所示。

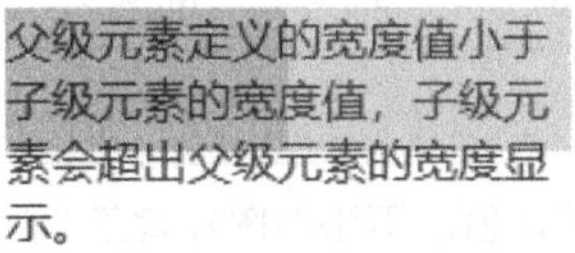

> 父级元素定义的宽度值小于
> 子级元素的宽度值,子级元
> 素会超出父级元素的宽度显
> 示。

图 6.16 显示效果

6.2 盒背景样式

盒背景样式可以给各种元素添加背景颜色和背景图片。它填充的区域与标签的显示模式有关,但是填充的范围不会超出元素的外边框。

6.2.1 background-color 属性

该属性用于给元素添加纯色背景。它的属性值为颜色值。

1）基本格式

选择器｛background-color:颜色值;｝

2）使用方法

①背景色只能使用一个颜色属性值。

②背景色的默认色为透明色,如果给后代元素设定了不透明的背景色,那么后代元素的背景色将遮挡住其父级元素的背景色。

3）使用案例

表单中的代码为:

p｛background-color:yellow;｝
span｛background-color:rgba(147,112,219,0.5);｝

<body>标签中的代码为:

<p>这个段落的背景色为黄色<span><span>标签内的背景色为半透明蓝色</span>。
</p>

浏览器中显示的效果如图 6.17 所示。

这个段落的背景色为黄色<span>标签内的背景色为半透明蓝色。

图 6.17　显示效果

6.2.2 background-image 属性

该属性用于给元素添加背景图片或者渐变背景色。它的属性值见表 6.2。

表 6.2　background-image 属性

属性值	属性作用
none	默认值。不添加图片背景。
url(…)	给元素添加图片背景。
linear-gradient(…)	给元素添加一个线性渐变色的背景。
repeating-linear-gradient(…)	在元素内重复填充设置的线性渐变色。
radial-gradient(…)	给元素添加一个径向渐变色的背景。
repeating-radial-gradient(…)	在元素内重复填充设置的径性渐变色。

基本格式：

选择器{background-image:属性值;}

1)渐变背景色

渐变背景色用于给元素添加一个线性渐变或者径向渐变的背景色。它的属性值要使用两种及以上的颜色值。虽然也可以给背景中添加渐变图片实现此效果，但是添加的渐变色与添加的渐变图片相比，颜色过渡更平滑、耗时更短、放大或者缩小都会保持清晰。

（1）linear-gradient(…)属性值

①作用：给元素添加一个线性渐变色的背景。它的属性值分别为：渐变角度值、渐变颜色值和渐变位置值。

②基本格式：

选择器{background-image:linear-gradient(角度值,颜色值1 渐变位置值1,颜色值2 渐变位置值2,…,颜色值n 渐变位置值n);}

③使用要点：

a.角度值定义颜色的过度方向，省略不写时为从上往下的渐变。角度值可以使用预定义值，例如：水平方向的值为 to bottom（默认，从上往下）和 to top（从下往上），垂直方向的值为 to left（从右到左）和 to right（从左到右），对角线方向的值为 to bottom right 等同于 to right bottom（从左上角到右下角）、to bottom left 等同于 to left bottom（从右下角到右上角）、to top left 等同于 to left top（从右下角到左上角）和 to top right 等同于 to right top（从左下角到右上角）。角度值还可以使用度数值，使用度数值可以制作出任意角度的渐变色。度数值为水平线和渐变线之间的夹角，按逆时针方向计算，数值后必须带有 deg 单位。例如：0deg 等同于 to bottom（从上到下）的渐变、90deg 等同于 to right（从左到右）的渐变。计算公式为 $90-x=y$，其中 x 为标准角度，y 为非标准角度。

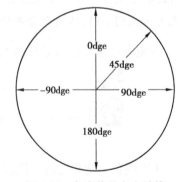

图 6.18　角度值的方向计算

例如表单中的代码为：

main{width:150px;height:150px;background-image:linear-gradient(to bottom right, yellow,pink);}

<body>标签中的代码为：

<main>这是一个定义了宽高值都为 150 像素的 <main>标签,背景色为从左上角到右下角的线性渐变色。颜色值1 为黄色,颜色值2 为粉色。</main>

浏览器中显示的效果如图 6.19 所示。

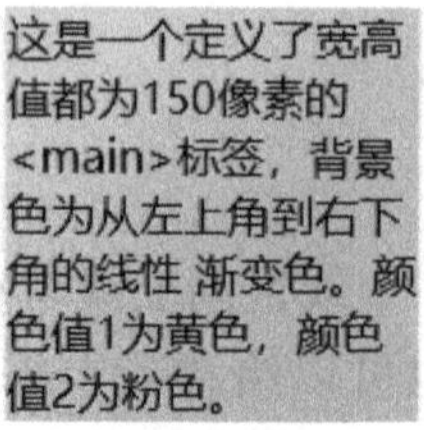

这是一个定义了宽高值都为150像素的 <main>标签，背景色为从左上角到右下角的线性渐变。颜色值1为黄色，颜色值2为粉色。

图 6.19　显示效果

b.颜色值要使用两种或者两种以上的颜色值。其中,颜色值 1 代表起始色,颜色值 n 代表结束色。每个色值之间用英文逗号",",分开。

c.渐变位置值用来定义颜色在元素内的分布位置,建议用百分比值。百分比值和颜色值之间使用空格分开,并且百分比总值不能大于 100%,否则会超出元素的显示范围。

例如表单中的代码为:

main{ width:600px;height:100px;color:white;

background-image:linear-gradient(to right, red 2%,orange 10%,yellow, green 40%,blue, indigo 90%,violet) ; }

<body>标签中的代码为:

<main>这是一个定义了宽值为 600 像素,高度值为 100 像素的 <main>标签,背景色为从左到右的、不均匀分布的彩虹颜色的线性渐变。</main>

浏览器中显示的效果如图 6.20 所示。

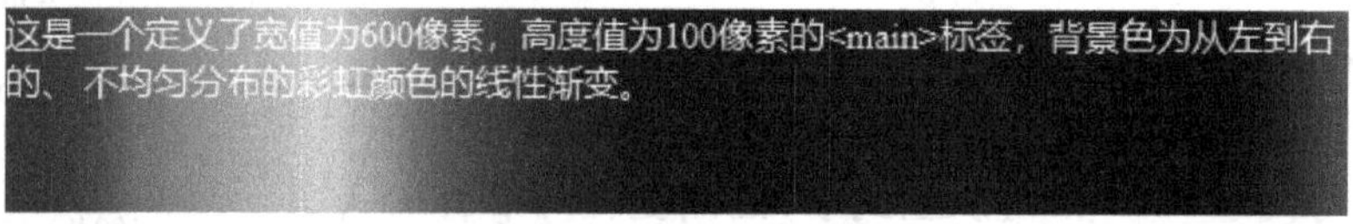

这是一个定义了宽值为600像素，高度值为100像素的<main>标签，背景色为从左到右的、不均匀分布的彩虹颜色的线性渐变。

图 6.20　显示效果

d.当颜色值为带有透明度值的 RGBA 或者 HSLA 时,透明色会与父级的背景色叠加。

例如表单中的代码为:

body{ background-color:yellow; }

main{ width:600px;height:100px;color:white;

background-image:linear-gradient(to right, rgba(255,0,0,0) , rgba(255,0,0,1)) ; }

<body>标签中的代码为:

<main>这是一个定义了宽度值为 600 像素,高度值为 100 像素的 <main>标签,背景色为从左到右的、RGBA 值的、从透明到不透明的线性渐变。它的父级 <body>标签上定义了背景色为黄色,<main>标签的透明颜色会与父级 <body>标签上的颜色叠加为橙色。</main>

浏览器中显示的效果如图 6.21 所示。

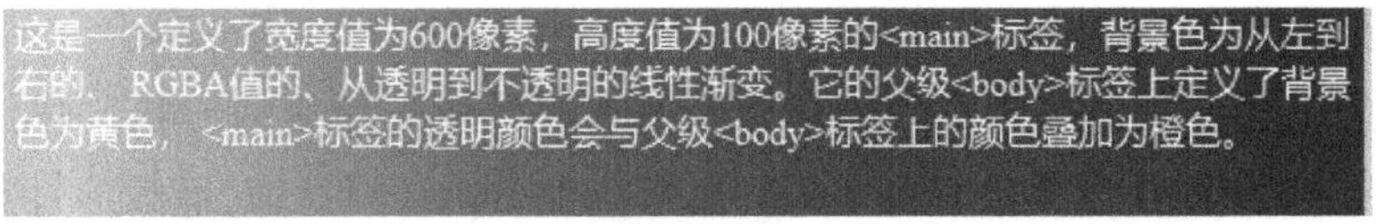

图 6.21　显示效果

（2）repeating-linear-gradient(…)属性值

①作用:在元素内重复填充设置的线性渐变。各个重复渐变的位置值应小于 100%,否则重复的线性渐变将超出元素的显示范围。

②基本格式:

选择器{background-image:repeating-linear-gradient(角度值,颜色值 1 渐变位置值 1,颜色值 2 渐变位置值 2,…,颜色值 n 渐变位置值 n);}

③使用案例:

表单中的代码为:

main{ width:600px;height:100px;color:white;

background-image:repeating-linear-gradient(to right,red 0%, rgba(0, 0,255, 0.3) 20%);}

<body>标签中的代码为:

<main>这是一个定义了宽度值为 600 像素,高度值为 100 像素的 <main>标签,背景色为从左到右显示,并且定义了两种颜色,红色为开始色在 0% 的位置上,蓝色为结束色在 20% 的位置上。两种颜色只占据总宽度 20% 的空间,所以可以继续重复。</main>

浏览器中显示的效果如图 6.22 所示。

图 6.22　显示效果

（3）radial-gradient(…)属性值

①作用:给元素添加一个径向渐变色的背景色。它的属性值分别为:圆心点、圆心直径、圆心位置和渐变颜色值。

②基本格式：

选择器{background-image:radial-gradient([渐变形状预定义值或者形状的直径值（边缘轮廓的位置值)at 圆心位置值]，颜色值 1 渐变位置值 1，颜色值 2 渐变位置值 2，…，颜色值 n 渐变位置值 n);}

其中，方括号里的内容可以省略不写，省略后会以默认值显示。

③使用方法：

a.渐变形状预定义值或者形状的直径值用来定义径向渐变的形状，这两个值只能二选一使用。渐变形状预定义值只有 circle(圆形)和 ellipse(默认值，椭圆形)两种值。形状的直径值为长度值，当写一个值时为圆形，写两个不同的值时为椭圆形，椭圆形的两个值之间使用空格分开，属性值的单位为像素或者百分比。

b.块元素的形状会影响径向渐变形状的显示效果。当块元素为正方形时，ellipse(椭圆形)值显示为圆形；当块元素为长方形时，ellipse(椭圆形)值显示为椭圆形；当块元素无论是正方形还是长方形时，circle(圆形)值都显示为圆形。

例如表单中的代码为：

```
/* 先设置块元素为正方形，之后设置块元素为长方形。*/
article{height:150px;width:150px;}/* 或者 article{height:150px;width:250px;} */
/* 不写渐变形状时，默认为椭圆形。*/
article:nth-of-type(1){background-image:radial-gradient(#00FFFF 0%, rgba(0, 0, 255, 0) 50%, #0000FF 95%);}
/* 渐变形状为 circle 时。*/
article:nth-of-type(2){background-image:radial-gradient(circle,#00FFFF 0%, rgba(0, 0, 255, 0) 50%, #0000FF 95%);}
/* 渐变形状为数值时。*/
article:nth-of-type(3){background-image:radial-gradient(100px 80px,#00FFFF 0%, rgba(0, 0, 255, 0) 50%, #0000FF 95%);}
```

<body>标签中的代码为：

```
<b> 不写渐变形状时。</b>
<article> </article>
<b> 渐变形状为 circle 时。</b>
<article> </article>
<b>渐变形状为数值时。</b>
<article> </article>
```

浏览器中显示的效果如图 6.23 所示。

不写渐变形状时，默认为椭圆形。

渐变形状为circle时。

渐变形状为数值时。

图 6.23 显示效果

c.边缘轮廓的位置值定义径向渐变的半径长度，半径值为从圆心到最远边的距离。它为可选选项，不能和形状的直径值一同使用，只能和渐变形状的预定义值一同使用，之间用空格分开。它有四种属性值，见表 6.3。

表 6.3 边缘轮廓的属性值

属性值	属性作用
farthest-corner	默认值，从圆心到离圆心最远的角。
closest-side	从圆心到离圆心最近的边。
closest-corner	从圆心到离圆心最近的角。
farthest-side	从圆心到离圆心最远的边。

例如表单中的代码为：

```
article{height:150px;width:250px;}
/* 不写渐变形状时,边缘轮廓半径长度的效果。*/
article:nth-of-type(1){background-image:radial-gradient(closest-side,#00FFFF 0%, rgba
(0, 0, 255,0) 50%, #0000FF 95%);}
/* 写渐变形状时,边缘轮廓半径长度的效果。*/
article:nth-of-type(2){background-image:radial-gradient(circle closest-side,#00FFFF 0%,
rgba(0, 0, 255,0) 50%, #0000FF 95%);}
```

<body>标签中的代码为：

不写渐变形状时，边缘轮廓半径长度的效果。
<article> </article>
写渐变形状时，边缘轮廓半径长度的效果。
<article> </article>

浏览器中显示的效果如图 6.24 所示。

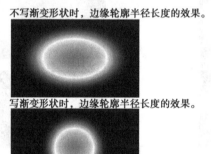

图 6.24 显示效果

d.圆心位置用来定义径向渐变形状的中心点位置，它为可选选项，不能和形状的直径值一同使用，只能和渐变形状预定义值和边缘轮廓的位置一同使用，之间用空格分开，并且要添加上"at"关键词。它的属性值为预定义值、长度值和百分比，默认值为 center（居中）。它的值与 background-position 的属性值基本相同。

例如表单中的代码为：

article{height:150px;width:250px;}
/ * 不写渐变形状、不使用边缘轮廓的位置，只使用圆心位置时的效果。 * /
article:nth-of-type(1){background-image:radial-gradient(at top,#00FFFF 0%, rgba(0, 0, 255, 0) 50%, #0000FF 95%);}
/ * 写渐变形状、使用边缘轮廓的位置，使用圆心位置时的效果。 * /
article:nth-of-type（2）{background-image:radial-gradient（ellipse farthest-corner at 50px 20px,#00FFFF 0%, rgba(0, 0, 255, 0) 50%, #0000FF 95%);}

<body>标签中的代码为：

不写渐变形状、不使用边缘轮廓的位置，只使用圆心位置时的效果。
<article> </article>
写渐变形状、使用边缘轮廓的位置，使用圆心位置时的效果。
<article> </article>

浏览器中显示的效果如图 6.25 所示。

不写渐变形状、不使用边缘轮廓的位置，只使用圆心位置时的效果。

写渐变形状、使用边缘轮廓的位置，使用圆心位置时的效果。

图 6.25 显示效果

e.它的颜色值和渐变位置值的用法与线性渐变基本相同。

（4）repeating-radial-gradient(...)属性值

①作用：在元素内重复填充设置的径性渐变。各个重复渐变的位置值应小于 100%，否则重复的径性渐变将超出元素的显示范围。

②基本格式：

选择器｛background-image：repeating-radial-gradient（［渐变形状预定义值或者形状的直径值（边缘轮廓的位置值）at 圆心位置值］，颜色值 1 渐变位置值 1，颜色值 2 渐变位置值 2，…，颜色值 n 渐变位置值 n）；｝

其中，方括号里的内容都可以省略不写，省略后会以默认值显示。小括号内的边缘轮廓的位置不能与形状的直径值同时使用。

③使用案例：

表单中的代码为：

article｛height：200px；width：200px；background-image：repeating-radial-gradient（#00FFFF 0%，rgba(0, 0, 255, 0.3) 30%）；｝

<body>标签中的代码为：

<article>这是一个定义了宽高值为 200 像素的 <article>标签，背景色为重复的径向渐变，并且定义了两种颜色，#00FFFF 色为开始色在 0% 的位置上，rgba(0, 0, 255, 0.3) 为结束色在 30% 的位置上。两种颜色占据总元素 30% 的位置，所以有继续重复的空间。</article>

浏览器中显示的效果如图 6.26 所示。

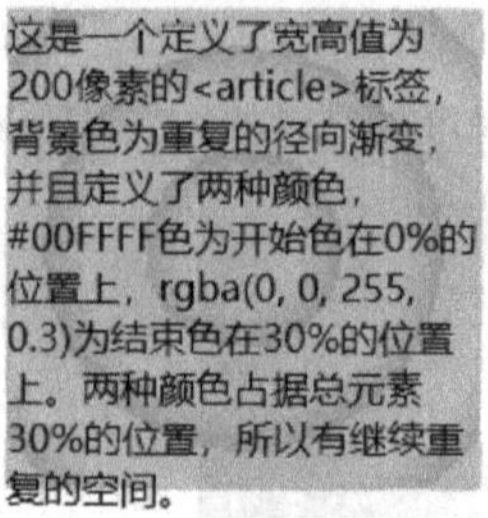

这是一个定义了宽高值为
200像素的<article>标签，
背景色为重复的径向渐变，
并且定义了两种颜色，
#00FFFF色为开始色在0%的
位置上，rgba(0, 0, 255,
0.3)为结束色在30%的位置
上。两种颜色占据总元素
30%的位置，所以有继续重
复的空间。

图 6.26　显示效果

2）背景图片

背景图片用于给元素添加图片背景，通常和背景图片的相关属性一起使用。

（1）基本格式

```
选择器{background-image:url(资源位置 1),url(资源位置 2),…;}
```

（2）使用方法

①背景图片的属性值为 url，并且一个属性中可以添加多个 url 引入多张图片，不同的 url 属性值之间用英文逗号“,”隔开。url 从左向右依次引入图片，先引入的图片先显示，后引入的图片会被先引入的图片遮挡住。

例如表单中的代码为：

```
p{background-image:url(img/star_01.png),url(img/paper_01.jpg);width:400px;height:150px;color: #fff;}
```

<body>标签中的代码为：

```
<p>第一个引入的图片格式为 png,它显示在上面。第二个引入的图片格式为 jpg,它显示在下面。</p>
```

浏览器中显示的效果如图 6.27 所示。

第一个引入的图片格式为png，它显示在上面。第二个引
入的图片格式为jpg，它显示在下面。

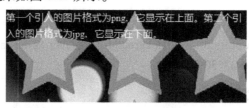

图 6.27　显示效果

②背景图片可以和背景颜色同时使用。无论背景颜色属性放在背景图片属性的前面或者后面，都只会显示在背景图片的下面。

例如表单中的代码为：

```
p{background-color:pink;background-image:url(img/star_01.png);width:400px;height:150px;}
```

<body>标签中的代码为：

<p>背景图片为透明格式，并且图片有透明的部分，才能显示出背景的颜色。</p>

浏览器中显示的效果如图 6.28 所示。

图 6.28　显示效果

6.2.3　背景图片的相关属性

背景图片的相关属性必须和 background-image 属性一起使用，单独使用时无效果。如果背景图片属性中有多个 url 属性值时，那么背景图片的相关属性也可以使用多个属性值，它们的属性值按图片引入的顺序逐一对应，每个属性值之间使用英文逗号“,”隔开。如果只设置了一个背景图片的相关属性值，那么所有的图片都会按这个属性值显示。

背景图片的相关属性有背景图片的平铺方式、尺寸大小、显示位置和显示的裁剪区域等，这些属性都没有继承性。

1）background-repeat 属性

该属性用于定义背景图片平铺的显示方式。背景图片显示的范围与图片的宽高值有关。如果图片的宽高值大于显示的区域，那么图片只能显示一部分；如果图片的宽高值小于显示的区域，那么图片将重复显示。它的属性值为预定义值，见表 6.4。

表 6.4　background-repeat 属性

属性值	属性作用
repeat	默认值，重复显示图片。
no-repeat	不重复显示图片。
repeat-x	水平方向重复显示图片。
repeat-y	垂直方向重复显示图片。

（1）基本格式

选择器{background-image:url(图片资源位置1),url(图片资源位置2),…;
　　background-repeat:属性值1,属性值2,…;}

（2）使用案例

表单中的代码为：

p{background-image:url(img/star_01.png),url(img/star.jpg);width:400px;height:150px;
background-repeat:no-repeat,repeat;}

<body>标签中的代码为：

<p>第一个引入的图片为不重复显示图片，第二个引入的图片为重复显示图片。</p>

浏览器中显示的效果如图 6.29 所示。

第一个引入的图片为不重复显示图片，第二个引入的图片
为重复显示图片。

图 6.29　显示效果

2）background-size 属性

该属性用于定义背景图片的尺寸大小，通常和 background-repeat：no-repeat 属性值一起使用。它的属性值为长度值、百分比值或者预定义值，见表 6.5。

表 6.5　background-size 属性

属性值	属性作用
长度值	定义固定尺寸的图片。宽度值与高度值之间使用空格分开。如果只设置其中的一个值，另外一个值会按比例自动给出。
百分比	定义相对于父级元素的百分比的图片。宽度百分比与高度百分比之间使用空格分开。如果只设置其中的一个值，另外一个值会按比例自动给出。
预定义值	cover 保持图片的纵横比，并将图片缩放成完全覆盖背景区域的最小尺寸。 contain 保持图片的纵横比，并将图片缩放成适合背景定位区域的最大尺寸。

（1）基本格式

选择器{background-image：url（图片资源位置 1），url（图片资源位置 2），…；
　　background-size：属性值 1，属性值 2，…；}

（2）使用案例

表单中的代码为：

p{background-image：url（img/star_01.png），url（img/star.jpg）；width：400px；height：200px；
background-repeat：no-repeat；background-size：20% 80%，300px；}

<body>标签中的代码为：

<p>定义背景图片的尺寸。</p>

浏览器中显示的效果如图 6.30 所示。

图 6.30 显示效果

3）background-position 属性

该属性用于定义背景图片的显示位置，通常和 background-repeat：no-repeat 的值一起使用。它的属性值为长度值、百分比值或者预定义值，见表 6.6。

表 6.6 background-position 属性

属性值	属性作用
长度值	定位原点在图片与元素的左上角。属性值 11 代表图片在元素内左右的偏移距离，属性值 12 代表图片在元素内上下的偏移距离。如果只设置属性值 11 代表两个方向的偏移值相同。属性值可以为负数值。
百分比	定位原点在图片与元素的中心点。属性值 11 代表图片在元素内左右的偏移比值，属性值 12 代表图片在元素内上下的偏移比值。如果只设置属性值 11 代表两个方向的偏移值相同。比值可以为负数值。
预定义值	top、bottom、left、right 和 center。如果只设置一个属性值代表其他方向上没有偏移值。

（1）基本格式

选择器{background-image：url（图片资源位置 1），url（图片资源位置 2），…；
    background-position：属性值 11 属性值 12，属性值 21 属性值 22，…；}

（2）使用案例

表单中的代码为：

p{background-image：url（img/star_01.png），url（img/star.jpg）；width：400px；height：200px；
    background-repeat：no-repeat；background-position：-10px 100px，0% 200%；}

<body>标签中的代码为：

<p>定义背景图片的显示位置。</p>

浏览器中显示的效果如图 6.31 所示。

图 6.31　显示效果

4）background-attachment 属性

该属性用于指定是否固定背景图片在浏览器中的某一位置显示。可以使用此属性将背景图片固定在浏览器的可视区内的某一个位置,也可以使用此属性让背景图片随网页内容同步移动。它的属性值为预定义值,见表 6.7。

表 6.7　background-attachment 属性

属性值	属性作用
scroll	默认值,背景图片会随文档滚动。
fixed	背景图片不会随文档滚动。

（1）基本格式

选择器｛background-image：url（图片资源位置 1）,url（图片资源位置 2）,…；
　　　background-attachment：属性值 1,属性值 2,…；｝

（2）使用案例

表单中的代码为：

p｛background-image：url（img/star_01.png）,url（img/star.jpg）；width：400px；height：1000px；
background-repeat：no-repeat；background-attachment：fixed,scroll；｝

<body>标签中的代码为：

<p>固定背景图片的显示位置。</p>

浏览器中显示的效果如图 6.32 所示。

图 6.32　显示效果

5) background-Origin 属性

该属性用于定义背景图片在元素中显示的位置,通常和 background-repeat:no-repeat 的值一起使用。也就是在不改变元素边框尺寸的情况下,在元素内放置背景图片,如图 6.33所示。它必须使用在定义了边距效果的元素上,否则无效果,如果和 background-attachment:fixed 一起使用也会没有效果。它的属性值为预定义值,见表6.8。

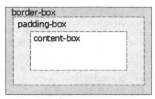

图 6.33　背景图片在元素中显示的位置

表 6.8　background-Origin 属性

属性值	属性作用
border-box	在边框区域上放置背景图片。
padding-box	默认值,在内边距区域上放置背景图片。
content-box	在内容区域内放置背景图片。

（1）基本格式

选择器{background-image:url(图片资源位置1),url(图片资源位置2),…;
　　　background-origin:属性值1,属性值2,…;}

（2）使用案例

表单中的代码为:

/* 定义 p 标签的公有属性。border 和 padding 为盒模型的属性。*/
p{border:10px dotted red;padding:30px;width:200px;background-color:pink;
background-image:url(img/star_01.png),url(img/star.jpg);
background-repeat:no-repeat;background-position:top left,top right;background-size:80px,100px;}
/* 使用伪类选择器定义 body 内第一个和第三个<p>标签的私有属性。第二个<p>标签会使用默认属性值 padding-box。*/
p:first-of-type{background-origin:border-box;}
p:nth-of-type(3){background-origin:content-box;}

<body>标签中的代码为:

<p>背景图片的边框与 <p>标签的外边框对齐。</p>
<p>背景图片的边框与 <p>标签的内边距对齐。</p>
<p>背景图片的边框与 <p>标签的内容边框对齐。</p>

浏览器中显示的效果如图6.34所示。

图6.34　添加background-Origin属性时的效果

6) background-clip 属性

该属性用于定义背景图片显示的裁剪区域,通常和background-repeat:no-repeat的值一起使用,在不改变元素边框尺寸的情况下裁剪盒模型内的背景图片或者背景颜色的尺寸。它必须和定义了边距属性的父级元素一起使用,否则无效。它的属性值为预定义值,见表6.9。

表6.9　background-clip 属性

属性值	属性作用
border-box	默认值,背景被裁剪到外边框处。
padding-box	背景被裁剪到内边框处。
content-box	背景被裁剪到内容框处。

(1)基本格式

选择器{background-image:url(图片资源位置1),url(图片资源位置2),…;
　　background-clip:属性值1,属性值2,…;}

(2)使用案例
表单中的代码为:

/* 定义 p 标签的公有属性。border 和 padding 为盒模型的属性。*/
p{border:10px dotted red; padding:20px; width:200px;height:80px;
　background-image:url(img/star.jpg);
　background-repeat:no-repeat;
　background-position:center;
　background-size:300px;}

/＊使用伪类选择器定义 body 内第二个和第三个<p>标签的私有的属性。第一个<p>标签会使用默认属性值 border-box。＊/

p:nth-of-type(2){background-clip:padding-box;}
p:nth-of-type(3){background-clip:content-box;}

    <body>标签中的代码为：

<p>背景被裁剪到外边框处。</p>
<p>背景被裁剪到内边框处。</p>
<p>背景被裁剪到内容框处。</p>

    浏览器中显示的效果如图 6.35 所示。

图 6.35 添加 background-clip 属性时的效果

6.2.4 opacity 属性

    该属性用于定义元素显示的透明度，它可以使用在所有的元素上，并且具有继承性。它的属性值为数值且只能有一个，取值范围为 0.0(完全透明)到 1.0(完全不透明)的小数值。

    1)基本格式

选择器{background-image:url(图片资源位置 1),url(图片资源位置 2),…;
    opacity:数值;}

2）使用案例

表单中的代码为：

body｛background-color：pink；｝
p｛background-image：url（img/star_01.png），url（img/star.jpg）；width：400px；height：200px；
　　opacity：0.5；｝

<body>标签中的代码为：

<p><body>标签设置了背景颜色，<p>标签上设置了 0.5 的透明度。两个元素的颜色会叠加显示。</p>

浏览器中显示的效果如图 6.36 所示。

图 6.36　显示效果

6.2.5　background 属性的复合写法

background 属性的复合写法用于在一个声明中同时设置所有的背景属性。这种复合写法中相同的属性值只能设置一个，不能设置多个，并且按照顺序依次书写，每个属性值之间使用空格分开。其中，bg-color 和 bg-image 属性至少要使用一个，但是为了防止图片丢失后背景无色，建议两个属性值都写。其他属性值可以缺省，缺省的属性值将自动使用默认值。

1）基本格式

选择器｛background：bg-color bg-image position/bg-size bg-repeat bg-origin bg-clip
　　bg-attachment initial｜inherit；｝

2）使用案例

（1）案例 1

按照图 6.37 所示，使用背景图片制作出这个横幅广告的 HTML 5 文档。

其中，使用到的图片素材有：名称为 ad_3.jpg 的图片，宽高值为 258px 258px。图片素材如图 6.38 所示。

图 6.37 效果图

图 6.38 ad_3.jpg 图片

表单中的代码为：

```
* {font-family:"New York","Arial Black",微软雅黑,宋体,serif;}
section{border:1px solid #ccc;width:700px;height:297px;
background:#e8e8e8 url(img/ad_3.jpg) 20% 30%/258px 258px no-repeat;}
h2{margin:12% 0% 0% 55%;font-size:40px;}
p{margin:2% 0% 0% 55%;font-size:35px;}
```

背景图片属性的复合写法等同于分开书写：

```
background-color:#e8e8e8;
background-image:url(img/ad_3.jpg);
background-position:20% 30%;
background-size:258px 258px;
background-repeat:no-repeat;
```

<body>标签中的代码为：

```
<section>
    <h2>品牌盛宴</h2>
    <p>超值品大聚会!</p>
</section>
```

（2）案例2

按照图 6.39 所示，使用背景样式制作出这个水墨风格的搜索栏的 HTML 5 文档。搜索栏可分为两个部分，由搜索框和搜索按钮构成。

图 6.39 效果图

其中，使用到的图片素材有：名称为 search_l.png 的图片，宽高值为 256px 和 42px；名称为 search_r.png 的图片，宽高值为 41px 和 42px。图片素材如图 6.40 所示。

图 6.40　search_l 和 search_r 图片

表单中的代码为：

```
*{color:#666;font:bold 20px "楷体";}
form{width:297px;height:42px;}
/* 背景图片宽度为 256px,使用边距定位需要设置高度值。文本框内容向左侧移动
18px,所以文本框宽度缩减 18px 以保持总宽度不变。使用 border:none;消除边框线,如果
在谷歌浏览器中显示还要添加 outline:none;消除 border:none 不能消除的边框线。*/
.text1{width:236px;height:42px;padding-left:18px;background:url(img/search_l.png)
no-repeat;border:none;}
/* 图片原始的尺寸可以直接使用,所以可以不书写宽高值。*/
.btn1{width:41px;height:42px;margin:0px 0px -13px -10px;}
```

<body>标签中的代码为：

```
<form action="">
    <input class="text1" type="text" placeholder="请输入搜索内容" maxlength="25">
    <input class="btn1" type="image" src="img/search_r.png" alt="搜索">
</form>
```

6.2.6　精灵图

精灵图是将同类的几个或者所有网页内要用到的图标放置在一张图片上,然后将图片需要的部分显示出来使用。这样做的好处是便于管理零散的图标图片、减小图片的体积、降低对服务器的请求次数、减少网页图片的加载时间和节省带宽的使用。

1)使用方法

①使用绘图软件制作一张按顺序放置的相同类别图标的图片。

②定义图片显示的尺寸,显示的尺寸应与图标的裁剪区域的大小一致。

③使用 background 属性引入背景图片,并且定义从这张图片的什么位置开始显示图片。

④当精灵图使用在<img>标签上时,src 属性不能为空值,要在<img>标签中放置一张透明图片,才能正确显示出 CSS 定义的背景图片。

2)使用案例

表单中的代码为：

```
/* 宽度值和高度值定义显示区域的尺寸,背景图片属性内定义了从哪开始显示大图
片的局部位置。*/
```

#home｛width:46px;height:44px;background:url（img/img_navsprites.gif）0px 0px;｝
#next｛width:43px;height:44px;background:url（img/img_navsprites.gif）-91px 0px;｝

<body>标签中的代码为:

<a href="#"><img id=" home " src=" img/img_trans.gif ">首页</a>
<a href="#"><img id=" next " src=" img/img_trans.gif ">下一页</a>

浏览器中显示的效果如图6.41所示。

图 6.41 显示效果

6.2.7 小结案例

按照图6.42所示,使用背景样式制作出这个网页文档。

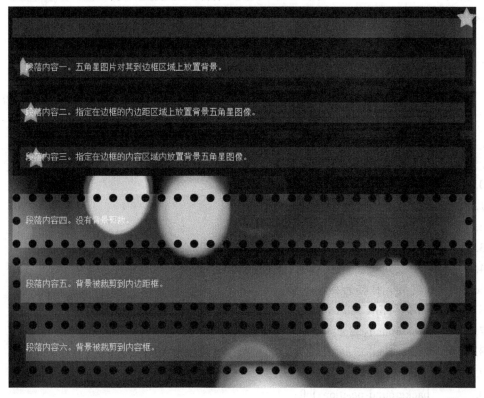

图 6.42 效果图

其中,使用到的图片素材有:名称为 paper_01.jpg 的图片,宽高值为 600px 和 400px。名称为 star_01.png 的图片,宽高值为 143px 和 143px。图片素材如图6.43所示。

paper_01.jpg　　star_01.png

图 6.43　paper_01 和 star_01 图片

1）页面结构与样式分析

从效果图可以看出页面的结构由标题和段落内容组成。背景图片的样式和位置使用背景图片的相关属性实现。

2）页面制作

根据分析的结果，网页文档具体制作的代码如下：

```
1. <!DOCTYPE html>
2. <html>
3. <head>
4.    <meta charset=" utf-8 ">
5.    <title>背景样式使用综合案例</title>
6.    <style type=" text/css ">
7.    /* 定义背景图片的属性,并使其中一个背景图片(五角星)固定在页面的右上方。*/
8.    body{color:#fff;
9.        background-image:url(img/star_01.png),url(img/paper_01.jpg);
10.       background-repeat:no-repeat,repeat;
11.       background-position:top right,0% 0%;
12.       background-attachment:fixed,scroll;
13.       background-size:100px 100px,1000px 800px; }
14.    h1{background-color:yellow;opacity:0.6;}
15.    /* 定义 p 标签的公有属性。*/
16.    p{border:15px solid rgba(255,255,255,0.6);padding:10px;
17.       background-color: rgba(100,100,100,0.9);
18.       background-image:url(img/star_01.png);
19.       background-repeat:no-repeat;
20.       background-position:left;
21.       background-size:40px 40px;}
22.    /* 使用伪类选择器定义第一个到第三个 p 标签的私有属性。*/
23.    p:first-of-type{background-origin:border-box;}
```

24. 　　p:nth-of-type(2){background-origin:padding-box;}

25. 　　p:nth-of-type(3){background-origin:content-box;}

26. 　　/* 使用标签选择器定义 section 标签的公有属性。*/

27. 　　section{border:15px dotted black;padding:10px; background-color:rgba(255,255, 0,0.4)}

28. 　　/* 使用 id 选择器定义每个 section 标签内的 p 标签的私有属性。*/

29. 　　/* #p4 默认值为 background-clip:border-box;,可以省略不写。*/

30. 　　#p5{background-clip:padding-box;}

31. 　　#p6{background-clip:content-box;}

32. 　　</style>

33. </head>

34. <body>

35. 　　<h1>文章标题</h1>

36. 　　<p>段落内容一。五角星图片对其到边框区域上放置背景。</p>

37. 　　<p>段落内容二。指定在边框的内边距区域上放置背景五角星图像。</p>

38. 　　<p>段落内容三。指定在边框的内容区域内放置背景五角星图像。</p>　

39. 　　<!-- 使用<section>标签区分出上下段落标签。-->

40. 　　<section id="p4">

41. 　　　<p>段落内容四。没有背景剪裁。</p>

42. 　　</section>　

43. 　　<section id="p5">

44. 　　　<p>段落内容五。背景被裁剪到内边距框。</p>

45. 　　</section>　

46. 　　<section id="p6">

47. 　　　<p>段落内容六。背景被裁剪到内容框。</p>

48. 　　</section>

49. </body>

50. </html>

6.3　盒布局样式

　　盒模型的布局样式也可以添加在所有的 HTML 元素上,用来布局元素在页面中的位置。通过盒布局样式,可以使网页的版面更加丰富、更加美观。在未使用盒布局样式的情况下,元素默认的排列顺序是块元素为从上到下依次排列;行内元素为从左到右依次排列,当行内元素遇到阻碍或者它的父级元素宽度不够时会自动换行,自动换行后继续按照从左到右的方式排列。常用的盒模型布局样式有:内外边距布局、浮动布局与定位布局。

6.3.1 内外边距布局

内外边距布局使用 margin 属性和 padding 属性来布局元素,通常使用在平级并且相邻或者是父子级关系的元素上。它们的属性值在内外边距中讲过。

使用方法:

①margin 属性可以使平级且相邻的元素或者父子级的元素按照外边距之间指定的间隔排列。

例如表单中的代码为:

```
section,p{border:1px solid blue;width:200px;}
section:nth-child(1){margin:0px 10px;}
section:nth-child(2){margin:10px 40px;}
p{margin:10px 60px;}
```

<body>标签中的代码为:

```
<section>第一个块元素按照左右外边距离为 10px 的间隔排列。</section>
<section>第二个块元素按照上下外边距离为 10px,左右外边距离为 40px 的间隔排列。
  <p>第三个块元素按照上下外边距离为 10px,左右外边距离为 60px 的间隔排列。
</p>
</section>
```

浏览器中显示的效果如图 6.44 所示。

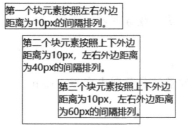

图 6.44　显示效果

②padding 属性可以使元素内的文字内容或者包裹在元素内的内容按照指定内边距的间隔排列。

例如表单中的代码为:

```
section,p{border:1px solid blue;width:200px;}
section:nth-child(1){padding:0px 0px 0px 60px;}
section:nth-child(2){padding:0px 20px;}
p{padding:0px 10px 20px 30px;}
```

<body>标签中的代码为:

\<section>第一个块元素内的内容按照右内边距离为 60px 的间距排列。\</section>
\<section>第二个块元素内的内容按照上下内边距离为 0px，左右内边距离为 20px 的间距排列。

  \<p>第三个块元素内的内容按照上内边距离为 0px，右内边距离为 10px，下内边距离为 20px，左内边距离为 30px 的间距排列。\</p>
\</section>

浏览器中显示的效果如图 6.45 所示。

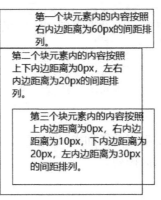

图 6.45　显示效果

6.3.2　float 属性

该属性用于使元素浮动起来，并使浮动起来的元素按照指定的方向排列在同一行中。它通常使用在平级并且相邻的元素上，使用此属性后元素会改变元素的显示样式为行块元素。它的属性值为预定义值，见表 6.10。

表 6.10　float 属性

属性值	属性作用
none	默认值。元素不浮动。
left	元素向左浮动。
right	元素向右浮动。

1）基本格式

选择器{float:预定义值;}

2）使用案例

表单中的代码为：

section{border:1px solid blue;width:100px;height:100px;float:left;}

\<body\>标签中的代码为：

\<section\>这是一个带有左浮动的段落。\</section\>
\<section\>这是一个带有左浮动的段落。\</section\>
\<section\>这是一个带有左浮动的段落。\</section\>

浏览器中显示的效果如图 6.46 所示。

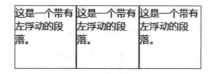

图 6.46　显示效果

3）使用方法

①在列表标签上使用时，要将浮动添加在\<li\>标签上。例如使用浮动属性重置 3.5.5. 小结案例 2 中的导航栏，使其横向排列。

表单中的代码为：

```
* {margin：0px；padding：0px；border:1px solid blue;}
nav{width:100%；height:60px;}
ul{list-style:none；text-align:center；margin:0px auto；width:620px；height:60px;}
/* 使用浮动属性使列表项在同一行中显示。*/
nav li{float:left;}
a{text-decoration:none；display:inline-block；width:120px；color:#000；font:bold 18px/60px
"\5FAE\8F6F\96C5\9ED1",arial,Helvetica,sans-serif;}
```

\<body\>标签中的代码为：

```
<nav>
    <ul>
      <li><a href="#">首      页</a></li>
      <li><a href="#">学校概况</a></li>
      <li><a href="#">院系设置</a></li>
      <li><a href="#">行政部门</a></li>
      <li><a href="#">师资队伍</a></li>
    </ul>
</nav>
```

浏览器中显示的效果如图 6.47 所示。

首　页	学校概况	院系设置	行政部门	师资队伍	

图 6.47　显示效果

②添加浮动的元素会改变原有的显示模式,变成一个行内块元素,无论它以前是否是行内元素。如果不在浮动的元素上设置宽度和高度值,那么此值将按浮动元素内的元素的宽度和高度值显示。

例如表单中的代码为:

b｛border：1px solid blue；width：100px；height：100px；float：left；｝
section｛border：1px solid blue；width：100px；height：100px；float：left；｝
p｛border：1px solid blue；float：left；｝

<body>标签中的代码为:

<b>这是一个带有左浮动的行内元素。</b>
<section>这是一个带有左浮动的块元素。</section>
<p>这是一个带有左浮动的块元素。</p>

浏览器中显示的效果如图 6.48 所示。

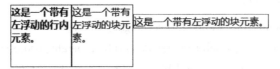

图 6.48　显示效果

③浮动元素会脱离文档流①,其后面的非浮动元素会占据已浮动元素原本所在的空间位置,但是它不会占据前面元素的空间位置。如果几个浮动的元素的总宽度值超过其父级宽度时,超过父级宽度的元素在浏览器中会换行显示,但是它实际上仍然在浮动。

例如表单中的代码为:

/ * 内部的元素都添加了浮动,父级元素上定义了高度值,如果子级元素的总宽度值大于父级元素的宽度值,那么子级元素将会换行显示。 */
article｛border：1px solid blue；width：500px；height：100px；｝
/ * 前面没有浮动的元素不会被后面有浮动的元素占据位置。 */
section：first-child｛border：1px solid blue；width：240px；height：30px；｝
section：nth-child(2)｛border：1px solid blue；width：240px；height：30px；float：left；｝
section：nth-child(3)｛border：1px solid blue；width：240px；height：30px；float：right；｝
/ * 第四个<section>在第二行没有足够的空间,它会换行显示。 */
section：nth-child(4)｛border：1px solid blue；width：400px；height：30px；float：left；｝

————————————

①文档流是文档中可显示对象在排列时所占用的位置。当脱离文档流时,元素将不再占用原有的位置。

<body>标签中的代码为：

```
<article>
  <section>这是一个没有浮动的块元素。</section>
  <section>这是一个带有左浮动的块元素。</section>
  <section>这是一个带有右浮动的块元素。</section>
  <section>这是一个带有左浮动的块元素。</section>
</article>
```

浏览器中显示的效果如图 6.49 所示。

这是一个没有浮动的块元素。	
这是一个带有左浮动的块元素。	这是一个带有右浮动的块元素。
这是一个带有左浮动的块元素。	

图 6.49　显示效果

④如果前面浮动的元素高度值过高，在它后面浮动的元素在换行时，有可能会被卡在前面浮动元素的后面。

例如表单中的代码为：

```
article{border:1px solid blue;width:230px;height:130px;}
section:first-child{border:1px solid blue;width:100px;height:100px;float:left;}
section:nth-child(2){border:1px solid blue;width:100px;height:60px;float:left;}
section:nth-child(3){border:1px solid blue;width:100px;height:60px;float:left;}
```

<body>标签中的代码为：

```
<article>
  <section>这是一个带有左浮动的块元素。</section>
  <section>这是一个带有左浮动的块元素。</section>
  <section>这个浮动的块元素被卡住。</section>
</article>
```

浏览器中显示的效果如图 6.50 所示。

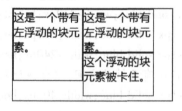

图 6.50　显示效果

⑤浮动的元素会显示在非浮动元素的上面，也就是会提升半个层级，如果不期望这种显示效果，可以使用 BFC 方法解决，BFC 方法将在 6.6 节中讲解。

例如表单中的代码为：

section:first-child{border:1px solid blue;width:240px;height:30px;}
section:nth-child(2){border:1px solid blue;width:240px;height:30px;float:left;}
section:nth-child(3){border:1px solid blue;width:400px;height:50px;}

<body>标签中的代码为：

<section>这是一个没有浮动的块元素。</section>
<section>这是一个带有左浮动的块元素。</section>
<section>这是一个没有浮动的块元素。</section>

浏览器中显示的效果如图6.51所示。

| 这是一个没有浮动的块元素。 | |
| 这是一个带有左浮动的块元素。 | 这是一个没有浮动的块元素。 |

图6.51 显示效果

⑥浮动元素如果为图片或者文字时，会在文本中挤出位置，形成文本围绕图片或者文字的显示效果。

例如表单中的代码为：

img{float:left;width:40px;}
p{border:1px solid blue;width:240px;}
b{border:1px solid blue;float:right;}
i{border:1px solid blue;float:left;}

<body>标签中的代码为：

<img src="img/star.jpg">
<p>这段文字外的图片元素添加有左浮动，左浮动会使文本向右移动，在文本中挤出放置图片的空间位置，从而形成文本围绕元素的显示效果。</p>
<p>这是一个<i>有浮动的</i>块<b>元素。</b></p>

浏览器中显示的效果如图6.52所示。

图6.52 显示效果

浮动属性与伪元素∷first-letter 在设置段落首字符时的区别

1.伪元素不会使元素脱离文档流。

2.伪元素不会改变元素的显示模式。

3.浮动元素设置的首字符不会超出段落的行高显示,而伪元素∷first-lette 设置的首字符会超出段落的行高显示,如下案例所示:

表单中的代码为:

p∶first-child∷first-letter{font-size∶200%;line-height∶80%;}
span{float∶left;font-size∶200%;width∶1em;}

<body>标签中的代码为:

<p>使用伪元素∷first-letter 设置的段落中的第一个字符会超出整个段落显示。</p>
<p><span>使</span>用浮动元素设置的段落中的第一个字符不会超出整个段落显示。段落中的第一个字符使用了 span 标签。span 标签为浮动元素设置了 1 倍的宽度值。span 标签的字体大小为原始大小的 200%倍。</p>

浏览器中显示的效果如图 6.53 所示。

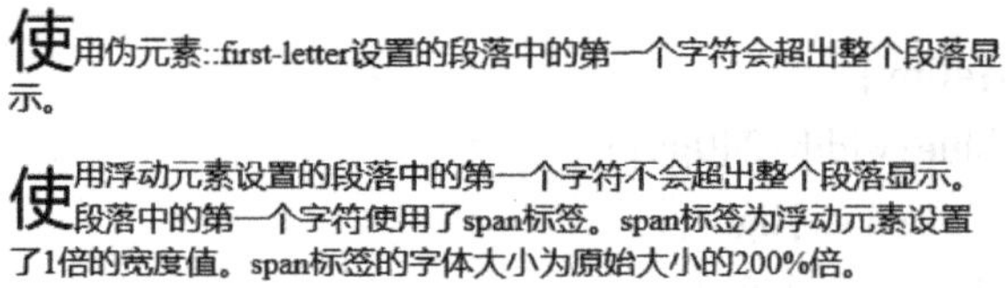

使用伪元素::first-letter设置的段落中的第一个字符会超出整个段落显示。

使用浮动元素设置的段落中的第一个字符不会超出整个段落显示。段落中的第一个字符使用了span标签。span标签为浮动元素设置了1倍的宽度值。span标签的字体大小为原始大小的200%倍。

图 6.53　显示效果

6.3.3　clear 属性

该属性用于清除元素上指定方向的浮动效果。它的属性值为预定义值,见表 6.11。

表 6.11　clear 属性

属性值	属性作用
none	默认值。允许在两侧浮动元素。
left	不允许在左侧浮动元素。
right	不允许在右侧浮动元素。
both	左右两侧都不允许浮动元素。

1）基本格式

选择器{clear:预定义值;}

2）使用方法

①此属性要添加在有浮动属性的相邻要清除浮动的元素上,左清除能清除元素前面的左浮动效果,右清除能清除元素前面的右浮动效果,both 能同时清除元素的左右浮动效果。

②它可以阻止图片与文字形成环绕的效果或者使浮动的元素不能并排在一行显示。

3）使用案例

表单中的代码为:

img{float:left;width:40px;}
p{clear:left;}

\<body\>标签中的代码为:

\<img src=" img/star.jpg " width=" 60 "\>
\<p\>这段文字添加了清除,左浮动文本不再会形成文本围绕元素的显示效果。\</p\>

浏览器中显示的效果如图 6.54 所示。

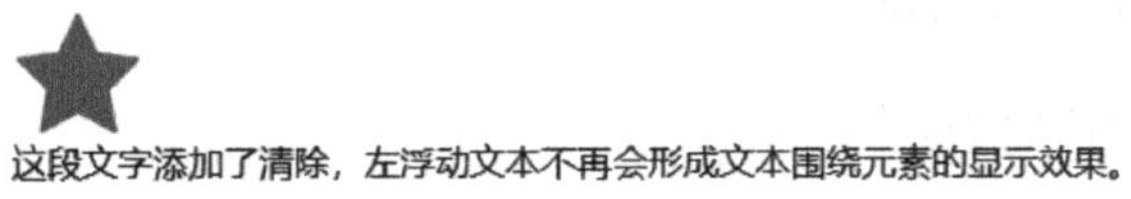

这段文字添加了清除,左浮动文本不再会形成文本围绕元素的显示效果。

图 6.54 显示效果

使用浮动属性后子级元素脱离文档流、父级元素无法包裹住其子元素的解决方法

常用的解决方法有 4 种:

①给父级元素添加高度值,使高度值与其子元素的总高度值相同。但是如果子元素是动态的添加或者减少,总高度值将无法确定,所以不能使用此方法。

例如表单中的代码为:

/ * border 的四边线宽值各为 1px,盒子高度值为 100px,所以父级元素总高度值为 102px 才能包裹住子级元素。 */

\<body\>标签中的代码为:

```
<article>
    <section>这是一个带有左浮动的块元素。</section>
    <section>这是一个带有左浮动的块元素。</section>
</article>
```

浏览器中显示的效果如图6.55所示。

图6.55 显示效果

②在需要被包裹的元素之后再添加一个带有clear属性的空元素解决这个问题,但这样会增加一行代码。

例如表单中的代码为:

article{border:1px solid blue;}
section:first-child{border:1px solid blue;width:100px;height:100px;float:left;}
section:nth-child(2){border:1px solid blue;width:100px;height:60px;float:left;}
/* 清除最后一行上元素的浮动。*/
section:nth-child(3){clear:both;}

<body>标签中的代码为:

```
<article>
    <section>这是一个带有左浮动的块元素。</section>
    <section>这是一个带有左浮动的块元素。</section>
    <section></section>
</article>
```

浏览器中显示的效果如图6.56所示。

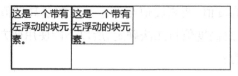

图6.56 显示效果

③将父级元素也浮动起来,但是浮动后后面的元素都会受到影响。虽然可以继续给后面的元素添加浮动来解决这个问题,但是这样的布局使用起来比较麻烦。

例如表单中的代码为:

article{border:1px solid blue;float:left;}

section:first-child{border:1px solid blue;width:100px;height:100px;float:left;}

section:nth-child(2){border:1px solid blue;width:100px;height:60px;float:left;}

<body>标签中的代码为：

<article>

  <section>这是一个带有左浮动的块元素。</section>

  <section>这是一个带有左浮动的块元素。</section>

</article>

浏览器中显示的效果如图 6.57 所示。

图 6.57　显示效果

④将父级元素转换成行块显示模式，但是如果父级元素的宽度大于子级元素的总宽度，子级元素会显示在同一行中。例如：

表单中的代码为：

article{border:1px solid blue;display:inline-block;}

section:first-child{border:1px solid blue;width:100px;height:100px;float:left;}

section:nth-child(2){border:1px solid blue;width:100px;height:60px;float:left;}

<body>标签中的代码为：

<article>

  <section>这是一个带有左浮动的块元素。</section>

  <section>这是一个带有左浮动的块元素。</section>

</article>

浏览器中显示的效果如图 6.58 所示。

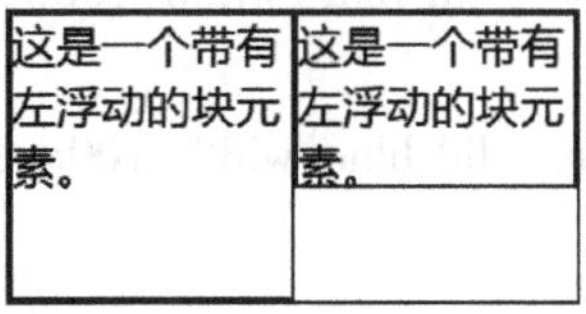

图 6.58　显示效果

6.3.4 position 属性

该属性用于使元素按照指定的位置显示在页面中。常用的定位布局有绝对定位和相对定位,绝对定位一般用来定位子元素在父级元素中的位置;相对定位一般用来布局页面的结构。它们通常要配合两个位置属性[①]一起使用。它的属性值为预定义值,见表 6.12。

表 6.12　position 属性

属性值	属性作用
static	默认值。没使用定位,这时它配合位置属性或者 z-index 属性使用时无效。
relative	相对定位,元素不会脱离文档流,并且元素会保持原始的显示模式。它可以配合 z-index 属性或者位置属性一起使用。它的默认定位点为自身的左上角。如果父级元素上设置了 padding 属性,默认定位点为内容区域的左上角。
absolute	绝对定位,元素会脱离文档流,并且元素会变成一个块元素。它可以配合 z-index 属性或者位置属性一起使用。默认定位点为最近的以相对定位的祖先级元素的左上角。如果祖先级上设置了 padding 属性,padding 属性不会改变定位点的位置。
fixed	固定定位,元素会脱离文档流,并且元素会变成一个块元素。它可以配合 z-index 属性或者位置属性一起使用。默认定位点相对于浏览器显示窗口的左上角。

1)基本格式

选择器{position:预定义值;top:长度值;left:长度值;}

2)使用方法

①相对定位的元素不会脱离文档流,元素会保留原来的空间位置。如果它使用了位置属性,元素将按照定位值移动,并且会和它后面的元素重叠。如果它不使用位置属性,元素将在原地保持不动。

例如表单中的代码为:

section{float:left;}
section:first-child{border:1px solid blue;width:100px;height:100px;}
section:nth-child(2){border:1px solid blue;width:100px;height:100px;position:relative;
left:30px;}
section:nth-child(3){border:1px solid blue;width:100px;height:100px;position:relative;}

---

①位置属性:用来设置元素移动的方向和位置。使用时相同的方向上只能设置一个属性,比如:垂直方向的 top 属性或者 bottom 属性和水平方向的 left 属性或者 right 属性,如果缺少方向值或者不设置值,等同于此值为零。它的属性值为长度值,可以为负数。例如:top:10px;left:-10px;。

<body>标签中的代码为：

<section>这是一个没有相对定位的块元素。</section>
<section>这是一个带有相对定位的块元素。</section>
<section>这是一个带有相对定位的块元素。</section>

浏览器中显示的效果如图 6.59 所示。

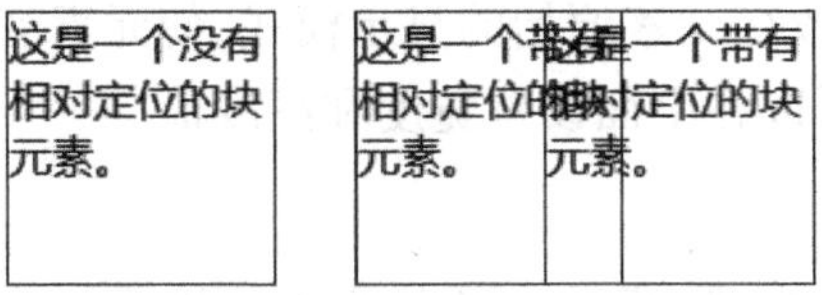

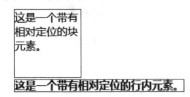

图 6.59　显示效果

②相对定位的元素会保持元素的原始显示模式。

例如表单中的代码为：

section｛border：1px solid blue；width：100px；height：100px；position：relative；｝
b｛border：1px solid blue；width：100px；height：100px；position：relative；｝

<body>标签中的代码为：

<section>这是一个带有相对定位的块元素。</section>
这是一个带有相对定位的行内元素。

浏览器中显示的效果如图 6.60 所示。

图 6.60　显示效果

③相对定位的父级元素上如果设置了 padding 属性值，那么定位点的位置会随着 padding 属性值偏移。

例如表单中的代码为：

article｛border：1px solid blue；width：200px；padding：10px；｝
section｛border：1px solid blue；position：relative；top：10px；left：10px；｝

<body>标签中的代码为：

<article>
    <section>父级元素上设有 padding 属性，相对定位点为内容区域的左上角。
</section>
</article>

浏览器中显示的效果如图 6.61 所示。

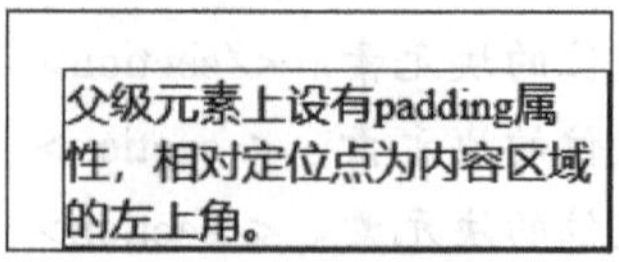

父级元素上设有padding属性，相对定位点为内容区域的左上角。

图 6.61 显示效果

④绝对定位的元素会改变元素原始的显示模式,使元素变成一个块元素,无论它以前是否是块元素,添加后都可以在上面设置宽度和高度值。

例如表单中的代码为:

/* 由于 margin 属性没有归零,定位点的值为文档的默认外边距值加上元素的外边距值,所以移动时 100px 就和前面的元素重合了。*/
section{ border:1px solid blue;width:100px;height:100px;position:absolute;}
b{border:1px solid blue;width:100px;height:100px;position:absolute;left:100px;}

<body>标签中的代码为:

<section>这是一个带有绝对定位的块元素。</section>
这是一个带有绝对定位的行内元素。

浏览器中显示的效果如图 6.62 所示。

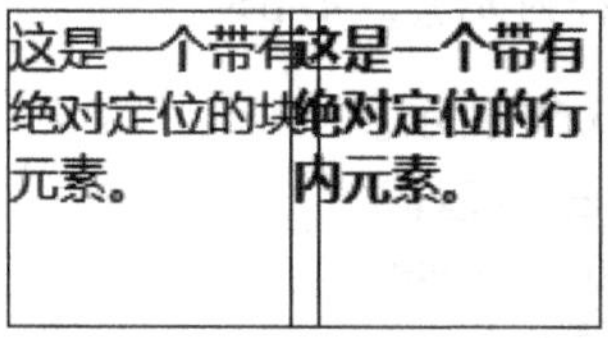

这是一个带有绝对定位的块元素。这是一个带有绝对定位的行内元素。

图 6.62 显示效果

⑤绝对定位的元素会脱离文档流,元素不会保留原来的空间位置。在平级关系上使用时,只给后面的元素添加绝对定位,后面的元素脱离文档流后会被前面的元素挡住,定位点相对于被挡住位置的左下角偏移;在父子级关系上使用时,如果子级元素上添加上绝对定位,它的祖先级元素上添加了相对定位,那么定位点相对于它祖先级元素的位置的左上角偏移;如果在它的祖先级元素上没有添加相对定位,那么定位点相对于文档位置的左上角偏移。通常绝对定位的父级元素上要添加相对定位,并且只能是相对定位,以保证子元素不会脱离它的父级元素。

例如表单中的代码为:

/* 父级元素上添加了 margin 属性以便更好地显示出子级元素上添加绝对定位的效果。*/
article{margin:0px 30px;border:1px solid blue;width:200px;height:100px;}
/* 父级元素上添加了相对定位,定位点相对于它的父级位置偏移。*/

article:first-child{position:relative;}
/* 父级元素上没有添加相对定位,定位点相对于文档的位置偏移。*/
article:nth-child(2){}
section{border:1px solid blue;width:100px;position:absolute;left:50px;}

　　\<body\>标签中的代码为:

\<article\>
　　\<section\>这是一个带有绝对定位的块元素。\</section\>
\</article\>
\<article\>
　　\<section\>这是一个带有绝对定位的块元素。\</section\>
\</article\>

　　浏览器中显示的效果如图 6.63 所示。

图 6.63　显示效果

　　⑥给相同层级的元素上都添加绝对定位属性,如果没有添加位置属性或添加的位置属性相同,元素会重叠在一起。

　　例如表单中的代码为:

section{border:1px solid blue;width:100px;position:absolute;}

　　\<body\>标签中的代码为:

\<section\>这是一个带有绝对定位的块元素 1。\</section\>
\<section\>这是一个带有绝对定位的块元素 2。\</section\>

　　浏览器中显示的效果如图 6.64 所示。

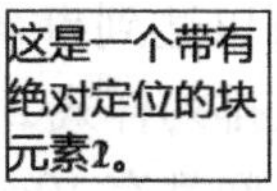

这是一个带有
绝对定位的块
元素2。

图 6.64　显示效果

　　⑦固定定位会使元素脱离文档流,并且元素会改变原始显示模式,使元素变成一个块

元素。定位点默认为浏览器窗口的左上角。

例如表单中的代码为：

section{border:1px solid blue;width:100px;position:fixed;top:10px;left:50px;}

<body>标签中的代码为：

<section>这是一个带有固定定位的块元素。</section>

<p>这是一个段落文字。</p>

浏览器中显示的效果如图 6.65 所示。

图 6.65　显示效果

6.3.5　小结案例

1）案例 1

按照图 6.66 所示，分别使用内外边距布局、浮动布局和位置布局制作出这些方块的排列形式。

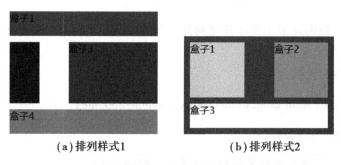

(a)排列样式1　　　　　　　(b)排列样式2

图 6.66　排列样式效果图

(1)页面结构与样式分析

盒模型布局样式各有各的优势，图 6.66 所示的两种排列样式都可以使用盒模型的布局实现，选择合适的盒模型布局样式可以达到事半功倍的效果。从效果图可以看出排列样式 1 中的四个盒子都是独立排列的；排列样式 2 中的盒子为嵌套关系，大盒子中嵌套了三个独立排列的盒子，并且每个盒子之间都有 10px 的间距。

使用内外边距布局的方法制作排列样式 1 的代码如下：

1. `<!DOCTYPE html>`

2. `<html>`

3. `<head>`

4. `<title>内外边距布局排列样式 1</title>`

5. `<style type = " text/ css ">`

6. `#box1 { width : 250px ; height : 40px ; background-color : red ; margin-bottom : 10px ; }`

7. `/ * 元素为块元素, 不使用浮动和位置定位想要并排显示元素可以转换元素的`
    `显示模式为行内元素, 元素之间的间距要使用 margin 属性实现。 */`

8. `#box2 { width : 50px ; height : 100px ; background-color : blue ; display : inline-block ; }`

9. `#box3 { width : 150px ; height : 100px ; background-color : green ; display : inline-block ;`
    `margin-left : 50px ; }`

10. `#box4 { width : 250px ; height : 40px ; background-color : orange ; margin-top : 10px ; }`

11. `</style>`

12. `</head>`

13. `<body>`

14. `<section id = " box1 ">盒子 1</section>`

15. `<! --行内元素换行在浏览器中会显示出一个空格, 所以这里不能换行书写。-->`

16. `<section id = " box2 ">盒子 2</section><section id = " box3 ">盒子 3</section>`

17. `<section id = " box4 ">盒子 4</section>`

18. `<p>排列样式 1</p>`

19. `</body>`

20. `</html>`

使用浮动布局的方法制作排列样式 1 的代码如下:

1. `<!DOCTYPE html>`

2. `<html>`

3. `<head>`

4. `<title>浮动布局排列样式 1</title>`

5. `<style type = " text/ css ">`

6. `#box1 { width : 250px ; height : 40px ; background-color : red ; }`

7. `/ * 浮动元素可以使元素并排显示, 但是间距还是要使用 margin 属性实现。 */`

8. `#box2 { width : 50px ; height : 100px ; background-color : blue ; float : left ; margin :`
    `10px 0px ; }`

9. `#box3 { width : 150px ; height : 100px ; background-color : green ; float : left ; margin :`
    `10px 0px 10px 50px ; }`

10. `#box4 { width : 250px ; height : 40px ; background-color : orange ; clear : left ; }`

```
11.    </style>
12.    </head>
13.    <body>
14.        <section id=" box1 ">盒子1</section>
15.        <section id=" box2 ">盒子2</section>
16.        <section id=" box3 ">盒子3</section>
17.        <section id=" box4 ">盒子4</section>
18.        <p>排列样式1</p>
19.    </body>
20.    </html>
```

使用位置布局的方法制作排列样式1的代码如下：

```
1.     <!DOCTYPE html>
2.     <html>
3.     <head>
4.         <meta charset=" utf-8 ">
5.         <title>位置布局排列样式1</title>
6.         <style type=" text/css ">
7.         /*归零内外边距,方便定位*/
8.         *{margin: 0px;padding: 0px;}
9.         #box1{width:250px;height:40px;background-color: red;position:absolute;left:
           10px;top: 10px;}
10.        #box2{width:50px;height:100px;background-color: blue;position:absolute;left:
           10px;top: 60px;}
11.        #box3{width:150px; height:100px; background-color: green; position:absolute;
           left: 110px;top: 60px;}
12.        #box4{width:250px; height:40px; background-color: orange; position:absolute;
           left: 10px;top: 170px;}
13.        p{position:absolute;left: 10px;top: 220px;}
14.        </style>
15.    </head>
16.    <body>
17.        <section id=" box1 ">盒子1</section>
18.        <section id=" box2 ">盒子2</section>
19.        <section id=" box3 ">盒子3</section>
20.        <section id=" box4 ">盒子4</section>
```

21.　　　<p>排列样式 1</p>

22.　　</body>

23.　</html>

使用内外边距布局的方法制作排列样式 2 的代码如下：

1.　<!DOCTYPE html>

2.　<html>

3.　<head>

4.　　<meta charset="utf-8">

5.　　<title>内外边距布局排列样式 2</title>

6.　　<style type="text/css">

7.　　　article{width:230px;height:140px;background-color:red;padding:10px;}

8.　　　#box1{width:90px;height:90px;background-color:yellow;display:inline-block;}

9.　　　#box2{width:90px;height:90px;background-color:silver;display:inline-block; margin-left:50px;}

10.　　　#box3{width:230px;height:40px;background-color:white;margin-top:10px;}

11.　　</style>

12.　</head>

13.　<body>

14.　　　<article>

15.　　　　<!-- 行内元素换行和空格在浏览器中会显示出一个空格,所以这里不能换行书写。-->

16.　　　　<section id="box1">盒子 1</section><section id="box2">盒子 2</section>

17.　　　　<section id="box3">盒子 3</section>

18.　　　</article>

19.　　　<p>排列样式 2</p>

20.　　</body>

21.　</html>

使用浮动布局的方法制作排列样式 2 的代码如下：

1.　<!DOCTYPE html>

2.　<html>

3.　<head>

4.　　<meta charset="utf-8">

5.　　<title>浮动布局排列样式 2</title>

6.　　<style type="text/css">

```
7.    article{ width:230px;height:140px;background-color:red;padding:10px;}
8.    #box1{ width:90px;height:90px;background-color:yellow;float:left;}
9.    #box2{ width:90px;height:90px;background-color:silver;float:right;}
10.   #box3{ width:230px;height:40px;background-color:white;clear:left;margin-
      top:100px;}
11.   </style>
12.  </head>
13.  <body>
14.    <article>
15.      <section id="box1">盒子1</section>
16.      <section id="box2">盒子2</section>
17.      <section id="box3">盒子3</section>
18.    </article>
19.  <p>排列样式2</p>
20.  </body>
21.  </html>
```

使用位置布局的方法制作排列样式2的代码如下:

```
1.   <!DOCTYPE html>
2.   <html>
3.   <head>
4.    <meta charset="utf-8">
5.    <title>位置布局排列样式2</title>
6.    <style type="text/css">
7.    article{ width:250px;height:160px;background-color:red;position:relative;}
8.    #box1{ width:90px;height:90px;background-color:yellow;position:absolute;left:
      10px;top:10px;}
9.    #box2{ width:90px;height:90px;background-color:silver;position:absolute;left:
      150px;top:10px;}
10.    #box3{ width:230px;height:40px;background-color:white;position:absolute;left:
      10px;bottom:10px;}
11.   </style>
12.  </head>
13.  <body>
14.    <article>
15.      <section id="box1">盒子1</section>
```

```
16.          <section id="box2">盒子2</section>
17.          <section id="box3">盒子3</section>
18.      </article>
19.      <p>排列样式2</p>
20.  </body>
21.  </html>
```

（2）案例2

按照图6.67所示，使用盒模型制作一个能自适应屏幕宽度的两栏布局。其中，盒子1的宽度值为非固定值，盒子2的宽度值为固定值。当拖动窗口时，盒子1能自适应屏幕的宽度。

图6.67 效果图

①页面结构与样式分析。

从效果图可以看出页面的结构由两个块元素组成。其中，盒子1在左侧，盒子2在右侧。盒子1的宽度值会随着浏览器的窗口自动变化。盒子2的宽度值是一个固定值。如果给两个元素都添加浮动，并且将两个元素的宽度值居中设为百分比，虽然两个元素的宽度可以随着屏幕的变化而改变，但是盒子2的宽度值也会发生变化。这样不符合设计的要求，所以这里使用绝对定位来实现这个功能比较合适。

②页面制作。

方法一：使用id属性和伪类选择器给<section>标签添加声明。制作代码如下：

```
1.  <!DOCTYPE html>
2.  <html>
3.  <head>
4.      <meta charset="utf-8">
5.  <title>自适应两栏布局的方法一</title>
6.  <style type="text/css">
7.      *{margin:0px;padding:0px;}
8.      /* 使盒子2居右显示。*/
9.  #box2{position:absolute;right:0px;width:100px;height:100px;background-color:
#ccc;}
10.     /* 使盒子1在右侧让出100px的宽度给盒子2。*/
11.  #box1{margin-right:100px;height:100px;background-color:#aaa;}
```

```
12.    </style>
13.    </head>
14.    <body>
15.      <header>
16.        <article>
17.          <section id="box2">盒子2</section>
18.          <section id="box1">盒子1</section>
19.        </article>
20.      </header>
21.    </body>
22.  </html>
```

这里要注意：如果使用 id 属性来定义 HTML 标签，在表单中可以随意调整 id 类选择的位置，它不会影响最终的显示效果。但是<body>标签内两个<section>标签的位置不能随意交换。因为，随意交换位置后，<section>标签内的声明不会跟着改变位置，它会导致错误的显示效果，如图 6.68 所示。

图 6.68　效果图

方法二：直接使用伪类选择器给<section>标签添加声明。这样，<body>标签内两个<section>标签的位置和表单中的伪类选择器都可以随意交换位置，因为交换位置后它们选择的元素并没有改变。

```
1.  <!DOCTYPE html>
2.  <html>
3.  <head>
4.    <meta charset="utf-8">
5.    <title>自适应两栏布局的方法二</title>
6.    <style type="text/css">
7.      *{margin:0px;padding:0px;}
8.      section:first-child{position:absolute;right:0px;width:100px;height:100px;background-color:#ccc;}
9.      section:nth-child(2){margin-right:100px;height:100px;background-color:#aaa;}
```

```
10.    </style>
11.   </head>
12.   <body>
13.    <header>
14.     <article>
15.       <section></section>
16.       <section></section>
17.     </article>
18.    </header>
19.   </body>
20.  </html>
```

（3）案例3

使用盒布局样式重新制作6.2.5小节中的案例2——水墨风格的搜索栏，效果如图6.69所示。

请输入搜索内容

图6.69　效果图

其中，使用到的图片素材有：名称为search_bg.png，宽高值为298px和44px；名称为search_l.png，宽高值为256px和42px；名称为search_r.png，宽高值为41px和42px。图片素材如图6.70所示。

图6.70　search_bg、search_l 和 search_r 图片

方法一：使用位置布局和一张 search_bg.png 背景图片制作搜索栏。搜索栏由文本框和按钮构成，可以使用 background：none；和 border：none；去除边框线和背景色。

表单中的代码为：

```
*{color:#666;font:bold 20px "楷体";}
/* 设置表单总宽度和高度，并添加背景图片。*/
form{width:298px;height:44px;background:url（img/search_bg.png）no-repeat;position:relative;}
/* 左侧输入文本框宽度设为230px。使用 border:none;消除边框线，如果在谷歌浏览器中显示还要添加 outline:none;消除 border:none 不能消除的边框线。*/
.text1{width:230px;position:absolute;top:12px;left:18px;background:none;border:none;outline:none;}
```

/＊按钮区域要设置为无色无边框,否则显示不出背景图片,大小设置为40px乘以35px。光标接触区域的指针样式使用 cursor:pointer;设置为手型。＊/
.btn1{width:40px;height:35px;position:absolute;top:6px;left:250px;background:none;border:none;cursor:pointer;}

　　　　<body>标签中的代码为:

```
<form action="">
    <input class="text1" type="text" placeholder="请输入搜索内容" maxlength="25">
    <!-- 按钮值为空,否则背景图片按钮上会有文字。-->
    <input class="btn1" type="submit" value="">
</form>
```

　　方法二:使用位置布局和两张背景图片制作搜索栏。搜索栏由左侧的文本框背景图片 search_l.png 和右侧的按钮背景图片 search_r.png 拼合而成,左侧文本框使用 border:none;去除边框线。
　　表单中的代码为:

*{color:#666;font:bold 20px "楷体";}
/＊设置表单总宽度和高度。＊/
form{width:297px;height:42px;background:url(img/search_l.png) no-repeat;position:relative;}
/＊左侧输入文本框宽度设为230px。＊/
.text1{width:230px;position:absolute;top:10px;left:18px;background:none;border:none;outline:none;}
/＊右侧图片可以使用原始尺寸,宽高值可以省略。图片按钮默认接触到图片的光标为手型,不需要再设置。＊/
.btn1{width:41px;height:42px;position:absolute;top:0px;left:256px;}

　　　　<body>标签中的代码为:

```
<form action="">
    <input class="text1" type="text" placeholder="请输入搜索内容" maxlength="25">
    <input class="btn1" type="image" src="img/search_r.png" alt="搜索">
</form>
```

　　方法三:使用浮动布局和两张背景图片制作搜索栏。搜索栏由左侧的文本框背景图片 search_l.png 和右侧的按钮图片 search_r.png 拼合而成,左侧文本框使用 border:none;去除边框线。
　　表单中的代码为:

```
＊{color:#666;font:bold 20px "楷体";}
form{width:297px;height:42px;}
/＊ 左侧使用浮动布局,为了使右侧的元素紧挨着左侧的元素显示。背景图片的原宽
度为 256px,因为文本框内容使用 padding 属性向左侧移动 18px,所以文本框宽度缩减
18px 才能保持总宽度不变。使用 border:none;消除边框线。＊/
.text1{float:left;width:238px;height:42px;padding-left:18px; background:url(img/search
_l.png) no-repeat;border:none;}
/＊ 右侧可以不使用浮动布局,因为元素本来就在同行中显示。图片可以使用原始尺
寸,宽高值可以省略。.btn1{float:left;} ＊/
```

　　\<body>标签中的代码为:

```
<form action=" ">
  <input class=" text1 " type=" text " placeholder="请输入搜索内容" maxlength=" 25 ">
  <input class=" btn1 " type=" image " src=" img/search_r.png " alt="搜索图片">
</form>
```

6.4　盒模型的其他样式

6.4.1　overflow 属性

　　该属性用于设置当元素的内容超出盒子的宽高值时的显示方式,或者是父级元素包裹不住子级元素时的显示方式。它的属性值为预定义值,见表 6.13。

表 6.13　overflow 属性

属性值	属性作用
visible	默认值。超出盒子的内容不被修剪,仍然显示出来。
hidden	超出盒子的内容会被修剪掉,不显示出来。
scroll	超出盒子的内容以滚动条的形式显示出来。
auto	自动判断内容是否超出盒子,如果超出盒子会以滚动条的形式显示出来。

　　1)基本格式

　　选择器{overflow:预定义值;}

2）使用案例

表单中的代码为：

section{border:1px solid #000;width:150px;height:80px;overflow:auto;}

<body>标签中的代码为：

<section>设置当元素中的内容超过盒子的大小时,如何显示内部的元素。如果值为 auto,自动判断内容是否超出盒子,如果超出盒子会以滚动条的形式显示出来。默认值 是 visible。</section>

浏览器中显示的效果如图 6.71 所示。

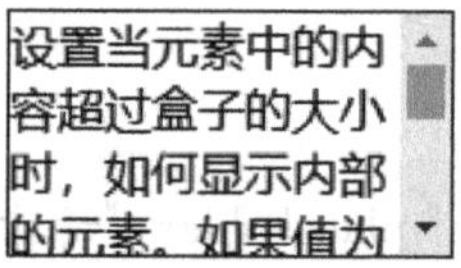

图 6.71　显示效果

6.4.2　z-index 属性

该属性用于设置元素层叠显示的次序,它在带有绝对定位或者相对定位属性的元素 上使用时才有效果。它的属性值为数值,默认值为零,没有单位。属性值可以为负数,数 值越大越显示在前面。

1）基本格式

选择器{z-index:数值;}

2）使用案例

表单中的代码为：

h3{z-index:-10;}
img{width:100px;position:absolute;left:0px;top:0px;}
p{position:absolute;left:0px;top:30px;z-index:10;}

<body>标签中的代码为：

<h3>在无 position 属性的元素上定义无效。</h3>
<img src="img/star.jpg">
<p>图像上的 z-index 属性值为默认值零。段落上的 z-index 属性值大于图像上的 z-index 属性值,因此它在图像的前面显示。</p>

浏览器中显示的效果如图 6.72 所示。

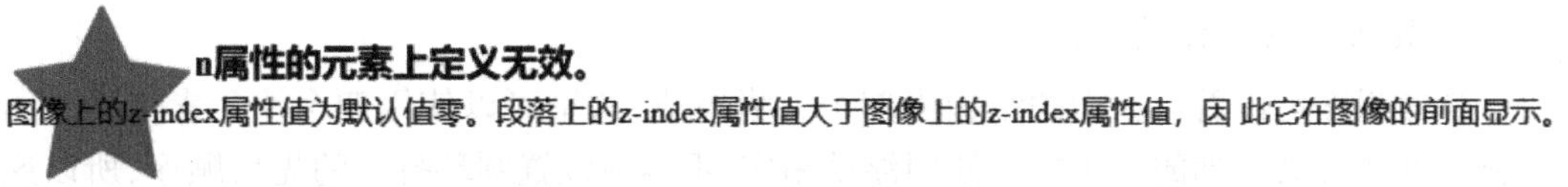

n属性的元素上定义无效。

图像上的z-index属性值为默认值零。段落上的z-index属性值大于图像上的z-index属性值，因此它在图像的前面显示。

图 6.72　显示效果

6.4.3　box-shadow 属性

该属性用于给盒子的边框添加一个或者多个阴影效果。阴影只能显示出盒子的外轮廓形状，即使将盒子的背景色设置为透明色，也不能显示出盒子内元素的阴影形状。它的属性值、使用方法与字体阴影样式基本相同。

1）基本格式

选择器{box-shadow：水平阴影值 1 垂直阴影值 1 模糊距离值 1 阴影尺寸 1 颜色值 1，水平阴影值 2 垂直阴影值 2 模糊距离值 2 阴影尺寸 2 颜色值 2，…；}

2）使用案例

表单中的代码为：

p{box-shadow：10px 10px 8px 0px #999；width：70px；height：70px；border：5px solid red；background-color：rgba(0,0,0,0)；padding：10px；}

<body>标签中的代码为：

<p>这个块元素设置了阴影效果。</p>

浏览器中显示的效果如图 6.73 所示。

图 6.73　显示效果

6.4.4　小结案例

按照图 6.74 所示，使用盒模型的其他样式制作四个圆环并排交叉排列的效果。

图 6.74　效果图

1）页面结构与样式分析

从效果图可以看出页面的结构由四个元素组成，这里可以使用四个块元素实现。四个圆环并排交叉排列的效果如果使用浮动制作，不容易设置圆环排列的先后顺序，所以这里使用定位制作。

2）页面制作

网页文档制作的代码为：

```
1.   <!DOCTYPE html>
2.   <html>
3.   <head>
4.      <meta charset="utf-8">
5.   <title>盒模型的其他样式使用案例</title>
6.      <style type="text/css">
7.       *{margin:0px;padding:0px;}
8.       /* 使圆环在浏览器中无论怎么缩放都居中显示在浏览器中。*/
9.      article{position:absolute;left:50%;top:50%;margin-left:-190px;margin-top:-93px;}
10.      /* 画出四个圆环,并且添加阴影样式。*/
11.     section{position:absolute;height:100px;width:100px;border:10px solid red;
             border-radius:50%;box-shadow:10px 10px 4px 0px #999;}
12.      /* 设置每个圆环私有的颜色属性。其中让第二个圆环显示在上层。*/
13.     #circle2{border-color:green;left:80px;z-index:3;}
14.     #circle3{border-color:yellow;left:160px;}
15.     #circle4{border-color:blue;left:240px;}
16.      </style>
17.   </head>
18.   <body>
19.      <article>
20.        <section id="circle1"></section>        <section id="circle2"></section>
21.        <section id="circle3"></section>        <section id="circle4"></section>
22.      </article>
23.   </body>
24.   </html>
```

6.5 用户界面声明

用户界面特性是 CSS 3 新增加的属性,用来调整元素的相关尺寸和外边框等属性,下面介绍两个常用的声明的使用方法。

6.5.1 resize 属性

该属性用于定义元素的尺寸是否可由用户调整，也就是用户是否可以在浏览器中拖拽元素来改变元素的尺寸。此属性要和 overflow:auto; 属性一起使用，否则无效果。它的属性值为预定义值，见表 6.14。

表 6.14 resize 属性

属性值	属性作用
none	不允许用户调整元素的尺寸。
horizontal	用户可调整元素的宽度。
vertical	用户可调整元素的高度。
both	用户可调整元素的宽高度。

表单中的代码为：

p{border:2px solid;padding:10px 40px; width:300px;resize:both;overflow:auto;}

<body>标签中的代码为：

<p>resize 属性定义元素的尺寸是否可由用户调整。</p>

浏览器中显示的效果如图 6.75 所示。

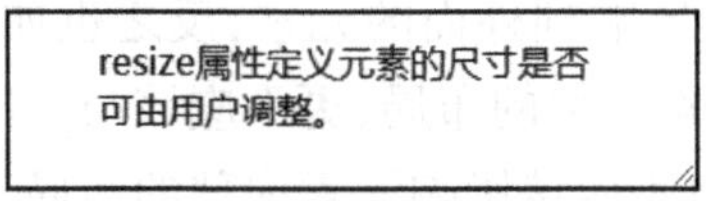

图 6.75 显示效果

6.5.2 box-sizing 属性

该属性用于在改变边框和内边距值时，自动减少元素内部的尺寸，而不使盒子的总尺寸改变。它解决了调整盒子尺寸后人工计算保持盒子尺寸改变的麻烦。但是当内边距值大于盒子的总尺寸时，此属性会失效。它的属性值为预定义值，见表 6.15。

表 6.15 box-sizing 属性

属性值	属性作用
content-box	宽度和高度都将在已设定的宽度和高度内进行绘制。
border-box	内边距和边框都将在已设定的宽度和高度内进行绘制。

表单中的代码为：

```
/* 使用 overflow:auto;属性用来解决 BFC 问题 */
article{width:30em;border:0.5em solid black;overflow:auto;}
section{box-sizing:border-box;width:50%;border:0.5em solid red;float:left;}
```

<body>标签中的代码为：

```
<article>
    <section>这个盒子占据左半部分。</section>
    <section>这个盒子占据右半部分。</section>
</article>
```

浏览器中显示的效果如图 6.76 所示。

图 6.76　显示效果

6.6　BFC 问题

　　BFC 是英文 Block formatting context 缩写，直译为"块级格式化上下文"。它定义了一个独立的渲染区域，并且只对块级元素有效，它规定了这个区域内部的块级元素的布局形式，并且使这个区域外部的元素和它无关系。也就是说，它在页面上定义了一个独立的隔离区域，区域里面的元素不会影响到外面的元素，反之也如此。因此，当元素的外部存在浮动元素时，它不应该影响元素外部的布局，更不应该与外部没有浮动的元素重叠。同样的，当元素的内部有浮动时，也不应该影响元素内部的布局。

6.6.1　上下边距重叠问题

　　当元素内嵌套元素时，也就是存在父子级关系时，如果在元素上设置了 margin 属性，左右方向不会出现问题，垂直方向上应该是父级元素在原位嵌套子级元素，子级元素在垂直方向按 margin 值向下偏移，但是实际情况是它的父级元素会离开它的原位，并且与子级元素重叠。

　　例如表单中的代码为：

```
section{width:100px;height:100px;background-color:red;}
p{margin:150px 0px 0px 50px;width:50px;height:50px;background-color:orange;}
```

　　<body>标签中的代码为：

```
<section>
    <p>盒子</p>
</section>
```

浏览器中会错误显示,如图 6.77 所示。

图 6.77　显示效果

给父级元素添加 border-top 属性,属性值为 1px solid,与父级盒子保持相同的颜色值,也可以解决这种问题,但这样做会使盒子高度增加一个像素,所以不建议这样做。在表单中的代码为:

section{width:100px;height:100px;background-color:red;border-top:1px solid red;}
p{margin:150px 0px 0px 50px;width:50px;height:50px;background-color:orange;}

浏览器中正确的显示效果如图 6.78 所示。

图 6.78　显示效果

为解决这种情况的发生,可以在它的父级(section 选择器)中添加以下四种属性的任意一种来解决这个问题。这四种解决方法各有它的优缺点,所以要根据实际情况合理选择。

①添加 float 属性,属性值不为 none 即可,但它会使元素向左或者向右偏离原有的位置。表单中的代码为:

section{float:left;}

②添加 position 属性,属性值为 absolute,不为 static 或者 relative 即可,但它会使元素脱离原有的位置。表单中的代码为:

section{position:absolute;}

③添加 display 属性,属性值为 inline-block、table-cell、flex、table-caption 或者 inline-flex

都可以,但它会改变元素的显示模式。表单中的代码为:

section{display:inline-block;}

④添加 overflow 属性,属性值不为 visible 即可,但元素超出的部分将无法显示出来。表单中的代码为:

section{overflow:hidden;}

6.6.2　浮动元素问题

使同一个层级中的两个盒子并排显示,并且形成自适应两栏布局,其中,盒子 1 设置了固定宽度和浮动属性,而盒子 2 没有设置宽度和浮动属性,这时会出现两个盒子重叠显示的错误情况。

例如表单中的代码为:

*{margin:0px;padding:0px;}
body{width:100%;position:relative;}
/* 设置盒子 1 的宽高为固定值。盒子 2 的宽度值不用设定。*/
section:first-child{width:100px;height:150px;background:rgb(139,214,78);
text-align:center;line-height:150px;font-size:20px;float:left;}
section:nth-child(2){height:200px;background:rgb(170,54,236);text-align:center;line-height:200px;font-size:40px;}

<body>标签中的代码为:

<section>盒子 1</section>
<section>盒子 2</section>

浏览器中错误的显示效果,如图 6.79 所示。

图 6.79　显示效果

为了避免这种情况的发生,虽然可以使用 BFC 的任意一种方法,但是如果在盒子 2 上添加 float 或者 display 属性,虽然也可以使两个盒子并列显示,但是盒子 2 的宽度值将会按元素的内容宽度显示,并不能自动适应页面的宽度;如果在盒子 2 上添加 position 属性,两个盒子的前后层叠顺序会调换,这样也达不到想要的效果。所以只能在盒子 2 上添加 overflow 属性来解决这个问题。

表单中的代码为:

section:nth-child(2){height:200px;background:rgb(170,54,236);text-align:center;line-height:200px;font-size:40px;overflow:hidden;}

浏览器中正确的显示效果如图 6.80 所示。

图 6.80　显示效果

6.6.3　父级元素高度问题

在父子级关系中,当父级元素没有设置高度值、子级元素设置浮动属性时,如果在父级元素上不使用 BFC 方法会出现父级元素无法包裹住子级元素显示的错误问题。

例如表单中的代码为:

* {margin:0px;padding:0px;}
article{border:5px solid rgb(91,243,30);width:300px;}
section{border:5px solid rgb(233,250,84);width:100px;height:100px;float:left;}

\<body\>标签中的代码为:

```
<article>
  <section>1</section>
  <section>2</section>
</article>
```

浏览器中会错误显示,如图 6.81 所示。

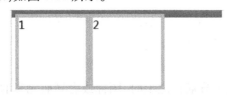

图 6.81　显示效果

为了避免这种情况的发生,可以在父级元素(article)上添加 BFC 四种方法的任意一种。例如:在父级元素上添加 overflow:hidden 属性后,父级元素就可以包裹住子级元素显示了。

表单中添加的代码为:

article{border:5px solid rgb(91,243,30);width:300px;overflow:hidden;}

也可以使用伪元素给父级元素上添加 clear:both;和 display:block;属性解决这个问题。使用方法如下所示:

article::after{content:" ";clear:both;display:block;}

还可以在<article>标签的最后一个位置上添加一个没有内容的块标签,再在表单中添加清除浮动属性来解决这个问题。

<body>标签中添加的代码为:

```
<article>
    <section>1</section>
    <section>2</section>
    <div>   </div>
</article>
```

表单中的代码为:

```
div{clear:both;}
```

浏览器中正确的显示效果如图6.82所示。

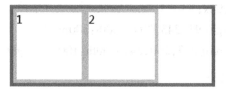

图 6.82　显示效果

6.7　小结案例

按照图6.83所示,制作出这个网页的导航栏。

图 6.83　效果图

当光标悬停于图标或者导航栏之上时,图标或者导航元素的背景和颜色会发生变化,其效果如图6.84所示。

图 6.84　显示效果

其中,使用到的图片素材有:名称为 logo_sprites.jpg 的图片,宽高值为 120px 和 60px。名称为 img_trans.gif 的透明图片,宽高值为 1px 和 1px。图片素材如图6.85所示。

图 6.85 logo_sprites 和 img_trans 图片

6.7.1 页面结构与样式分析

从效果图可以看出页面的结构由页头和页身文字组成。其中,页头包含一个图标和一个列表制作成的导航栏,页身中包含一段文字。图标变化的效果和导航栏交互的效果使用伪类实现。

6.7.2 页面制作

网页文档制作的代码如下所示:

```
1.  <!DOCTYPE html>
2.  <html>
3.  <head>
4.      <meta charset="utf-8">
5.      <title>装饰类声明和盒模型使用案例</title>
6.      <style type="text/css">
7.          /* 使用继承性定义文档中所有的字体颜色。*/
8.          *{margin:0px;padding:0px;color:#424242;}
9.          /* 可以给 header、nav 和 article 添加 border 属性观看它们占据的位置。*/
10.         /* 使用 overflow 属性解决 header 标签显示在错误位置上的 BFC 问题。*/
11.         header{width:1300px;overflow:hidden;}
12.         /* 光标悬停在标志上会变颜色,图片替换使用精灵图方法。*/
13.         img{background:url("img/logo_sprites.jpg") 0px 0px;width:60px;float:left;}
14.         img:hover{background:url("img/logo_sprites.jpg") 60px 0px;width:60px;float:left;}
15.         nav,article{width:600px;float:left;}
16.         a{text-decoration:none;}
17.         /* 使用清除浮动使后面的 article 换行显示。*/
18.         article{clear:both;}
19.         ul{list-style:none;}
20.         /* 使用浮动使<li>标签内的元素并排显示。*/
21.         nav li{margin:20px 20px 0px 20px;float:left;height:30px;line-height:30px;}
22.         /* 将<a>标签变为行内块元素以便添加高度值。*/
23.         ul li a{padding:2px 10px;color:#f40;font-weight:bold;height:30px;
```

```
24.        display:inline-block;border-radius:15px;}
25.        /* 使用 hover 伪元素给<a>标签添加交互样式。*/
26.        ul li a:hover{background-color:#f40;color:#fff;}
27.      </style>
28.    </head>
29.    <body>
30.      <header>        <!-- 头部导航栏 -->
31.        <img src="img/img_trans.gif" alt="这是图标">
32.          <nav>
33.            <ul>
34.              <li id="home"><a href="#">首页</a></li>
35.              <li id="introduction"><a href="#">公司介绍</a></li>
36.              <li id="product"><a href="#">产品展示</a></li>
37.              <li id="about"><a href="#">联系我们</a></li>
38.            </ul>
39.          </nav>
40.        <!-- 头部其他区域的内容。-->
41.        <article>头部其他区域的内容。</article>
42.      </header>
43.    </body>
```

课后习题

1.按照图 6.86 所示，使用盒模型的三种布局样式分别制作出左右两个不同排列布局的盒子的文档方式。其中，大盒子的尺寸为 330px；小盒子尺寸为 100px；盒子之间的间距为 10px。

2.按照图 6.87 所示，使用盒模型样式和装饰类声明制作出这个网页文档。各元素的尺寸、颜色按照效果图测量得到的值制作。

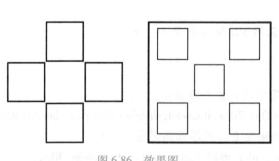

图 6.86   效果图

图 6.87   效果图

第 7 章　特效类声明

学习目标

①理解特效类声明的作用；
②掌握变形类特效的样式；
③掌握过渡类特效的样式；
④掌握动画类特效的样式。

特效类声明是 CSS 3 新增加的效果样式，它可以动态地给网页内非行内元素添加变形效果、过渡效果和动画效果。这种效果以前只能使用 JavaScript 脚本语言来制作，但现在使用 CSS 3 特效类声明就可以轻而易举地实现了。

7.1　变形类特效

变形类特效可以动态地改变非行内元素的初始形状、尺寸或者位置等属性，甚至还可以使二维的元素显示出三维的效果。在二维变形中常用的属性有 transform 和 transform-origin。在三维变形中，除了要使用二维变形的两个属性外，还需要使用 perspective、backface-visibility 和 transform-style 等属性。

7.1.1　变形原点的位置

变形原点的位置是元素位移、缩放、转动和倾斜的基点，其中，位移的变形原点固定不变，在元素的左上角，而其他三个默认的变形原点在元素的中心点上。这里为了方便理解原点的位置，将元素放入坐标系中讲解。

当元素在二维空间中变形时，可以将元素看作放置在平面坐标系中，变形的形状由平面坐标系中的角度值或者轴坐标值（x 轴和 y 轴）决定。其中，x 轴为水平轴，向屏幕的右方代表正值。y 轴为垂直轴，向屏幕的下方代表正值。

当元素在三维空间中变形时，元素在屏幕中会显示为带有透视效果的立体图形。坐标系也从平面坐标系变成空间坐标系，也就是在原有的平面坐标系中添加第三个维度 z 轴。z 轴的方向与屏幕平行，靠近用户的方向代表正值，如图 7.1 所示。

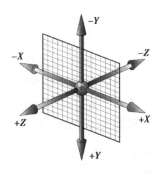

图 7.1　坐标系图

7.1.2 transform 属性

该属性用于对元素进行位移、缩放、转动和倾斜。这里要注意在三维空间中变形元素时,必须和三维变形相关的属性一起使用,否则无三维变形效果。它的属性有继承性,常用的属性值为预定义值,见表 7.1。

表 7.1 transform 属性

二维空间中变形元素使用的属性	
属性值	属性值作用
translate(x,y)	改变元素在二维空间中的位置,使其按指定的方向偏移。
scale(x,y)	改变元素的长度值和宽度值,使其按指定的倍数缩放。
rotate(angle)	改变元素在二维空间中的旋转角度,使其按指定的角度旋转。
skew(x-angle,y-angle)	改变元素在二维空间中的倾斜角度,使其按指定的角度倾斜。
三维空间中变形元素使用的属性	
属性值	属性值作用
translate3d(x,y,z)	改变元素在三维空间中的位置。
scale3d(x,y,z)	改变元素的长度值、宽度值和高度值,使其按指定的倍数缩放。
rotate3d(x,y,z,angle)	改变元素在三维空间中的旋转角度,使其按指定的角度旋转。

1)基本格式

选择器{transform:属性值;}

2)使用方法

(1)translate(x,y)属性值

作用:改变元素在二维空间中的位置,使其按指定的 x 值和 y 值方向移动,移动后元素的初始位置的空间仍然会保留下来。移动原点默认在元素初始位置的左上角,并且原点位置不能通过设置改变。当数值为正数时,向右方或者下方移动;当数值为负数时,向左方或者上方移动。数值后要添加 px 或者%单位。

例如表单中的代码为:

section{ width:200px; height:100px; background-color:yellow; transform:translate (20px, 20px);}

<body>标签中的代码为:

<section>translate（20px，20px）属性值把 section 元素从初始位置移动到指定的 x 为 20px，y 为 20px 的位置。</section>

浏览器中显示的效果如图 7.2 所示。

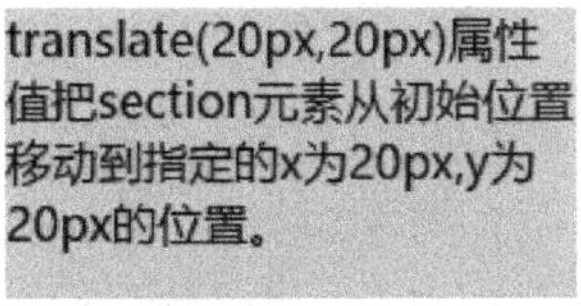

translate(20px,20px)属性
值把section元素从初始位置
移动到指定的x为20px,y为
20px的位置。

图 7.2 显示效果

（2）scale（x，y）属性值

作用：改变元素的长度和宽度，使其按指定的倍数缩放。默认缩放原点为元素的中心点，x 值代表沿着 x 轴缩放的倍数，y 值代表沿着 y 轴缩放的倍数，默认值为 1，代表不缩放。当 x 或者 y 值为负数值时，元素会以坐标轴线先翻转再缩放。数值后没有单位。

例如表单中的代码为：

```
/* margin 属性用来调整元素不超出页面显示。*/
section{ margin：30px 0px；width：200px；height：100px；background-color：yellow；transform：scale（-0.8，-1）；}
```

<body>标签中的代码为：

<section>scale（-0.8，-1）属性值把 section 元素沿着 x 轴镜像并缩放了 0.8 倍数，沿着 y 轴镜像但没缩放。</section>

浏览器中显示的效果如图 7.3 所示。

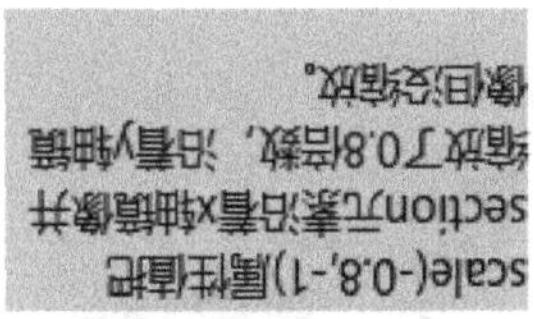

图 7.3 显示效果

（3）rotate（angle）属性值

作用：改变元素在二维空间中的旋转角度，使其按指定的角度旋转。默认旋转原点为元素的中心点，默认值为 0deg。当数值为正数值时，按顺时针方向旋转；当数值为负数值时，按逆时针方向旋转，数值后要添加 deg 单位。

例如表单中的代码为：

```
/* margin 属性用来调整元素不要超出页面显示。*/
section{ margin：50px 10px；width：200px；height：100px；background-color：yellow；transform：rotate（30deg）；}
```

<body>标签中的代码为：

<section>rotate(30deg)属性值把 section 元素顺时针旋转 30 度。</section>

浏览器中显示的效果如图 7.4 所示。

图 7.4　显示效果

（4）skew(x-angle,y-angle)属性值

作用：改变元素在二维空间中的倾斜角度，使其按 x 轴和 y 轴发生倾斜。默认倾斜原点在元素的中心点。当数值为正数时，元素向右方或者下方倾斜；当数值为负数时，元素向左方或者上方倾斜。数值后要添加 deg 单位。

例如表单中的代码为：

```
/* margin 属性用来调整元素不要超出页面显示。*/
section{margin:50px 10px;width:200px;height:100px;background-color:yellow;
transform:skew(10deg,20deg);}
```

<body>标签中的代码为：

<section>skew(10deg,20deg)属性值把 section 元素在 x 轴上倾斜了 10 度，在 y 轴上倾斜了 20 度。</section>

浏览器中显示的效果如图 7.5 所示。

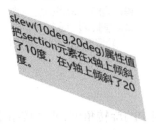

图 7.5　显示效果

（5）translate3d(x,y,z)属性值

作用：改变元素在三维空间中的位置。在它的父级元素上必须添加 perspective 属性，并且 z 轴的移动距离值不能大于 perspective 属性值，否则无透视效果。它的 x 值、y 值和 z 值都不能省略，x 值和 y 值的使用方法与二维的 translate(x,y)属性基本相同。z 值代表沿 z 轴移动的距离。当数值为正数时，向屏幕外移动；当数值为负数时，向屏幕内移动。x 值

和 y 值后要添加 px 或者%单位，z 值后只能添加 px 单位。

例如表单中的代码为：

article{perspective:100px;}
section{width:250px;height:100px;background-color:yellow;transform:translate3d(10px, 0px,-20px);}

\<body\>标签中的代码为：

\<article\>
　\<section\>translate3d（10px,0px,-20px）属性值把 section 元素在空间中向右移动了 10px，向内移动了-20px。\</section\>
\</article\>

浏览器中显示的效果如图 7.6 所示。

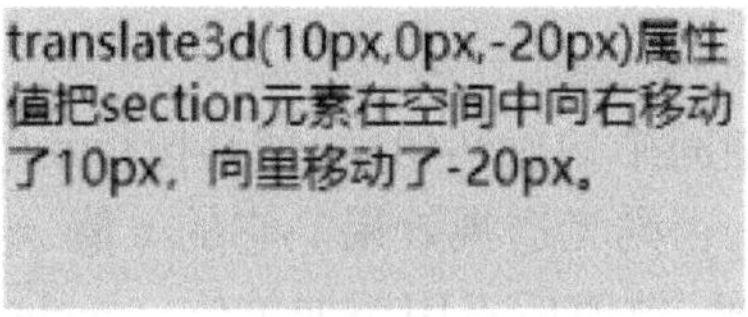

> translate3d(10px,0px,-20px)属性值把section元素在空间中向右移动了10px，向里移动了-20px。

图 7.6　显示效果

（6）scale3d（x,y,z）属性值

作用：改变元素在三维空间中的长度、宽度和高度，使其按指定的倍数缩放。在它的父级元素上必须添加 perspective 属性，并且 z 轴的移动距离值不能大于 perspective 属性值，它自身还要和 translate3d(x,y,z)属性一起使用，否则无透视效果。它的 x 值、y 值和 z 值都不能省略，x 值和 y 值的使用方法与二维的 scale(x,y)属性相同，z 值代表沿 z 轴缩放的倍数。当 z 值为负数值时，向屏幕内移动，看起来为缩小；当 z 值为正数值时，向屏幕外移动，看起来为放大；当 z 值为 0 时，看起来没有缩放。

例如表单中的代码为：

article,section{width:100px;height:100px;}
article{float:left;border:1px solid black;perspective:200px;}
section{background-color:yellow;}
/*盒子 1 在 z 轴上移动了-200px,盒子看起来缩小了。*/
article:nth-child(1)>section{transform:translate3d(0px,0px,-200px);}
/*盒子 2 在 z 轴上放大了 2 倍，但是在 z 轴上移动了-100px,盒子大小看起来没有变化。*/
article:nth-child(2)>section{transform:scale3d(1,1,2) translate3d(0px,0px,-100px);}

\<body\>标签中的代码为：

```
<article>盒子1
  <section></section>
</article>
<article>盒子2
  <section></section>
</article>
```

浏览器中显示的效果如图7.7所示。

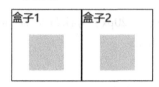

图7.7　显示效果

（7）rotate3d(x,y,z,angle)属性值

作用：改变元素在三维空间中的旋转角度，使其按指定的角度旋转。在它的父级元素上必须添加 perspective 属性，否则无透视效果。它的 x 值、y 值和 z 值不能省略，用来定义元素沿着 x、y、z 轴旋转的矢量，数值后不用添加单位。angle 用来定义旋转的角度，数值后要添加 deg 单位。当 x、y、z 值和 angle 值乘积为正数值时，按顺时针方向旋转；当 x、y、z 值和 angle 值乘积为负数值时，按逆时针方向旋转。

例如表单中的代码为：

```
article{perspective:200px;}
section{margin:10px 60px;width:100px;height:100px;background-color:yellow;
transform:rotate3d(1,0,1,30deg);}
```

<body>标签中的代码为：

```
<article>
  <section>rotate3d(1,0,1,30deg)属性值把 section 元素在 x 轴和 z 轴上旋转了 30 度。
</section>
</article>
```

浏览器中显示的效果如图7.8所示。

图7.8　显示效果

7.1.3 transform-origin 属性

该属性用于设置变形元素的原点位置,使其按需要的原点位置进行缩放、转动和倾斜。它的属性值为预定义值、数值或者百分比,见表 7.2。

表 7.2 transform-origin 属性

属性值	属性作用
预定义值	left 代表原点在元素的左边。top 代表原点在元素的上边。 center 代表原点在元素的中间。right 代表原点在元素的右边。 bottom 代表原点在元素的下边。
长度值	它在 x 轴、y 轴和 z 轴上距离坐标原点的偏移量的长度。
百分比	它在 x 轴和 y 轴上距离坐标原点的偏移量的百分比,在 z 轴上不能用此值。

1)基本格式

选择器{transform:属性值;transform-origin:x 轴值 y 轴值 z 轴值;}

2)使用方法

①transform-origin 属性必须和 transform 属性一起使用,单独使用无效。

②二维元素原点的位置由 x 值和 y 值决定,三维元素原点的位置由 x 值、y 值和 z 值决定,其中 z 值只能使用长度值单位,每个值之间使用空格号分开。

③位移元素的原点默认位置在元素的左上角,也就是 x 值、y 值、z 值分别为 0px、0px、0px 的位置。它是固定不变的。

④缩放、转动和倾斜元素的原点默认位置在元素的中心点上,也就是 x 值、y 值、z 值分别为 50%、50%、0% 的位置,设置原点位置后只会改变缩放、转动和倾斜点的原点位置,而不会移动、缩放、转动和倾斜元素。元素的原点位置如图 7.9 所示。

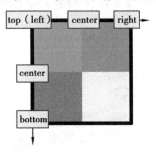

图 7.9 元素的原点位置

3)使用案例

(1)在二维空间中的使用案例

表单中的代码为：

section{width:300px;height:100px;border:1px solid black;background-color:yellow;
transform:rotate(10deg);transform-origin:0% 50%;}

<body>标签中的代码为：

<section>transform-origin 属性重新定义了变形元素的旋转原点,x 轴的原点为元素左侧顶部的 0%处,y 轴的原点为左侧下方的 50%处,也就是箭头标注出的位置。</section>

浏览器中显示的效果如图 7.10 所示。

图 7.10　显示效果

(2)在三维空间中的使用案例

表单中的代码为：

* {margin:0px auto;}
article{perspective:200px;}
section{width:250px;height:100px;background-color:yellow;transform:rotate3d(1,1,1,
30deg);transform-origin:0px 0px 30px;}

<body>标签中的代码为：

<article>
　<section>transform-origin 属性重新定义了变形元素的旋转原点,transform:rotate3d(1,
1,1,30deg)属性值把 section 元素在 x 轴、y 轴和 z 轴上都旋转了 30 度,也就是箭头标注出的位置。</section>
</article>

浏览器中显示的效果如图 7.11 所示。

图 7.11　显示效果

7.1.4 三维变形属性

在三维空间中使用 transform 属性时,必须和三维变形相关的属性一起使用,否则无透视效果。

1)perspective 属性

作用:定义三维空间中变形元素与屏幕之间的距离,简称视距。此属性必须添加在被变形元素的父级或者祖先级上。属性值为非 0 的正数值,属性值的单位通常使用 px。视距数值越大,物体离屏幕越远,透视效果越不明显。变形元素与屏幕之间的距离如图 7.12 所示。

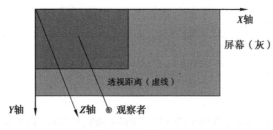

图 7.12 透视距离

表单中的代码为:

article:nth-child(1){perspective:2000px;}
article:nth-child(2){perspective:20px;}
section{margin:0px auto;width:100px;height:100px;background-color:yellow;
    transform:rotate3d(1,0,0,30deg);}

<body>标签中的代码为:

```
<!-- 第一个盒子视距为 2000px,透视效果不明显。-->
<article>
  <section></section>
</article>
<!-- 第二个盒子视距为 20px,透视效果很明显。-->
<article>
  <section></section>
</article>
```

浏览器中显示的效果如图 7.13 所示。

2)backface-visibility 属性

作用:定义元素在三维空间旋转后的背面是否可见。它的属性值为预定义值,见表 7.3。

图 7.13　显示效果

表 7.3　backface-visibility 属性

属性值	属性作用
visible	默认值，背面为可见。
hidden	背面为不可见。

表单中的代码为：

article｛perspective：200px；｝
section｛width：150px；height：100px；background-color：yellow；transform：rotate3d（0,1,0, 180deg）；backface-visibility：hidden；｝

<body>标签中的代码为：

<article>
　<section>transform：rotate3d（0,1,0,180deg）属性值把 section 元素在 y 轴上旋转了 180 度。backface-visibility 属性使其不可见。</section>
</article>

3）transform-style 属性

作用：定义嵌套的元素如何在三维空间中显示。它的属性值为预定义值，见表 7.4。

表 7.4　transform-style 属性

属性值	属性值作用
flat	以 2D 平面形式呈现所有子元素。
preserve-3d	以 3D 平面形式呈现所有子元素。

表单中的代码为：

article，section｛width：100px；height：100px；｝
/* rotateY（）；表示只设置 y 轴的旋转值 */
article｛background-color：pink；transform：rotateY（40deg）；transform-style：preserve-3d；｝
section｛background-color：yellow；transform：rotateY（-40deg）；｝

<body>标签中的代码为：

<article>粉色块

  <section>黄色块</section>

</article>

浏览器中显示的效果如图 7.14 所示。

图 7.14　显示效果

7.1.5　transform 属性的复合写法

作用：在一个声明中同时设置多个 transform 的属性值。这种复合写法中相同的属性值只能设置一个，不能设置多个，书写顺序可以任意排列，每个属性值之间使用空格分开。

1）二维空间中的使用案例

表单中的代码为：

section｛float：left；width：100px；height：100px；background-color：yellow；transform：rotate（45deg）translate（30px，0px）；｝
section：nth-child（2）｛background-color：pink；｝

<body>标签中的代码为：

<section></section>
<section></section>

浏览器中显示的效果如图 7.15 所示。

图 7.15　显示效果

2）三维空间中的使用案例

表单中的代码为：

article｛perspective：200px；｝

section｛width：100px；height：100px；background-color：yellow；transform：rotate3d（0，0，1，45deg）translate3d（100px，-50px，0px）；｝

section：nth-child（2）｛background-color：pink；transform：rotate3d（1，1，1，60deg）translate3d（20px，-50px，-30px）；｝

　　\<body\>标签中的代码为：

\<article\>

　\<section\>\</section\>

　\<section\>\</section\>

\</article\>

　　浏览器中显示的效果如图 7.16 所示。

图 7.16　显示效果

7.2　过渡类特效

　　过渡类特效可以动态地使非行内元素的形状或者状态逐渐地从一种样式改变为另一种样式。它的属性有：transition-property 属性、transition-duration 属性、transition-timing-function 属性和 transition-delay 属性。这些属性通常要全部使用，所以在书写时比较麻烦。在实际使用时，可以使用它的复合书写方法，也就是在一个声明中同时给元素添加所有的过渡属性，属性名为 transition，它的属性值见表 7.5。

表 7.5　过渡类特效的属性

属性	属性值
transition-property （定义要过渡的 CSS 样式，必要值）	CSS 的样式名称：被定义的属性会获得过渡效果。 none：没有属性会获得过渡效果。 all：所有属性都将获得过渡效果。
transition-duration （定义过渡效果的持续时长，必要值）	非负数值，数值单位为毫秒，可以省略不写。默认值为 0，代表没有持续时长。数值越大，过渡时间越长，反之亦然。

续表

属性	属性值
transition-timing-function （定义过渡效果的缓动状态）	linear：匀速运动，它等于 cubic-bezier(0,0,1,1)。 ease：先慢后快再慢，它等于 cubic-bezier(0.25,0.1,0.25,1)，默认值。 ease-in：先慢后快，它等于 cubic-bezier(0.42,0,1,1)。 ease-out：先快后慢，它等于 cubic-bezier(0,0,0.58,1)。 ease-in-out：开头和结尾慢，中间快，它等于 cubic-bezier(0.42,0,0.58,1)。 cubic-bezier(n,n,n,n)：自定义速度值，n 可以使用 0 与 1 之间的数值。
transition-delay （延迟过渡效果的开始时间）	数值，单位为秒或者毫秒。默认值为 0，代表从头开始过渡效果。当为负数值时，代表跳过负数值的秒后开始过渡效果。

1）基本格式

/* 在选择器选中的元素上添加过渡效果。*/
选择器{transition：transition-property 属性值 1　transition-duration 属性值 1 transition-timing-function 属性值 1　　transition-delay 属性值 1，transition-property 属性值 2 transition-duration 属性值 2 transition-timing-function 属性值 2　transition-delay 属性值 2…;}
/* 通常使用伪类来触发元素改变后的数值。*/
section：hover{width：300px；height：200px；}

2）使用方法

①只能添加在非行内元素上使用。

②可以在元素上添加多组属性值，每个属性值之间使用空格分开。它可以添加多组属性，添加多组属性时，使用英文逗号","分隔开每组属性值。也可以使用预定义值all定义所有的属性值。

③每组中必须使用 transition-property 和 transition-duration 属性。

④它通常和 hover 伪类属性一起使用，用来触发过渡效果。当然也可以使用其他方法触发过渡效果。

例如表单中的代码为：

/* 给盒子设置宽高值和过渡的属性名和持续时间。*/
section{width：100px；height：100px；background：yellow；transition：width 2s，height 2s；}
/* 使用伪类来定义盒子改变后的宽度值。*/
section：hover{width：300px；height：200px；}

<body>标签中的代码为：

<section>当光标移到元素上时，盒子缓慢变大。当光标移出元素时，盒子变回原状。</section>

浏览器中显示的效果如图 7.17 所示。

当光标移到元素上时，盒子缓慢变大。当光标移出元素时，盒子变回原状。

图 7.17　显示效果

⑤它可以配合 transform 属性一起使用，实现更复杂的过渡效果。

例如表单中的代码为：

section{width:200px;height:200px;background-color:yellow; transition:all 2s;}
section:hover{background-color:#00f;transform:translate(500px,500px) scale(0.8) rotate(360deg);}

<body>标签中的代码为：

<section>当光标移到元素上时，盒子会向下移动，旋转、缩小和变色。当光标移出元素时，盒子变回原状。</section>

浏览器中显示的效果如图 7.18 所示。

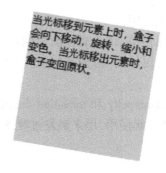

图 7.18　显示效果

3）过渡特效案例

按照图 7.19 所示，使用过渡效果制作出这个网页的文档。

当光标悬浮于图片上时，图片会展开，其效果如图 7.20 所示。

其中，使用到的图片素材有：名称为 pic_1.jpg、pic_2.jpg、pic_3.jpg、pic_4.jpg、pic_5.jpg 和 pic_6.jpg 的图片，它们的宽高值都为 500px 和 300px。图片素材如图 7.21 所示。

图 7.19 效果图

图 7.20 效果图

图 7.21 pic_1、pic_2、pic_3、pic_4、pic_5 和 pic_6 图片

（1）页面结构与样式分析

从效果图可以看出该页面由 6 张依次叠压排列的图片组成，并且每一个图片上都设置了标签文字。图片的叠压效果使用浮动属性实现，伸缩效果使用过渡效果实现，图片上方的标签使用 h3 标签制作，并且使用定位将它放置到合适的位置，动画效果使用伪类触发。

（2）页面制作

网页文档制作的代码如下所示：

1. <!DOCTYPE html>
2. <html>
3. <head>
4. <meta charset="UTF-8">
5. <title>图片展开效果</title>

```
6.    <style type="text/css">
7.      article{width:1000px;height:450px;margin:100px auto;overflow:hidden;}
8.      /* 定义过渡动画。*/
9.      section{width:10%;float:left;transition:all 1s;}
10.     /* 当鼠标指针触碰到图片时,使用cursor:pointer属性将鼠标指针变成手型 */
11.     img{width:960px;cursor:pointer;}
12.     /* 设置标签的样式。*/
13.     h3{position:absolute;width:20px;color:#eee;background:rgba(0,0,0,0.5);
              margin-top:1px;padding:30px 10px;border-bottom-right-radius:1.5em;}
14.     /* 使用伪类触发动画效果。*/
15.     article:hover section{width:5%;}
16.     article section:hover{width:55%;}
17.   </style>
18. </head>
19. <body>
20.   <article>
21.     <section><h3>图片1</h3><img src="img/pic_1.jpg" alt="图片1"></section>
22.     <section><h3>图片2</h3><img src="img/pic_2.jpg" alt="图片2"></section>
23.     <section><h3>图片3</h3><img src="img/pic_3.jpg" alt="图片3"></section>
24.     <section><h3>图片4</h3><img src="img/pic_4.jpg" alt="图片4"></section>
25.     <section><h3>图片5</h3><img src="img/pic_5.jpg" alt="图片5"></section>
26.     <section><h3>图片6</h3><img src="img/pic_6.jpg" alt="图片6"></section>
27.   </article>
28. </body>
29. </html>
```

7.3　动画类特效

动画效果是利用人的"视觉暂留"现象,使静止的元素运动起来。有动画类特效属性就不再需要在网页中插入动图、Flash动画以及脚本语言来实现动画效果了,所以CSS动画类特效可以简化代码、提高代码的运行效率、减小网页文件大小。在使用动画效果时,要同时使用@keyframes规则和animation属性。@keyframes规则定义动画样式,animation属性绑定动画样式和控制动画的显示效果。

7.3.1　@keyframes规则

该规则用于创建动画效果。它创建动画的方法是先设置一套元素初始的CSS样式,再设置一套元素结束的 CSS 样式,元素就会从初始样式逐渐变化到结束样式。

1)基本格式

```
@keyframes 自定义动画的名称{
    0%{声明1;声明2;...}
    n%{声明1.1;声明2.1;...}
    ...
    100%{声明1.2;声明2.2;...}
    }
```

或者

```
@keyframes 自定义动画的名称{
    from{声明1;声明2;...}
    to{声明1.1;声明2.1;...}
    }
```

2)使用方法

①必须和 animation 属性一起使用,否则无效。

②"自定义动画的名称"与 animation 属性中的"自定义动画的名称"是同一个名称,用来绑定 animation 属性。

③可以使用预定义值("from"和"to")或者百分比值来定义动画发生变化的时间。当使用百分比值时,可以书写多组变化的时间,初始变化的时间为 0% ,结束变化的时间为 100%,中间变化的时间可以任意添加 0%~100% 的值;当使用预定义值时,只能定义开始和结束的时间,"from"等价于 0%,"to"等价于 100%。

④变化的时间中可以放置一个或多个能做动画的样式。样式之间使用英文分号";"分隔,并且每组样式中定义的属性名都要相同,属性值要不同,否则将没有动画效果。

⑤@keyframes 规则在 webki 内核的浏览器中使用时,可能要将@ keyframes 规则中书写为:@ -webkit-keyframes 以解决浏览器不兼容的问题。

3)使用案例

表单中的代码为:

```
/* 自定义动画的名称为 mymove。定义@ keyframes 规则有五组,分别在 0%、25%、
50%、75%和 100%处发生变化。变化效果为从 0 点开始,向左移动 100px,再向下移动
100px,再向右移动 100px,最后回到 0 点,方块每移动一次颜色也随之改变一次。*/
@ keyframes mymove{
    0% {top:0px; left:0px; background:red;}
    25% {top:0px; left:100px; background:blue;}
    50% {top:100px; left:100px; background:yellow;}
```

```
      75% {top:100px; left:0px; background:green;}
      100% {top:0px; left:0px; background:red;}
      }
```

7.3.2 animation 属性

该属性可以动态地在非行内元素上添加动画样式。它的属性有:animation-name 属性、animation-duration 属性、animation-timing-function 属性、animation-delay 属性、animation-iteration-count 属性、animation-direction 属性、animation-play-state 属性和 animation-fill-mode 属性。每一个属性只能控制一种状态,所以全部使用这些属性时比较麻烦。在实际使用时,可以使用它的复合书写方法,也就是在一个声明中同时给元素添加所有的过渡属性,但是不包括 animation-play-state 属性和 animation-fill-mode 属性。属性名为 animation,它的属性值见表 7.6。

表 7.6　animation 属性

属性	属性值
animation-name (绑定到@ keyframe 规则,必要值)	调用动画的名称要与@ keyframes 规则中的自定义动画的名称一致。 none:规定无动画效果,可用于覆盖来自父级的动画。
animation-duration (定义动画效果的持续时长,必要值)	非负数值,数值单位为毫秒,可以省略不写。默认值为 0,代表没有持续时长。数值越大,动画时间越长,反之亦然。
animation-timing-function (定义动画效果的缓动状态)	linear:匀速运动,它等于 cubic-bezier(0,0,1,1)。 ease:先慢后快再慢,它等于 cubic-bezier(0.25,0.1,0.25,1),默认值。 ease-in:先慢后快,它等于 cubic-bezier(0.42,0,1,1)。 ease-out:先快后慢,它等于 cubic-bezier(0,0,0.58,1)。 ease-in-out:开头和结尾慢,中间快,它等于 cubic-bezier(0.42,0,0.58,1)。 cubic-bezier(n,n,n,n):自定义速度值,n 可以使用 0 与 1 之间的数值。
animation-delay (延迟动画效果的开始时间)	数值,单位为秒或者毫秒。默认值为 0,代表从头开始播放动画。当为负数值时,第一次播放会跳过负数值设置的秒后开始动画,如果之后有循环播放,播放会从头开始。
animation-iteration-count (定义动画播放次数)	非负数值,默认值为 1,无单位。 infinite:无限次播放。
animation-direction (定义动画是否在下一周期逆向地播放)	normal:默认值。正常顺序播放动画。 alternate:动画正常顺序播放完成后逆向播放,交替反复。 注意:如果动画播放次数为一次,该属性没有效果。

续表

属性	属性值
不能书写在复合书写方法中的属性	
animation-play-state （定义动画播放的状态）	paused：定义暂停动画。 running：定义播放动画。
animation-fill-mode （定义动画在播放之前或之后，动画对象的显示状态）	none：不变，默认值。 forwards：当动画完成后，保持最后一个显示状态。 backwards：当动画完成后，保持最前一个显示状态。 both：forwards 和 backwards 都被使用。

1）基本格式

/* 在选择器选中的元素上添加过渡效果。*/
选择器{animation：animation-name 的属性值 animation-duration 的属性值
animation-timing-function 的属性值 animation-delay 的属性值 animation-iteration-count 的
属性值 animation-direction 的属性值；}

2）使用方法
①只能添加在非行内元素上使用。
②animation-name 属性值要与@ keyframes 规则中的自定义动画的名称一致。
③每个属性值只能使用一次，属性值之间使用空格分开。其中，animation-name 属性
和 animation-duration 属性必须使用。
④复合书写时，animation 属性中不能添加 animation-play-state 和 animation-fill-mode 属性。
⑤动画效果可以直接播放，也可以通过 hover 伪类或者脚本语言触发动画效果。

3）使用案例
表单中的代码为：

/* 制作位置和颜色同时变化的效果。给块元素添加 position：relative；属性才能移动位置。
animation 属性依次定义了动画名称、持续时长、缓动状态、播放次数和逆向地播放。*/
section{width：100px；height：100px；background：red；position：relative；
　　animation：mymove 5s linear infinite alternate；}
@ keyframes mymove{
　　0%{top：0px；left：0px；background：red；}
　　25%{top：0px；left：200px；background：blue；}
　　50%{top：200px；left：200px；background：yellow；}
　　75%{top：200px；left：0px；background：green；}
　　100%{top：0px；left：0px；background：red；}
　　}

<body>标签中的代码为：

<section></section>

浏览器中显示的效果如图7.22所示。

图7.22　显示效果

7.4　小结案例

7.4.1　心跳动画

按照图7.23所示，制作心形图片放大缩小模拟心跳的动画效果。

其中，使用到的图片素材有：名称为heart.jpg的图片，宽高值为256px和256px。图片素材如图7.24所示。

图7.23　效果图　　　　图7.24　heart图片

1）页面结构与样式分析

从效果图可以看出页面的结构由一张图片构成，使用缩放动画实现。

2）页面制作

网页文档制作的代码如下所示：

```
1.   <!DOCTYPE html>
2.   <html>
3.   <head>
4.     <meta charset="utf-8">
5.     <title>心跳动画</title>
6.     <style type="text/css">
7.       /* heart的动画每隔0.5s执行一次效果,动画播放次数为无限次 */
```

```
8.        img{animation：heart 0.5s infinite；}
9.        @keyframes heart{
10.           0%{transform：scale(1)；}
11.           25%{transform：scale(1.1)；}
12.           50%{transform：scale(0.9)；}
13.           100%{transform：scale(1)；}
14.           }
15.    </style>
16.  </head>
17.  <body>
18.    <img src="img/heart.jpg" alt="心形图片。">
19.  </body>
20.  </html>
```

7.4.2　图片翻面动画

按照图 7.25 所示,制作当光标触碰图片时图片会翻面显示的动画效果。

图 7.25　正面效果图

当光标悬浮于图片上时,图片会显示背面的内容,其效果如图 7.26 所示。

图 7.26　翻面效果图

其中,使用到的图片素材有:名称为 ad_4.jpg、ad_5.jpg 和 ad_6.jpg 的图片,它们的宽高值都为 800px 和 800px。图片素材如图 7.27 所示。

图 7.27　ad_4、ad_5 和 ad_6 图片

1）页面结构与样式分析

从效果图可以看出页面由三个块元素构成，并且每个块元素中都包含一张正面显示的图片和一个背面显示的标题文字。三张图片并列排放使用浮动属性实现，图片翻面动画效果使用三维变形属性实现，翻面动画效果使用伪类触发。

2）页面制作

网页文档制作的代码如下所示：

```
1.  <!DOCTYPE html>
2.  <html>
3.  <head>
4.      <meta charset=" UTF-8 ">
5.      <title>图片翻面动画</title>
6.      <style type=" text/css ">
7.          *{padding:0;margin:0;}
8.          body{background-color:#333;}
9.          /* 设置相册的独立区域，并且居中对齐。*/
10.         article{width:980px;margin:3em auto;height:320px;}
11.         /* 设置相册内单独图片的结构样式。*/
12.         section{perspective:400;float:left;width:300px;height:300px;margin:10px;}
13.         /* 设置图片位置的尺寸和过渡效果。*/
14.         .image{width:300px;height:300px;transform-style:preserve-3d;transition:1.5s;}
15.         /* 设置正面的图片和背面的内容在同一位置显示，并且隐藏背面的内容。*/
16.         .display{position:absolute;backface-visibility:hidden;}
17.         /* 设置图片的尺寸。*/
18.         img{width:300px;height:300px;overflow:hidden;border:0px solid black;border-radius:30px;}
19.         /* 设置背面显示的样式。*/
20.         .back{transform:rotateY(180deg);background-image:linear-gradient(to bottom right,#6633FF,#CC33FF);width:300px;height:300px;line-height:300px;overflow:hidden;border:0px solid black;border-radius:30px;}
21.         /* 设置背面文字的样式。*/
22.         .display h1{font-size:40px;color:white;text-align:center;}
23.         /* 使用伪元素触发相册反转效果。*/
24.         section:hover .image{transform:rotateY(180deg);}
25.     </style>
26. </head>
27. <body>
```

```
28.     <article>
29.        <section>
30.           <div class="image">
31.              <div class="display"><img src="img/ad_4.jpg" alt="广告图片4"></div>
32.              <div class="display back">  <h1>图片1</h1>  </div>
33.           </div>
34.        </section>
35.        <section>
36.           <div class="image">
37.              <div class="display"><img src="img/ad_5.jpg" alt="广告图片5"> </div>
38.              <div class="display back"><h1>图片2</h1>  </div>
39.           </div>
40.        </section>
41.        <section>
42.           <div class="image">
43.              <div class="display">  <img src="img/ad_6.jpg" alt="广告图片6">
                  </div>
44.              <div class="display back">  <h1>图片3</h1>  </div>
45.           </div>
46.        </section>
47.     </article>
48.  </body>
49.  </html>
```

7.4.3 光影划过图片动画

按照图 7.28 所示,制作光影划过图片的效果。当光标悬浮于元素上时,会有一道亮光划过图片。

图 7.28 效果图

其中,使用到的图片素材有:名称为 ad_4.jpg、ad_5.jpg 和 ad_6.jpg 的图片,它们的宽高值都为 800px 和 800px。名称为 ad_logo.png 的图片,宽高值为 140px 和 70px。名称为 ad_sale.jpg 的图片,宽高值为 60px 和 60px。图片素材如图 7.29 所示。

图 7.29 ad_4、ad_5、ad_6、ad_logo 和 ad_sale 图片

1）页面结构与样式分析

从效果图可以看出页面由三个块元素构成，并且每个块元素中又包含一张广告图片、一张 logo 图片、一张促销图片和一个文字标签。三张图片并列排放使用浮动属性实现，光影效果使用渐变色实现，光影划过动画使用伪类触发。

2）页面制作

网页文档制作的代码如下所示：

1. <!DOCTYPE html>
2. <html>
3. <head>
4. <meta charset="UTF-8">
5. <title>光影划过图片动画</title>
6. <style type="text/css">
7. body{background-color:rgb(167,0,0);}
8. /* 设置广告图片并排排列。*/
9. section{float:left;margin:0px 6px;position:relative;left:150px;top:0px;height:200px;width:200px;overflow:hidden;border:0px solid black;border-radius:5px;}
10. /* 使用伪元素给超链接添加光影划过效果。*/
11. section a::before{content:" ";position:absolute;top:0;left:-150px;
    width:80px;height:450px;
    overflow:hidden;transform:skewX(-25deg);background-image:
    linear-gradient(to left,rgba(255,255,255,0)0%,rgba(255,
    255,255,0.7)50%,rgba(255,255,255,0)100%);}
12. /* 使用伪类触发光影划过效果。*/
13. section a:hover::before{left:400px;transition:left 1s ease 0s;}
14. /* 设置广告图片的排版结构。*/
15. .left-image{position:absolute;left:5px;top:5px;width:56px;height:28px;}
16. .right-image{position:absolute;right:5px;top:5px;width:26px;height:26px;border-radius:5px 0px 0px 5px;}
17. img{width:200px;height:200px;}
18. span{padding:0px 0px 0px 18px;position:absolute;left:0px;bottom:0px;

```
          display:block;width:130px;height:26px;color:#fff;font-size:13px;
          line-height:26px;font-weight:400;background-color:rgba(118, 68, 251, 0.6);
          border-radius:0px 10px 0px 0px;white-space:nowrap;text-overflow:ellipsis;
          overflow:hidden;}
19.    </style>
20.  </head>
21.  <body>
22.    <article>
23.      <section>
24.        <a href="#">
25.          <img class="left-image" src="img/ad_logo.png" alt="标志图片">
26.          <img class="right-image" src="img/ad_sale.jpg" alt="免息图片">
27.          <img src="img/ad_4.jpg" alt="广告图片 4">
28.          <span>已定 145 件</span>
29.        </a>
30.      </section>
31.      <section>
32.        <a href="#">
33.          <img class="left-image" src="img/ad_logo.png" alt="标志图片">
34.          <img class="right-image" src="img/ad_sale.jpg" alt="免息图片">
35.          <img src="img/ad_5.jpg" alt="广告图片 5">
36.          <span>已定 120 件</span>
37.        </a>
38.      </section>
39.      <section>
40.        <a href="#">
41.          <img class="left-image" src="img/ad_logo.png" alt="标志图片">
42.          <img class="right-image" src="img/ad_sale.jpg" alt="免息图片">
43.          <img src="img/ad_6.jpg" alt="广告图片 6">
44.          <span>已定 99 件</span>
45.        </a>
46.      </section>
47.    </article>
48.  </body>
49.</html>
```

7.4.4 动画相册

按照图 7.30 所示,制作相册动画效果。当光标悬浮于相片之上时,相片左右摆动一次。

图 7.30　效果图

其中,使用到的图片素材有:名称为 bg_wood.jpg 的图片,宽高值为 1024px 和 695px;名称为 pic_line.png 的图片,宽高值为 1024px 和 176px;名称为 pic_1.jpg、pic_2.jpg、pic_3.jpg 和 pic_4.jpg 的图片,宽高值都为 500px 和 300px。图片素材如图 7.31 所示。

图 7.31　bg_wood、pic_line、pic_1、pic_2、pic_3 和 pic_4 图片

1) 页面结构与样式分析

从效果图可以看出页面由背景图片、前景图片和 4 张相片构成。背景图片添加在 body 上,前景图片添加在相片的父级元素上,相片的图片和前景图片的夹子使用相对定位固定在合适的位置。相片左右摆动动画使用伪类触发。

2) 页面制作

网页文档制作的代码如下所示:

```
1.    <!DOCTYPE html>
2.    <html>
3.      <head>
4.        <meta charset=" UTF-8 ">
5.        <title>动画相册墙</title>
6.        <style type=" text/css ">
7.          * { margin:0;padding:0;}
8.          body { background-image:url( img/bg_wood.jpg) ; }
9.          section { width:1024px;height: 156px; margin: 30px auto;position:relative;
10.           background:url( img/pic_line.png) no-repeat; }
11.         /* 将图片的旋转点调整到图片的中上方。*/
12.         img { width:200px;height:250px;border:10px solid white;
```

```
13.        z-index：-1；position：relative；transform-origin：50% 0%；}
14.        /* 设置每张图片的初始位置和角度。*/
15.        #img1{top：130px；left：85px；transform：rotateZ(-10deg)；}
16.        #img2{top：140px；left：55px；transform：rotateZ(3deg)；}
17.        #img3{top：135px；left：45px；transform：rotateZ(-6deg)；}
18.        #img4{top：110px；left：30px；transform：rotateZ(6deg)；}
19.        /* 使用伪类触发相片动画。*/
20.        img：hover{animation：pic 0.5s 2 alternate forwards；}
21.        @ keyframes pic{
22.            0%{transform：rotateZ(-6deg)；}
23.            100%{transform：rotateZ(10deg)；}
24.            }
25.    </style>
26. </head>
27. <body>
28.     <section>
29.         <img src="img/pic_1.jpg" id="img1" alt="照片 1">
30.         <img src="img/pic_2.jpg" id="img2" alt="照片 2">
31.         <img src="img/pic_3.jpg" id="img3" alt="照片 3">
32.         <img src="img/pic_4.jpg" id="img4" alt="照片 4">
33.     </section>
34. </body>
35. </html>
```

7.4.5 三维图片轮播动画

按照图 7.32 所示，制作三维图片轮播效果。当光标悬浮于图片上时，图片会停止
转动。

图 7.32 效果图

其中，使用到的图片素材有：名称为 Posters_1.jpg 到 Posters_9.jpg 的图片，宽高值都为

464px 和 644px。图片素材如图 7.33 所示。

图 7.33　Posters_1 到 Posters_9 的图片

1）页面结构与样式分析

从效果图可以看出使用列表来制作图片结构比较方便。三维图片并列排放使用三维变形属性实现,旋转使用动画效果实现,图片暂停转动使用伪类触发。

2）页面制作

网页文档制作的代码如下所示:

```
1.   <!DOCTYPE html>
2.   <html>
3.   <head>
4.     <meta charset="UTF-8">
5.     <title>3D 图片轮播动画</title>
6.     <style type="text/css">
7.     * {margin:0;padding:0;}
8.     body{background:linear-gradient(135deg,#663366 0%, #333366 100%);}
9.     img{display:block;width:200px;height:278px;border:6px solid #fff;}
10.    /* 设置父级的样式和三维变形属性。*/
11.    section{width:1400px;height:700px;position:relative;perspective:1800px;}
12.    /* 设置每个图片的样式和三维变形属性。*/
13.    ul{list-style:none;transform-style:preserve-3d;transition:20s;}
14.    li{position:absolute;left:550px;top:200px;}
15.    li:nth-child(1){transform:rotateY(40deg) translateZ(400px);}
16.    li:nth-child(2){transform:rotateY(80deg) translateZ(400px);}
17.    li:nth-child(3){transform:rotateY(120deg) translateZ(400px);}
18.    li:nth-child(4){transform:rotateY(160deg) translateZ(400px);}
```

```
19.        li:nth-child(5){transform:rotateY(200deg) translateZ(400px);}
20.        li:nth-child(6){transform:rotateY(240deg) translateZ(400px);}
21.        li:nth-child(7){transform:rotateY(280deg) translateZ(400px);}
22.        li:nth-child(8){transform:rotateY(320deg) translateZ(400px);}
23.        li:nth-child(9){transform:rotateY(360deg) translateZ(400px);}
24.        /* 设置动画效果。*/
25.        ul{animation:play 10s linear infinite;}
26.        @keyframes play{
27.            0%{transform:rotateY(0deg);}
28.            100%{transform:rotateY(360deg);}
29.        }
30.        /* 使用伪类触发暂停滚动效果。*/
31.        ul:hover{animation-play-state:paused;}
32.    </style>
33.    </head>
34.    <body>
35.        <section>
36.            <ul>
37.                <li><img src="img/Posters_1.jpg" alt="海报图片1"></li>
38.                <li><img src="img/Posters_2.jpg" alt="海报图片2"></li>
39.                <li><img src="img/Posters_3.jpg" alt="海报图片3"></li>
40.                <li><img src="img/Posters_4.jpg" alt="海报图片4"></li>
41.                <li><img src="img/Posters_5.jpg" alt="海报图片5"></li>
42.                <li><img src="img/Posters_6.jpg" alt="海报图片6"></li>
43.                <li><img src="img/Posters_7.jpg" alt="海报图片7"></li>
44.                <li><img src="img/Posters_8.jpg" alt="海报图片8"></li>
45.                <li><img src="img/Posters_9.jpg" alt="海报图片9"></li>
46.            </ul>
47.        </section>
48.    </body>
49.    </html>
```

7.4.6 线框动画按钮

按照图 7.34 所示,制作带有动画效果的按钮。当光标悬浮于元素上时,元素的边线会发生变化,其效果如图 7.35 所示。

图 7.34　效果图　　　　图 7.35　效果图　　　　图 7.36　显示效果

1）页面结构与样式分析

从效果图可以看出此按钮使用块标签内部添加文字的结构绘制而成。按钮上边线和下边线绘制两个方块的两条边框线，使用伪元素追加。边框线由小到大的动画效果使用伪元素添加过渡效果实现。两个方块四个边线都显示时的状态如图 7.36 所示。

2）页面制作

网页文档制作的代码如下所示：

1. `<!DOCTYPE html>`
2. `<html>`
3. `<head>`
4. `<meta charset="UTF-8">`
5. `<title>线框动画按钮</title>`
6. `<style type="text/css">`
7. `.btn{width:100px;height:40px;position:relative;cursor:pointer;font-size:20px;line-height:40px;text-align:center;}`
8. `/* 使用伪元素给元素追加边框。*/`
9. `.btn::after,.btn::before{content:"";border:2px solid #333;display:block;width:50px;height:20px;}`
10. `/* 设置在上边框线的样式。*/`
11. `.btn::after{position:absolute;bottom:0px;right:0px;border-top-color:transparent;border-left-color:transparent;}`
12. `/* 设置在下边框线的样式。*/`
13. `.btn::before{position:absolute;top:0px;left:0px;border-bottom-color:transparent;border-right-color:transparent;}`
14. `/* 设置触发后的边框过渡效果。*/`
15. `.btn:hover::after,.btn:hover::before{content:"";border:2px solid #333;display:block;width:110px;height:50px;transition:all 0.5s ease;}`
16. `/* 设置触发后的左上边框线样式。*/`
17. `.btn:hover::after{position:absolute;bottom:0px;right:0px;border-top-color:transparent;border-left-color:transparent;}`
18. `/* 设置触发后的右下边框线样式。*/`
19. `.btn:hover::before{position:absolute;top:0px;left:0px;border-bottom-color:transparent;border-right-color:transparent;}`

20. </style>
21. </head>
22. <body>
23.   <section class="btn"><span>点击我</span></section>
24. </body>
25. </html>

7.4.7 三维旋转线框立方体动画

按照图 7.37 所示,制作三维旋转线框立方体动画。

其中,使用到的图片素材有:名称为 img_trans.gif 的透明图片,宽高值为 1px 和 1px。如果将 img_trans.gif 替换为带有图案的图片,那么立方体将带有图案。

1) 页面结构与样式分析

从效果图可以看出该页面由一个立方体和一行文字组成。立方体使用三维变形属性实现,文字使用标题标签实现。

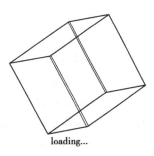

loading...

图 7.37　效果图

2) 页面制作

网页文档制作的代码如下所示:

1. <!DOCTYPE html>
2. <html>
3. <head>
4.   <meta charset="UTF-8">
5.   <title>三维旋转线框立方体动画</title>
6.   <style type="text/css">
7.   * {margin:0;padding:0;}
8.   body {perspective:none;perspective-origin:50% 50%;}
9.   article{width:500px;height:500px;margin:50px auto;position:relative;
10.   transform-style: preserve-3d;transform: rotateX(45deg) rotateY(45deg);
11.   animation:play 5s linear infinite;}
12.   section{border:1px solid black;position:absolute;top:150px;left:150px;}
13.   #box1{transform: rotateY(90deg) translateZ(100px);}
14.   #box2{transform: rotateY(90deg) translateZ(-100px);}
15.   #box3 {transform: rotateX(90deg) translateZ(-100px);}
16.   #box4 {transform: rotateX(90deg) translateZ(100px);}

17.　　#box5{transform：translateZ(100px);}

18.　　#box6{transform：translateZ(-100px);}

19.　　img{width:200px;height:200px;}

20.　　@keyframes play{

21.　　　from{transform:rotateX(0) rotateY(0) rotateZ(0);}

22.　　　to {transform:rotateX(360deg) rotateY(360deg) rotateZ(360deg);}

23.　　　}

24.　　h2{margin:-100px auto;text-align: center;}

25.　　</style>

26.　</head>

27.　<body>

28.　　<article>

29.　　<section id="box1"><img src="img/img_trans.gif"></section>

30.　　<section id="box2"><img src="img/img_trans.gif"></section>

31.　　<section id="box3"><img src="img/img_trans.gif"></section>

32.　　<section id="box4"><img src="img/img_trans.gif"></section>

33.　　<section id="box5"><img src="img/img_trans.gif"></section>

34.　　<section id="box6"><img src="img/img_trans.gif"></section>

35.　　</article>

36.　　<h2>loading...</h2>

37.　</body>

38.　</html>

7.4.8　下划线条装饰的动画菜单

按照图7.38所示,制作使用下划线条装饰的动画菜单。

首　页　　学校概况　　院系设置　　行政部门　　师资队伍

图 7.38　效果图

当光标悬浮于文字上时,导航菜单下方会出现一条横线,并且导航菜单字体也会变大一些,其效果如图7.39所示。

首　页　　学校概况　　院系设置　　行政部门　　师资队伍

图 7.39　效果图

1)页面结构与样式分析

从效果图可以看出页面的结构为横版的导航菜单。导航菜单使用列表和超链接标签制作,导航菜单并列排放使用浮动属性实现,横线动画效果使用伪类在列表标签上添加线框样式实现。

2) 页面制作

网页文档制作的代码如下所示:

1. `<!DOCTYPE html>`
2. `<html>`
3. `<head>`
4. `<meta charset="UTF-8">`
5. `<title>下划线条装饰的动画菜单</title>`
6. `<style type="text/css">`
7. `/* 设置 nav 的总宽度为 600px,并且自动居中对齐。*/`
8. `nav{width:600px;height:40px;margin:0px auto;}`
9. `a{text-decoration:none;color:#333;}`
10. `/* 设置 li 的样式和动画。*/`
11. `nav li{float:left;list-style:none;position:relative;width:100px;`
    `font-size:16px;height:40px;line-height:40px;text-align:center;`
12. `transition:all 0.5s ease;}`
13. `/* 使用伪类触发字体变大效果。*/`
14. `nav li:hover{font-size:18px;}`
15. `/* 使用伪元素给 li 标签上添加下划线的样式和动画。*/`
16. `nav li::after{content:" ";width:0%;height:40px;display:block;`
    `border-bottom:2px solid #333;position:absolute;top:0px;left:45px;`
17. `transition:all 0.5s ease;}`
18. `/* 使用伪类触发从中间向两边打开线的动画效果。*/`
19. `nav li:hover::after{content:" ";width:100%;height:40px;display:block;`
20. `border-bottom:2px solid #333;position:absolute;top:0px;left:0px;}`
21. `</style>`
22. `</head>`
23. `<body>`
24. `<nav>`
25. `<ul>`
26. `<li><a href="#">首       页</a></li>`
27. `<li><a href="#">学校概况</a></li>`
28. `<li><a href="#">院系设置</a></li>`
29. `<li><a href="#">行政部门</a></li>`

```
30.          <li><a href="#">师资队伍</a></li>
31.       </ul>
32.    </nav>
33. </body>
34. </html>
```

7.4.9 动画导航菜单

按照图 7.40 所示,制作带有动画效果的导航菜单。当光标悬浮于文字上时,导航栏内的文字会从下往上滚动显示,字体也会变大一些,并且伴随横线划过效果;当光标离开文字时,导航文字会从上往下滚动显示,字体大小会恢复到原始状态,并且伴随横线划过效果。

1) 页面结构与样式分析

从效果图可以看出页面的结构为竖版的导航菜单,使用列表和超链接标签制作。导航菜单文字滚动效果和横线动画效果使用伪类在列表标签上添加样式实现。

图 7.40 效果图

2) 页面制作

网页文档制作的代码如下所示:

```
1.  <!DOCTYPE html>
2.  <html>
3.  <head>
4.    <meta charset=" utf-8 ">
5.    <title>动画导航菜单</title>
6.    <style type=" text/css ">
7.      body{padding:0px;margin:0px;color:#fff;text-align:center;height:100%;
              background:linear-gradient( 135deg, #8254ea 0%, #e86dec 100%);}
8.      nav{width:200px;background:rgba(0, 0, 0, 0.75);margin:40px auto;
              padding:10px 0px;border:1px solid #000;border-radius:4px;
              box-shadow:0px 4px 5px rgba(0, 0, 0, 0.75);}
9.      /* 使用 margin-left 属性使 li 中的元素居中显示。*/
10.     ul{list-style-type:none;margin-left:-30px;}
11.     li{font-size:18px;font-weight:300;position:relative;height:40px;
              line-height:40px;margin-top:10px;overflow:hidden;width:95%;
              cursor:pointer;}
```

12.　　　 /* 使用伪元素给 li 标签上添加上划线的样式和动画。*/
13.　　 li::after{content:"　";width:80%;position:absolute;bottom:50%;left:-100%;
　　　　 border-bottom:2px solid rgba(255,255,255,0.5);transition:all 0.4s 0.4s;}
14.　　　 /* 使用伪元素给 li::after 的线上添加从左向右划过的动画效果。*/
15.　　 li:hover::after{left:100%;}
16.　　　 /* 给 a 标签内的文字添加样式和动画。*/
17.　　 a{text-decoration:none;color:#fff;display:block;text-shadow:0px -40px 0px #fff;
transform:translateY(100%) translateZ(0);
18.　　　 transition:all 0.75s 0.25s;}
19.　　　 /* 使用伪类给 a 标签内的文字添加从下向上运动的动画效果。*/
20.　　 li:hover a{text-shadow:0px -40px 0px rgba(255,255,255,0);
　　　　　 transform:translateY(0%) translateZ(0) scale(1.1);font-weight:600;}
21.　　 </style>
22.　 </head>
23.　 <body>
24.　　 <nav>
25.　　　 <ul>
26.　　　　 <li><a href="">首页</a></li>
27.　　　　 <li><a href="">关于我们</a></li>
28.　　　　 <li><a href="">产品中心</a></li>
29.　　　　 <li><a href="">项目案例</a></a>
30.　　　　 <li><a href="">人才招聘</a></li>
31.　　　　 <li><a href="">联系我们</a></li>
32.　　　 </ul>
33.　　 </nav>
34.　 </body>
35.　 </html>

7.4.10　三维展开动画菜单

按照图 7.41 所示，制作三维展开动画导航菜单。

图 7.41　效果图

当光标悬浮于图标上时,导航菜单会从中间向两边逐渐展开,并且显示出导航栏全部的图标内容;当光标离开图标元素时,导航菜单会逐渐收缩,并且恢复到原始状态。其展开效果如图7.42所示。

图7.42 效果图

其中,使用到的图片素材有:名称为 icon_calculator.png、icon_compute.png、icon_email.png、icon_set.png 和 icon_time.png 的图片,它们的宽高值都为512px和512px。图片素材如图7.43所示。

图7.43 icon_calculator、icon_compute、icon_email、icon_set 和 icon_time 图片

1) 页面结构与样式分析

从效果图可以看出页面结构为横向的导航菜单。导航菜单使用列表和超链接标签制作。并列排放效果使用浮动实现,横排展开动画效果使用变形效果实现,横排展开动画效果使用伪类触发。

2) 页面制作

网页文档制作的代码如下所示:

```
1.  <!DOCTYPE html>
2.  <html>
3.  <head>
4.    <meta charset="utf-8">
5.    <title>三维展开动画菜单</title>
6.    <style type="text/css">
7.    body{color:#99ccff;font-family:"Raleway",sans-serif;font-weight:300;
           background-image:radial-gradient(circle at center center, #000,#000033);
           background-size:cover;background-repeat:no-repeat;height:100vh;
           overflow:hidden;display:flex;justify-content:center;align-items:center;}
8.    /* 设置弹性盒子的样式。*/
9.    article{perspective:10px;transform:perspective(300px) rotateX(20deg);
           perspective-origin:center center;display:flex;justify-content:center;
           align-items:center;transform-style:preserve-3d;transition:all 1s ease-out;}
```

10.　　　/ * 设置初始显示的样式。 */

11.　　　div｛font-size：2rem；transition：all 1s ease；width：100%；height：100%；
　　　　　background-color：#000033；border-radius：10px；
　　　　　text-shadow：0px 0px 10px rgba（255, 255, 255, 0.8）；
　　　　　display：flex；justify-content：center；align-items：center；｝

12.　　　/ * 设置展开的总体样式。 */

13.　　　section｛width：200px；height：150px；transform-style：preserve-3d；
　　　　　border：3px solid #3366cc；border-radius：10px；opacity：0；
　　　　　box-shadow：0px 0px 20px 5px rgba（100, 100, 255, 0.4）；
　　　　　transition：all 0.3s ease；transition-delay：1.3s；
　　　　　background-position：center center；background-size：contain；
　　　　　background-repeat：no-repeat；background-color：#000033；cursor：pointer；｝

14.　　　/ * 设置每个展开元素的样式。 */

15.　　　section：nth-child（1）｛transform：translateX（-60px） translateZ（-50px） rotateY（-10deg）；background-image：url（img/icon_time.png）；｝

16.　　　section：nth-child（2）｛transform：translateX（-30px） translateZ（-25px） rotateY（-5deg）；background-image：url（img/icon_email.png）；｝

17.　　　section：nth-child（3）｛opacity：1；background-image：url（img/icon_compute.png）；｝

18.　　　section：nth-child（4）｛transform：translateX（30px） translateZ（-25px） rotateY（5deg）；background-image：url（img/icon_calculator.png）；｝

19.　　　 section：nth-child（5）｛transform：translateX（60px） translateZ（-50px） rotateY（10deg）；background-image：url（img/icon_set.png）；｝

20.　　　/ * 设置展开文字标题的样式。 */

21.　　　p｛transform：translateY（30px）；opacity：0；transition：all 0.3s ease；position：absolute；bottom：-15px；left：5px；text-shadow：0px 0px 5px rgba（100, 100, 255, 0.6）；｝

22.　　　/ * 使用伪类触发动画。 */

23.　　　article：hover｛transition：all 1.3s ease-in；perspective：1000px；transform：perspective（10000px） rotateX（0deg）；｝

24.　　　/ * 使用伪类调节元素开始显示的透明度使它隐藏。 */

25.　　　article：hover div｛opacity：0；｝

26.　　　/ * 使用伪类调节元素展开后的透明度使它显示。 */

27.　　　article：hover>section｛opacity：1；transition-delay：0s；｝

28.　　　/ * 使用伪类调节文字标题展开后的透明度使它显示。 */

29.　　　article：hover p｛opacity：1；｝

30.　　　/ * 使用伪类触发元素展开后的按钮动画。 */

31.　　　 section：hover｛box-shadow：0px 0px 30px 10px rgba（100, 100, 255, 0.7）；background-color：#99ffff；｝

32.　　　</style>
33.　　</head>
34.　　<body>
35.　　　<article>
36.　　　　<section>　<p>Time</p>　</section>
37.　　　　<section>　<p>Email</p>　</section>
38.　　　　<section>　<div>Touch me</div>　<p>Compute</p>　</section>
39.　　　　<section>　<p>Compute</p>　</section>
40.　　　　<section>　<p>Set up</p>　</section>
41.　　　</article>
42.　　</body>
43.　</html>

课后习题

　　按照图 7.44 所示,使用特效类声明让这个广告中左侧的图片从小到大、从无到有地显示出来;让右侧的文字从右到左、从无到有地显示出来。

图 7.44　效果图

①理解网页布局的种类；
②掌握标准式布局；
③理解响应式布局。

8.1　网页布局的类型

网页布局是对页面的各个区域进行划分和内容的规划，是创建页面和优化页面内容的重要内容。布局区域划分是否合理直接影响用户的使用体验和搜索引擎收录网站页面的数量。布局的结构应做到设置合理、层次分明、内容适量。页面中常见的网页布局形式如图 8.1 所示。

常见的网页布局类型有两种，一种是标准式布局，另一种是响应式布局。标准式布局制作的网页界面固定不变，前几章中讲的都是标准式布局的声明，但是随着浏览设备越来越多样，网页已不仅仅是在 PC 端上浏览，而更多的情况下是在平板电脑或手机端上浏览，为 PC 端制作的网页布局就不适合在这些小屏幕的设备上显示了，为了能在各种设备上都能很好地显示出网页的内容，响应式布局应运而生。它通过查询显示设备的类型，给设备匹配适合的显示模式，从而给用户提供舒适的、友好的用户界面体验。它与标准式布局的优点刚好相反，响应式布局是一个网页文档的代码就能够兼容多个终端设备，而标准式布局想要兼容不同的终端设备就要给各个终端设备开发各自的网页代码。但是响应式布局也有它的缺点，比如：为兼容各种设备开发代码的工作量大、代码运行的效率低、代码累赘、代码中会出现隐藏的元素、代码加载的时间长等问题，而这些问题却是标准式布局没有的问题。

所以无论是标准式布局还是响应式布局，网页内所有的元素都基本相同，只是布局的结构和占据的空间有所不同。其布局结构通常都是由头部区域、导航区域、内容区域和底部区域这几个部分组成。每个区域内的内容不宜超过 8 个，每个内容中的层级深度也不宜超过三层，并且要将重要的信息放在网页的显著位置。例如：在网页的上部，通常包含公司标志、导航栏、站内搜索等内容；页身在网页的中间，通常包含广告栏、内容栏和展示栏等内容；页脚在网页的底部，通常包含友情链接、联系信息、版权信息等内容。

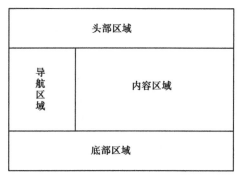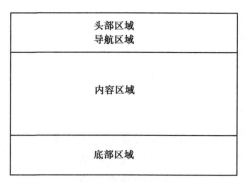

（a）PC端页面常见的2种布局形式图

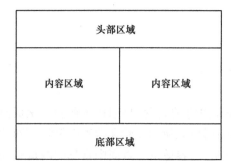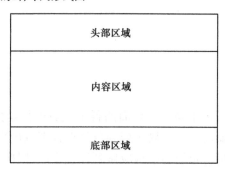

（b）平板端页面常见的布局形式图　　　　　　（c）手机端页面常见的布局形式图

图 8.1　常见的网页布局形式

8.2　标准式布局的案例

按照图 8.2 所示,使用标准式布局制作出这个网页的文档。当光标触碰到导航栏的菜单项时,菜单项会改变背景色。

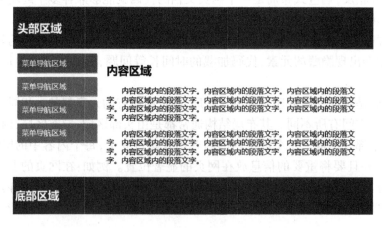

图 8.2　效果图

8.2.1 页面结构与样式分析

从效果图可以看出,页面的布局可划分为三个区域,也可以划分为四个区域。当按三个区域划分时,区域分别为页头区域、页身区域和页脚区域,其中,页身又可分为左右两个区域,左边为导航区域,右边为内容区域;当按四个区域划分时,区域分别为页头区域、导航区域、内容区域和页脚区域。这里以划分成四个区域为例,其实就是标准的 PC 端页面常见的布局形式。

四个区域占据的空间使用宽高属性实现。导航区域与内容区域并列显示的效果使用浮动属性实现。因为底部区域前面的元素上添加了浮动属性,所以底部区域上要添加清除属性才能使它显示在底部。其他区域内的元素按需要的样式定义即可。

8.2.2 页面制作

网页文档制作的代码如下所示:

1. `<!DOCTYPE html>`
2. `<html>`
3. `<head>`
4. `<meta charset="utf-8">`
5. `<title>标准式布局形式的网页</title>`
6. `<style type="text/css">`
7. /* 为了方便观察元素占据的位置,可以在通配符选择器中插入 border:1px solid red;属性。 */
8. `* {box-sizing:border-box;font-family:"LucidaSans",sans-serif;}`
9. /* 头部区域的样式。 */
10. `header{background-color:#9933cc;color:#ffffff;padding:10px;width:1000px;}`
11. /* 导航区域的样式。 */
12. `aside{width:250px;float:left;}`
13. `nav{padding:10px;width:250px;}`
14. `nav ul{list-style-type:none;margin:0px;padding:0px;}`
15. `nav li{padding:10px;margin-bottom:10px;background-color:#33b5e5;`
16. `color:#ffffff;box-shadow:1px 3px rgba(0,0,0,0.12),1px 2px rgba(0,0,0,0.24);}`
17. /* 当鼠标接触列表元素时改变背景色。 */
18. `nav li:hover{background-color:#0099cc;}`
19. /* 内容区域的样式。 */
20. `main{padding:10px;width:750px;float:left;}`

```
21.        p{text-indent:2em;}
22.        /* 底部区域的样式。*/
23.        footer{background-color:#9933cc;color:#ffffff;padding:5px;clear:both;width:
1000px;}
24.    </style>
25.  </head>
26.  <body>
27.    <header>
28.      <h2>头部区域</h2>
29.    </header>
30.    <aside>
31.      <nav>
32.        <ul>
33.          <li>菜单导航区域</li>
34.          <li>菜单导航区域</li>
35.          <li>菜单导航区域</li>
36.          <li>菜单导航区域</li>
37.        </ul>
38.      </nav>
39.    </aside>
40.    <main>
41.      <h2>内容区域</h2>
42.      <p>内容区域内的段落文字。内容区域内的段落文字。内容区域内的段落文
          字。内容区域内的段落文字。内容区域内的段落文字。内容区域内的段
          落文字。内容区域内的段落文字。内容区域内的段落文字。内容区域内
          的段落文字。内容区域内的段落文字。</p>
43.      <p>内容区域内的段落文字。内容区域内的段落文字。内容区域内的段落文
          字。内容区域内的段落文字。内容区域内的段落文字。内容区域内的段
          落文字。内容区域内的段落文字。内容区域内的段落文字。内容区域内
          的段落文字。内容区域内的段落文字。</p>
44.    </main>
45.    <footer>
46.      <h2>底部区域</h2>
47.    </footer>
48.  </body>
49.  </html>
```

8.3 响应式布局的声明

常用的响应式布局声明有宽度的百分比值和@ media 属性等。

8.3.1 宽度的百分比值

宽度的百分比值可以弹性地定义元素的宽度值,比如定义块元素、图片和视频等的宽高值。它会根据设备屏幕的显示范围自动调节宽度值。常用的属性见表 8.1。

表 8.1 宽度的百分比值属性

属性	属性作用
width	设置元素的宽度。宽度值只能使用百分比值,通常设置为 100%。因为宽度值取决于它的父级元素的宽度值,所以元素通常会比它的原始元素大。
max-width	设置元素的最大宽度,当属性设置为 100% 时,最大宽度不会大于元素的原始宽度。
min-width	设置元素的最小宽度。

①此属性用来定义视频元素时,它的使用方法如下所示:

1. <!DOCTYPE html>
2. <html>
3. <head>
4.   <title>给视频元素添加响应式的宽高值</title>
5.   <meta charset="utf-8">
6.   <style type="text/css">
7.   /* 视频元素会按它父级的宽高值自动改变。*/
8.   video{width:100%;}
9.   </style>
10. </head>
11. <body>
12.   <video controls>
13.   <source src="movie.mp4" type="video/mp4">
14.   <source src="movie.ogg" type="video/ogg">
15.   您的浏览器不支持 video 标签。
16.   </video>
17. </body>
18. </html>

浏览器中显示的效果如图 8.3 所示。

图 8.3　显示效果

②此属性用来定义图片元素时，它的使用方法如下所示：

1.　　<!DOCTYPE html>
2.　　<html>
3.　　<head>
4.　　　<title>给图片元素添加响应式的宽高值</title>
5.　　　<meta charset=" utf-8 ">
6.　　　<style type=" text/css ">
7.　　　/ * 背景图片使用 background-image 属性添加，所以必须给元素设置宽高值，否则图片将没有显示的空间。border 属性为了方便查看元素占据的空间大小，可以不写。* /
8.　　　p｛width：100%；height：400px；
　　　　　background-image：url(" img/autumn.jpg ")；
　　　　　background-repeat：no-repeat；
　　　　　border：1px solid red；｝
9.　　　</style>
10.　　</head>
11.　　<body>
12.　　　<p></p>
13.　　</body>
14.　　</html>

浏览器中显示的效果如图 8.4 所示。

图 8.4　显示效果

它通常和 background-size 属性一起使用,用来定义图片的显示比例。background-size 属性值有三种,见表8.2。

表 8.2 background-size 属性

属性值	属性值作用
contain	背景图片将按比例自动适应所在内容区域的宽度。
百分比值	背景图片将延展覆盖至整个区域。
cover	背景图片会完全覆盖背景区域显示。

- 当给此案例中的 p 元素添加 background-size 属性,属性值为“contain”时,背景图片将按比例自动适应所在内容区域的宽度。当放大或者缩小窗口时,图片在窗口中的比例会保持不变。浏览器中显示的效果如图 8.5 所示。

图 8.5 显示效果

- 当给此案例中的 p 元素添加 background-size 属性,属性值为“100% 100%”时,背景图片将延展覆盖至整个区域。当放大或者缩小窗口时,图片会跟随窗口的大小缩放,缩放时图片比例会变形。浏览器中显示的效果如图 8.6 所示。

图 8.6 显示效果

- 当给此案例中的 p 元素添加 background-size 属性,属性值为“cover”时,背景图片会完全覆盖背景区域显示。当窗口宽度大于图片的宽度时,图片会跟随窗口一起放大。当窗口宽度小于图片的宽度时,图片大小不会变化,但是图片的宽度区域会超出窗口的显示区域。浏览器中显示的效果如图 8.7 所示。

③此属性用来定义块元素时,块元素会按屏幕的大小或者父级元素的宽度显示。

图 8.7 显示效果

8.3.2 @media 属性

该属性用于针对不同设备类型匹配不同的界面显示样式。它通过在文档中添加布局断点使页面在不同尺寸的设备中显示出不同的布局形式。

1）基本格式

在 <style> 标签中的基本格式：

```
@media 媒体类型值 and|not|only（布局断点）{
    改变后的 CSS 代码（可以有若干个声明）
    }
```

在 <head> 标签中的基本格式：

```
<link rel="stylesheet" media="媒体类型值 and|not|only（布局断点值）" href="引入的 css 文件">
```

2）使用方法

①它可以直接书写在样式表中，也可以使用 <link> 标签引入文档中。

②它要和媒体类型属性和布局断点属性一起使用，之间使用 and（和）、not（不可以）或者 only（仅限）连接。媒体类型属性值为预定义值，见表 8.3。

表 8.3 媒体类型属性值

属性值	属性作用
all	用于所有设备。
print	用于打印机和打印预览。
screen	用于电脑屏幕，平板电脑，智能手机等。

布局断点属性值众多,属性值也为预定义值,常用的属性值见表8.4。

表8.4　常用的布局断点属性值

属性值	属性作用
max-width	定义输出设备中页面最大可见区域的宽度。
min-width	定义输出设备中页面最小可见区域的宽度。
max-device-width	定义输出设备屏幕最大可见宽度。
min-device-width	定义输出设备屏幕最小可见宽度。
orientation	portrait:定义页面可见区域高度大于或等于宽度时显示的内容样式。 landscape:除 portrait 值情况外,都要使用 landscape 属性值。

③样式表中可以使用多个@ media 属性定义网页不同尺寸时的样式。

3)使用案例

表单中的代码为:

```
1.  <!DOCTYPE html>
2.  <html>
3.  <head>
4.     <meta charset=" utf-8 ">
5.  <title>@ media 属性的响应式布局</title>
6.  <style type=" text/css ">
7.       /* 设置页面初始的样式 */
8.     body {background-color:lightblue;
9.          background-image：url(" img/winter.jpg ");
10.         background-repeat：no-repeat;
11.          }
12.      /* 当浏览器的宽度小于 600px 时,背景图片和背景颜色将改变为下面的
         样式。*/
13.     @ media only screen and (min-width：600px) {
14.         body {background-color:lightgreen;
15.         background-image：url(" img/autumn.jpg ");}
16.         }
17.   </style>
18.  </head>
19.  <body>
20.    <p> </p>
21.  </body>
22.  </html>
```

浏览器中显示的效果如图 8.8 所示。

（a）当窗口宽度小于600px时显示的样式图　　　　（b）当窗口宽度大于600px时显示的样式图

图 8.8　显示效果

8.4　响应式布局的方式

响应式布局常用的布局方式有网格视图布局和框架式布局。

8.4.1　网格视图布局

网格视图布局将页面中的元素按网格排列，通常把页面分成 12 列，每一列的宽度值都使用百分比值，总宽度值之和为 100%。这样划分的页面，页面中的元素都会随着浏览器窗口的变化自动改变自身的宽度，如图 8.9 所示。

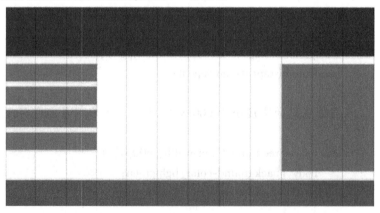

图 8.9　响应式网格视图布局图

使用方法：

①它通常和@ media 属性配合使用。

②在使用网格视图时，要给所有的 HTML 元素上都设置 box-sizing：border-box 属性，以确保元素在设置边距和边框时，外边框的宽高值不会发生改变。通常使用通配选择器给所有的元素添加此属性，如下所示：

```
*{box-sizing：border-box；}
```

③还要使用类选择器定义出第1列到第12列的百分比宽度值。每1列的百分比值为：100% / 12列 = 8.33%,以确保每一列中的元素都能随着网格等比缩放。通常使用命名为 col-n(n 为整数值)的类选择器划分各行的空间,如下所示：

```
.col-1 {width：8.33%；}
.col-2 {width：16.66%；}
.col-3 {width：25%；}
.col-4 {width：33.33%；}
.col-5 {width：41.66%；}
.col-6 {width：50%；}
.col-7 {width：58.33%；}
.col-8 {width：66.66%；}
.col-9 {width：75%；}
.col-10 {width：83.33%；}
.col-11 {width：91.66%；}
.col-12 {width：100%；}
```

④网格视图中的每一行都要使用文档结构标签包裹。如果行中分列,列数之和要等于12,并且要给所有的列上都添加左浮动,以确保每一列的元素都能并排显示,如下所示：

```
[class * ="col-"] {float：left；}
```

⑤分列的行上还要使用伪元素清除行元素上的浮动属性,并且使用 display：block 属性确保每个行元素的显示模式都为块元素。通常使用命名为 row 的类选择器选中分列的行元素,如下所示：

```
.row::after{content：""；clear：both；display：block；}
```

8.4.2　框架式布局

框架是指为解决一个开放性问题而设计的具有一定约束性的支撑结构。在此结构上可以根据具体的需求进行扩展以方便地构建出整个网站的功能。框架式布局有助于快速开发网站,减少开发人员重复编写代码的工作量,从而节省开发的时间,提高开发的效率。

框架式布局的种类很多,目前最受欢迎的前端样式框架是 Bootstrap,使用时引入它到网页文档中,就能调用它的预制样式对网页进行快速、方便地布局了。本书不涉及此内容,所以从略。

8.5 响应式布局案例

按照图 8.10 所示,使用响应式布局制作出这个网页的文档,使它在不同尺寸的设备上显示出不同的布局效果。

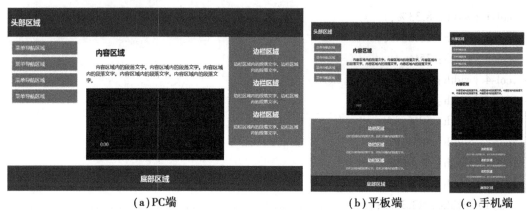

(a)PC端　　　　　　　　(b)平板端　　　(c)手机端

图 8.10　PC 端、平板端和手机端显示效果

8.5.1 页面结构与样式分析

此网页是响应式布局,所以网页的布局会随着浏览设备的不同而改变。它的页面结构只能定义成三个区域,按上中下的次序显示,分别为页头区域、页身区域和页脚区域。其中,页身又可分为左中右三个区域。左边为导航区域,中间为内容区域,右边为边栏内容区域。元素在各个设备上的布局结构如图 8.11 所示。

(a)PC端

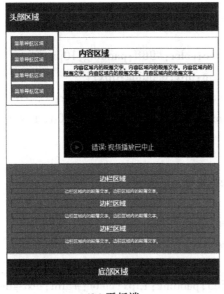

（b）平板端　　　　　　　　　　　（c）手机端

图 8.11　PC 端、平板端和手机端不同的布局结构图

　　首先使用网格视图将页面的结构分为 3 行 12 列，三行分别为头部区域、内容区域和底部区域。由于页面中的头部和底部没有分列，所以不用重新定义列数。需要重新定义列数的区域只有内容区域。在 pc 设备上使用时，内容区域可以分为 3 块，将第一和第三块各分 3 列，第二块分 6 列；在平板设备上使用时，内容区域可以分为 2 块，将第一块分 3 列，第二块分 9 列；在手机设备上使用时，内容区域可以分为 1 块 12 列。并给这些块上都添加左浮动，以确保内容区域的元素都能并排显示。之后使用伪元素清除行内容区域中的浮动，最后使用 @media 属性的断点功能定义行元素在不同设备上的显示尺寸。

8.5.2　页面制作

　　网页文档制作的代码如下所示：

```
1.   <!DOCTYPE html>
2.   <html>
3.   <head>
4.     <meta charset="utf-8">
5.     <title>响应式布局形式</title>
6.     <meta name="viewport" content="width=device-width, initial-scale=1.0">
7.     <style type="text/css">
8.       /* 设置网格视图。*/
9.       * {box-sizing: border-box;font-family: "Lucida Sans", sans-serif;}
10.        main::after {content: "";clear: both;display: block;}
```

11.　　　　[class * ="col-"]{float: left;padding:15px;}
12.　　　　/* 头部区域的样式。*/
13.　　　　header{background-color:#9933cc;color:#ffffff;padding:10px;}
14.　　　　nav ul{list-style-type:none;margin:0px;padding:0px;}
15.　　　　nav li{padding:10px;margin-bottom:10px;background-color:#33b5e5;
16.　　　　color:#ffffff;box-shadow:0px 1px 3px rgba(0,0,0,0.12),0px 1px 2px rgba(0,0,0,0.24);}
17.　　　　nav{padding:10px;}
18.　　　　nav li:hover{background-color:#0099cc;}
19.　　　　/* 内容区域的样式。*/
20.　　　　article{padding:10px;text-indent:2em;}
21.　　　　video {width:100%;height:auto;}
22.　　　　/* 边栏区域的样式。*/
23.　　　　aside{background-color:#33b5e5;padding:15px;color:#ffffff;text-align:center;font-size:14px;box-shadow:0px 1px 3px rgba(0,0,0,0.12), 0px 1px 2px rgba(0,0,0,0.24);}
24.　　　　/* 底部区域的样式。*/
25.　　　　footer{background-color:#9933cc;color:#ffffff;padding:5px;text-align: center;}
26.　　　　/* 优先设置手机端的样式。当屏幕小于600px时，每一列的宽度都按100%显示。*/
27.　　　　[class * ="col-"]{width:100%;}
28.　　　　/* 以下两组类样式是相同的,但是名称不同(col-和col-m-)。它不是多余的代码,使用它可以给不同设备中显示的列添加不同的尺寸。当屏幕大于600px但小于768px时,按平板端显示,并且每一列的宽度值为8.33%。*/
29.　　　　@ media only screen and (min-width:600px){
30.　　　　　　.col-m-1{width: 8.33%;}
31.　　　　　　.col-m-2 {width:16.66%;}
32.　　　　　　.col-m-3 {width:25%;}
33.　　　　　　.col-m-4 {width:33.33%;}
34.　　　　　　.col-m-5 {width:41.66%;}
35.　　　　　　.col-m-6 {width:50%;}
36.　　　　　　.col-m-7 {width:58.33%;}
37.　　　　　　.col-m-8 {width:66.66%;}
38.　　　　　　.col-m-9 {width:75%;}
39.　　　　　　.col-m-10 {width:83.33%;}
40.　　　　　　.col-m-11 {width:91.66%;}
41.　　　　　　.col-m-12 {width:100%;}

```
42.        }
43.     /* 当屏幕大于768px时，按PC端显示，并且每一列的宽度值为8.33%。*/
44.     @media only screen and (min-width:768px) {
45.         .col-1 {width:8.33%;}
46.         .col-2 {width:16.66%;}
47.         .col-3 {width:25%;}
48.         .col-4 {width:33.33%;}
49.         .col-5 {width:41.66%;}
50.         .col-6 {width:50%;}
51.         .col-7 {width:58.33%;}
52.         .col-8 {width:66.66%;}
53.         .col-9 {width:75%;}
54.         .col-10 {width:83.33%;}
55.         .col-11 {width:91.66%;}
56.         .col-12 {width:100%;}
57.     }
58.     </style>
59.   </head>
60.   <body>
61.   <header>
62.     <h2>头部区域</h2>
63.   </header>
64.   <main>
65.     <nav class="col-3 col-m-3 menu">
66.         <ul>
67.             <li>菜单导航区域</li>
68.             <li>菜单导航区域</li>
69.             <li>菜单导航区域</li>
70.             <li>菜单导航区域</li>
71.         </ul>
72.     </nav>
73.     <article class="col-6 col-m-9">
74.         <h2>内容区域</h2>
75.         <p>内容区域内的段落文字。内容区域内的段落文字。内容区域内的段落文字。内容区域内的段落文字。内容区域内的段落文字。</p>
76.         <video controls>
```

```
77.          <source src=" movie.mp4 " type=" video/mp4 ">
78.          <source src=" movie.ogg " type=" video/ogg ">
79.          您的浏览器不支持 video 标签。
80.      </video>
81.    </article>
82.    <aside class=" col-3 col-m-12 ">
83.      <h2>边栏区域</h2>
84.      <p>边栏区域内的段落文字。边栏区域内的段落文字。</p>
85.      <h2>边栏区域</h2>
86.      <p>边栏区域内的段落文字。边栏区域内的段落文字。</p>
87.      <h2>边栏区域</h2>
88.      <p>边栏区域内的段落文字。边栏区域内的段落文字。</p>
89.    </aside>
90.  </main>
91.  <footer>
92.    <h2>底部区域</h2>
93.  </footer>
94.  </body>
95.  </html>
```

掌握标准式布局的网站制作。

本章将使用前面所学的知识制作一个标准式布局的、静态的、宣传中国文创产品的企业网站。这里选择了几个典型的页面进行制作，以点带面说明网站制作与开发的过程，要制作的页面包括一个首页(一级页面)、一个产品展示页面(二级页面)和一个产品详情页面(三级页面)。开发与制作这些页面的各阶段为：

①制作准备阶段。安装编译软件，安装各种内核的浏览器，安装上传文本软件；阅读项目需求文档、用户手册和项目设计规范；制定项目的开发文档、收集和归类将要用到的素材。

②效果图分析阶段。首先观察网页的效果图，选择网页的布局形式，再划分网页的结构与区域，之后再选择书写网页内容的标签，再在内容标签上添加样式。

③制作产品的原型阶段。使用开发语言制作页面的结构与样式。

④测试与调整阶段。对制作好的网页文档进行代码的精简与优化，之后在不同内核的浏览器中测试是否有显示的错误问题，并修改这些问题。

⑤发布产品阶段。将调整好的网页文件发布到网上，并再次在实际中对网站进行测试，以保证网站运行稳定。

9.1 制作与准备

9.1.1 开发软件的准备

本教材使用的开发软件为 sublime_text4 版本；使用的测试浏览器为基于 Webkit 内核的 Microsoft Edge、基于 blink 内核的 Chrome 和基于 Webkit 内核的 Safari，以保证在主流的设备上都能正确显示。上传网页文件的软件使用 ftpzilla。

9.1.2 开发文档的准备

开发前的产品文档主要由产品经理、交互设计师和 UI 设计师制作。由于本书不涉及这些内容，所以文档从略。这里假设制作的网站为宣传中国文创产品的企业网站。

9.1.3 开发素材的准备

整理和归类已有的素材,并将整理好的素材按文档规范命名后分门别类地放置在各自文件夹中。比如:建立样式文件夹,用来放置将要制作的 CSS 文件;建立图片文件夹,用来放置网站图标和网页内出现的图片,如图 9.1 所示。

图 9.1　整理和归类文件

9.2　首页效果图分析与制作

首先,从网页的首页效果图开始分析,先确定页面的整体布局形式和结构,之后再对页面的细节内容进行分析,也就是先使用 HTML 和 CSS 写出网页的骨架,之后再对网页内的局部进行细节制作。效果如图 9.2 所示。

图 9.2　首页效果

9.2.1　头部内容分析与制作

在整个网站中,头部的内容基本相同,只是在一些地方稍有不同。不同的地方可以根据网页的内容进行调整。这里书写的主要内容有:关键词、网站描述、标签图标以及指定文档优先使用哪种引擎渲染等信息。

<head>标签中书写的代码为:

```
<meta charset=" UTF-8 ">
<title>中国风首页</title>
<meta name=" keywords " content="中国风,中国风文创,中国风文化,中国风文创产品,
中国风设计,中国风元素,中国风服装,中国风茶文化">
<meta name=" description " content="打造中国风文创、文化、设计产品一站式网站。">
<meta name=" renderer " content=" webkit ">
<link rel=" shortcut icon " href=" img/icon/icon_heart.jpg " type=" image/jpg ">
```

9.2.2　首页布局结构分析与制作

观察首页效果图可以看出,页面的版式为居中排列,区域边界明显,所以可以将页面划分为三个大区域,分别为头部区域、内容区域和底部区域。其中,头部区域内又可分为上下两个区域,分别是顶部区域和广告栏区域;内容区域内可分为三个高度相等的、内容独立的区域,分别是"关于我们"区域、产品展示区域和互动交流区域;底部区域也可以分为上下两个区域,分别是联系区域和版权区域。效果图对应的 HTML 标签结构如图 9.3 所示。

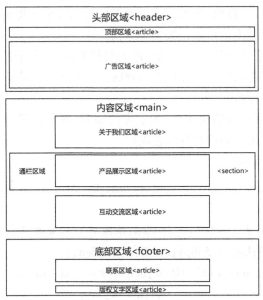

图 9.3　标签结构

<body>标签中书写的代码为：

```
<!-- 在文档中使用了许多的 article 标签,为了方便区分,给它们添加类属性。-->
<header>
    <article class=" topbar ">   </article>
    <article class=" banner ">   </article>
</header>
<main>
    <article>   </article>
    <section class=" article2 ">
        <article>   </article>
    </section>
    <article>   </article>
</main>
<footer>
    <article class=" contact ">   </article>
    <article>   </article>
</footer>
```

9.2.3　首页布局结构样式分析与制作

在书写时,首先书写 HTML 头部的内容,书写代码时先按线性思维顺序书写,这样有助于对代码的理解和把握。之后再把可以合并的、可以继承、可以省略的代码进行优化。

观察首页效果图可以看出,头部区域和底部区域的宽度在屏幕中通栏显示,并且填充了背景色和图案,这里宽度值可以设置为弹性值。

内容区域宽度值除了产品展示栏的宽度为通栏显示外,其余的宽度值都为 1000px,并且都是居中显示,所以页面的版心设定为 1000px,以保证在不同屏幕尺寸的设备上都能完整地显示出页面的核心内容。

由于书写的是首页布局结构样式,为了方便观看,每个盒模型中都填入了背景颜色。在制作细节时,可以将用不到的背景颜色删除。

表单中书写的代码为：

```
*{margin: 0px;padding: 0px;text-decoration: none;list-style: none;box-sizing:border-box;}
/*头部区域*/
/*头部区域布局样式。overflow: hidden;隐藏百分百宽度产出的额外区域。*/
header{ width:100%;height:586px;overflow: hidden;}
.topbar{ margin: 0px auto;width:100%;height:46px;background: #333;}
.banner{ margin: 0px auto;width:100%;height:540px;background:#ccc;}
```

```
/＊内容区域＊/
/＊内容区域布局样式＊/
main｛width：100%；height：2100px；overflow：hidden；｝
   main article｛margin：0px auto；padding：40px；width：1000px；height：700px；background：
#999；｝
   .article2｛width：100%；background：#ccc；｝
   /＊底部区域＊/
   /＊底部区域布局样式,overflow：hidden；解决 bfc 问题。＊/
   footer｛width：100%；height：400px；background：#666；overflow：hidden；｝
   .contact｛margin：30px auto 0px auto；width：1000px；height：290px；background：#111；
border-bottom：1px dashed #999；color：#ccc；｝
   footer article｛margin：0px auto；width：1000px；height：60px；background：#333；｝
```

9.2.4　首页头部区域结构分析与制作

　　观察首页效果图的头部区域可以看出,头部区域又可分为上下两个区域,分别是顶部区域和下部的广告栏区域。其中,顶部区域内包含了登录区域和搜索区域；广告栏区域内包含了导航区域和广告图片轮播区域,在广告图片轮播区域内又包含了广告图片区域和轮播切换按钮区域。结构中的居中空间是为了方便居中对齐。效果图对应的 HTML 标签结构如图 9.4 所示。

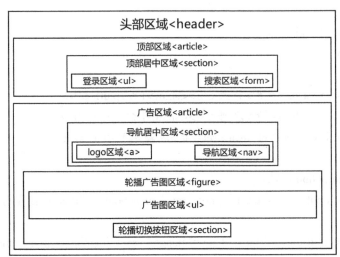

图 9.4　首页头部区域 HTML 标签结构

　　其中,使用到的图片素材有：

　　①名称为 banner1.jpg、banner2.jpg、banner3.jpg 的图片,它们的宽高值都为 1600px 和 540px,并将它放置在 img 文件夹中的 banner 文件夹中。图片素材如图 9.5 所示。

图 9.5 banner1、banner2 和 banner3 的图片

②名称为 nav_bg.png 的图片,宽高值为 161px 和 49px;名称为 search_l.png 的图片,宽高值为 256px 和 42px;名称为 search_r.png 的图片,宽高值为 41px 和 42px,并将它放置在 img 文件夹中的 bg 文件夹中。图片素材如图 9.6 所示。

图 9.6 nav_bg、search_l 和 search_r 的图片

③名称为 icon_heart.jpg 的图片,宽高值为 23px 和 23px,并将它放置在 img 文件夹中的 icon 文件夹中。名称为 logo.png 的图片,宽高值为 253px 和 100px,并将它放置在 img 文件夹中。图片素材如图 9.7 所示。

图 9.7 icon_heart 和 logo 的图片

<body>标签中书写的代码为:

```
<header>
    <article class="topbar">
        <section>
            <ul>
                <li><a href="#">登录</a><span>|</span></li>
                <li><a href="#">注册</a><span>|</span></li>
                <li id="collect"><a href="#">收藏本站</a></li>
            </ul>
            <form action="#">
                <input class="text1" type="text" placeholder="请输入搜索内容" maxlength="25">
                <input class="btn1" type="image" src="img/bg/search_r.png" alt="搜索">
            </form>
        </section>
    </article>
    <article class="banner">
```

```
        <section>
            <a href=""><img id="logo" src="img/logo.png" alt="logo"></a>
            <nav>
                <ul>
                    <li><a href="">首      
页<br><span>Home</span></a></li>
                    <li><a href="">关于我们<br><span>About</span></a></li>
                    <li><a href="">产品展示<br><span>Products</span></a></li>
                    <li><a href="">互动交流<br><span>Communication</span></a></li>
                    <li><a href="">联系我们<br><span>Contact</span></a></li>
                </ul>
            </nav>
        </section>
        <figure>
            <ul>
                <li><img src="img/banner/banner1.jpg" alt="轮播广告图1"></li>
                <li><img src="img/banner/banner2.jpg" alt="轮播广告图2"></li>
                <li><img src="img/banner/banner3.jpg" alt="轮播广告图3"></li>
            </ul>
            <section id="slider_nav">
                <ul>
                    <li><a href="#"><span></span></a></li>
                    <li><a href="#"><span id="check"></span></a></li>
                    <li><a href="#"><span></span></a></li>
                </ul>
            </section>
        </figure>
    </article>
</header>
```

9.2.5　首页头部区域样式分析与制作

　　观察首页效果图的头部区域可以看出,顶部区域的宽度为通栏显示,可以在顶部空间上使用百分比宽度值实现,并且填充背景颜色为深灰色。

　　顶部居中区域使用外边距属性使其居中显示。顶部居中区域内的登录区域和搜索区域使用左右浮动对齐到两侧。广告区域也为通栏显示,广告居中区域的图片会超出版心的1000px最大宽度值,广告居中区域内还嵌套了导航区域和图片切换按钮区域,它们都是居中显示。

表单中书写的代码为：

```
/* 头部区域 */
/* 头部区域布局样式。overflow：hidden；隐藏百分百宽度产出的额外区域。*/
header{width:100%;height:586px;overflow: hidden;}
.topbar{margin: 0px auto;width:100%;height:46px;background: #333;}
.banner{margin: 0px auto;width:100%;height:540px;background:#ccc;}
/* 顶部居中区域 */
.topbar section{margin:0px auto;width:1000px;height:46px;background:#333;}
/* 登录区域样式 */
.topbar li{float:left;margin-top:13px;color:#ccc;font-size:14px;}
.topbar a{color:#ccc;}
.topbar span{margin:0px 10px;}
/* 使用伪类给超链接添加背景图片。*/
#collect::before{content:url("img/icon/icon_heart.jpg");float:left;margin:-2px 5px 0px 0px;}
/* 搜索区域样式 */
.topbar form{width:297px;height:42px;float:right;}
.text1{width:236px;height:42px;padding-left:18px;background:url(img/bg/search_l.png) no-repeat;border:none;}
.btn1{width:41px;height:42px;margin:0px 0px -15px -10px;}
/* 导航居中区域 */
/* section 和#slider_nav 使用 margin:0px auto;虽然也可以居中元素,但是缩放页面
后元素位置会变动。*/
.banner section{width:1000px; height:80px; position: absolute; left:50%; top:76px;
transform:translate(-50%,0%);}
.banner figure{margin: 0px auto;width:1600px;height:540px;}
/* logo 区域 */
#logo{float: left;width:160px;}
/* 导航区域 */
nav ul{float:right;}
nav li{float:left;text-align:center;font-size:18px;}
nav ul a{width:140px;height:55px;color:#000;display:inline-block;padding-top:12px;}
nav ul a>span{font-size:12px;color:#666;}
nav ul a:hover{color:#fff;background:url(img/bg/nav_bg.png) no-repeat 8px 4px;
background-size:140px;}
```

```
/* 广告图区域 */
.banner figure ul{width:100%;height:540px;}
.banner figure li{float:left;}
.banner figure img{width:1600px;height:540px;}
/* 轮播切换按钮区域*/
#slider_nav{width:108px;height:20px;top:540px;}
#slider_nav ul{height:20px;}
/* 轮播切换按钮区域样式 */
/*  使用slider_nav(id选择器)给轮播切换按钮上添加样式。*/
#slider_nav span{width:16px;height:16px;margin-right:20px;background:#ccc;border-
radius:10px;float: left;}
/* 单独使用#check,优先级低于#slider_nav,所以会优先显示#slider_nav的样
式。*/
#slider_nav #check{background:#990000;}
```

9.2.6　首页内容区域结构分析与制作

观察首页效果图的内容区域可以看出,内容区域可分为三个高度相等、内容独立的区域,分别是"关于我们"区域、产品展示区域和互动交流区域。其中,产品展示区域的背景比较特殊,宽度为通栏显示,这里在产品展示区域外嵌套了一个通栏区域实现。效果图对应的 HTML 标签结构如图 9.8 所示。

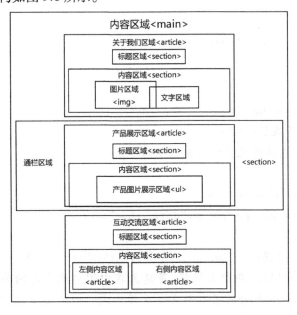

图 9.8　首页内容区域 HTML 标签结构

其中,使用到的图片素材有:

①名称为 btn_bg.png 的图片,宽高值为 99px 和 26px;名称为 btn_l.png 和 btn_r.png 的图片,它们的宽高值都为 40px 和 74px;名称为 dec_line.png 的图片,宽高值为 430px 和 385px;名称为 title_bg.png 和 title2_bg.png 的图片,它们两个图片的图形和大小都相同,只是图片的颜色略有不同,它们的宽高值都为 480px 和 46px,并将它们放置在 img 文件夹中的 bg 文件夹中。图片素材如图 9.9 所示。

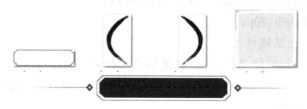

图 9.9　btn_bg、btn_l、btn_r、dec_line 和 title_bg 的图片

②名称为 pic_about.jpg 的图片,宽高值为 524px 和 300px;名称为 pic_new.jpg 的图片,宽高值为 354px 和 198px;名称为 pic_product1 和 pic_product2.jpg 的图片,它们的宽高值都为 286px 和 286px,并将它放置在 img 文件夹中的 pic 文件夹中。图片素材如图9.10所示。

图 9.10　pic_about、pic_new、pic_product1 和 pic_product2 的图片

<body>标签中书写的代码为:

```
<main>
    <article>
        <section class="title">
            <h2>关于我们</h2>
            <p>用中国传统元素设计美好生活</p>
        </section>
        <section class="section1">
            <img src="img/pic/pic_about.jpg" alt="">
            <section>
                <h2>中国风 <span>—— 即中国风格</span></h2>
                <p>中国风,即中国风格,是建立在中国传统文化的基础上,蕴含大量中国元素并适应全球流行趋势的艺术形式或生活方式。<br>近年来,中国风被广泛应用于流行文化领域,如音乐、服饰、电影、广告等。</p>
```

```
            <a href="#">了解更多>></a>
        </section>
    </section>
</article>
<section class="article2">
    <article>
        <section class="title">
            <h2>产品展示</h2>
            <p>蕴含大量中国元素并适应全球流行趋势的产品设计</p>
        </section>
        <section class="section2">
            <a href="#"><img src="img/bg/btn_l.png" alt="左切换图片"></a>
            <ul>
                <li><a href="#"><img src="img/pic/pic_product1.jpg" alt="产品图片">
</a><h3>日常使用便笺本</h3><span>尺寸 9*12*4cm<br>材质 纸制</span></li>
                <li><a href="#"><img src="img/pic/pic_product2.jpg" alt="产品图片">
</a><h3>中毛笔套装</h3><span>出峰 2.46cm 直径 0.60cm<br>材质 狼毫</span></li>
                <li><a href="#"><img src="img/pic/pic_product1.jpg" alt="产品图片">
</a><h3>黄铜祥云书签</h3><span>尺寸 12.8*3*0.06cm<br>材质 黄铜</span></li>
            </ul>
            <a href="#"><img src="img/bg/btn_r.png" alt="右切换图片"></a>
        </section>
    </article>
</section>
<article>
    <section class="title">
        <h2>互动交流</h2>
        <p>全球流行趋势的艺术形式或生活方式</p>
    </section>
    <section class="section3">
        <article class="section3_l">
            <a href="#">
                <img src="img/pic/pic_new.jpg" alt="新闻图片">
                <h3>怎样判断玉与自己有缘,了解哪</h3>
                <p>怎样判断玉与自己有缘,了解哪</p>
            </a>
        </article>
```

```
            <article class="section3_r">
                <section>
                    <section class="section3_time">
                        <time><span>8-15</span><br>2020</time>
                    </section>
                    <section class="section3_text">
                        <a href="#">
```
<h2>怎样判断玉与自己有缘,了解哪些属相不适合戴玉</h2>
<p>古话说玉等有缘人,要判断玉和自己有缘,那么首先要看它是否合眼缘,当你看到一块玉,产生了强烈的购买欲望时,不管它是否带有瑕疵,都务必坚定,那么就是合眼缘了,另外还有一种意外的缘分,本来不想购买结果反复碰到,那么这个时候就说明玉和你有缘了。</p>
```
                        </a>
                    </section>
                </section>
                <section>
                    <section class="section3_time">
                        <time><span>8-11</span><br>2020</time>
                    </section>
                    <p> </p>
                    <section class="section3_text">
                        <a href="">
```
<h2>红与黑的剪纸艺术,十二生肖剪纸作品</h2>
<p>说到12生肖剪纸作品想必大家一定看到过不少吧,但是你看到过如此惊艳的红与黑12生肖剪纸作品吗? 这组剪纸图案造型美丽,生肖们在花朵的映衬下,温和,脉脉含情,别有一番情趣,真的太美了。这个红色剪白色底黑色边,反差大,给人不错的视觉感受。生肖取数十二,暗合古人对自然现象的归纳性认识,很多手艺人利用这一元素进行创作哦。</p>
```
                        </a>
                    </section>
                </section>
            </article>
        </section>
    </article>
</main>
```

9.2.7 首页内容区域样式分析与制作

观察首页效果图的内容区域可以看出,内容区域内的三个板块的高度值相等,高度值都为700px,并且居中显示。但是第二个内容区域的背景比较特殊,为通栏显示的色块,这里采用绝对定位和改变元素的中心点来解决通栏区域大于版心居中对齐的问题。

内容区域内的每个板块又可以划分为标题区域和下部的内容区域。区域中的元素可以使用绝对定位、浮动和内外边距布局元素。

表单中书写的代码为:

```
/*内容区域*/
/*内容区域布局样式*/
main{width:100%;height: 2100px;overflow: hidden;}
main article{margin: 0px auto;padding: 40px 0px; width: 1000px;height: 700px;}
/*通区域区域样式*/
.article2{width:100%;background: #ccc;}
/*内容区域布局样式*/
.section1,.section2,.section3{margin:30px auto;width:1000px;height:440px;position:
relative;}
/*内容区域标题样式*/
.title{margin:0px auto;width:480px;height:130px;background:url(img/bg/title_bg.
png) no-repeat;}
.title h2{text-align:center;font-size:25px;line-height:44px;color:#fff;}
.title p{margin-top:30px;text-align:center;font-size:16px;color:#aaa;}
/*内容区域1样式*/
.section1 img{width:740px;height:420px;}
.section1 section {position: absolute; right: 20px; bottom: 20px; width: 430px; height:
385px;background:url(img/bg/dec_line.png) no-repeat;}
.section1 h2{margin:60px 0px 0px 60px;}
.section1 span{font-size:16px;color:#666;}
.section1 p{margin: 30px 0px 0px 60px; width: 310px; height: 170px; font-size: 16px;
color:#666;}
.section1 a{position:absolute;right:60px;bottom:60px;background:url(img/bg/btn_bg.
png);width:99px;height:26px;font-size:12px;color:#666;text-align:center;line-height:
26px;}
```

```
/＊内容区域 article2 标题样式＊/
.article2 .title{margin:0px auto;width:480px;height:130px;background:url(img/bg/
title2_bg.png) no-repeat;}
.article2 .title p{margin-top:30px;text-align:center;font-size:16px;color:#666;}
/＊内容区域2样式＊/
.section2>a{float:left;margin-top:150px;}
.section2>a img{width:40px;height:74px;}
.section2 ul{float:left;padding:0px 24px;width:920px;height:440px;text-align:center;}
.section2 li{float:left;margin:10px;padding:10px;width:270px;height:370px;border:
1px solid #ccc;background:#fff;}
.section2 ul img{width:250px;height:250px;}
.section2 h3{font-size:18px;margin-top:14px;}
.section2 span{font-size:12px;color:#999;line-height:24px;}
/＊添加阴影和缩放动画＊/
.section2 ul li:hover{box-shadow:0px 0px 10px 5px #8888;transform:scale(1.1);
border:1px solid #888;}
/＊内容区域3样式＊/
.section3_l a{color:#000;}
.section3_l{float:left;margin:40px 0px;padding:0px;width:380px;height:300px;}
.section3_l img{width:354px;height:198px;}
.section3_l h3{margin-top:10px;font-weight:600;}
.section3_l p{margin-top:10px;font-size:14px;color:#999;}
.section3_r{float:left;margin:0px;padding:0px;width:620px;height:300px;}
.section3_r>section{width:620px;height:150px;}
.section3_time{float:left;width:120px;height:150px;}
.section3_time time{float:right;text-align:right;margin:45px 20px;color:#333;}
.section3_time span{font-size:24px;}
.section3_text{float:left;width:500px;height:150px;border-left:2px solid #ccc;}
.section3_text h2{font-size:22px;color:#333;margin:10px 20px;width:380px;white-
space:nowrap;overflow:hidden;text-overflow:ellipsis;}
.section3_text p{font-size:16px;color:#999;margin:10px 20px;height:85px;overflow:
hidden;}
```

9.2.8 首页底部结构分析与制作

观察首页效果图的底部区域可以看出,底部区域可分为上下两个部分,上部又可分为一个大区域内嵌套三个小的区域;下部可为版权文字区域。其中,上部分中的"联系我们"区域内的元素使用列表布局,友情链接区域内的图片使用精灵图布局。效果图对应的HTML标签结构如图 9.11 所示。

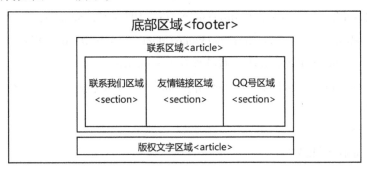

图 9.11 首页底部区域 HTML 标签结构

其中,使用到的图片素材有:

①名称为 icon_email.jpg、icon_qq.jpg、icon_site.jpg 和 icon_tel.jpg 的图片,它们的宽高值都为 16px 和 16px,并将它放置在 img 文件夹中的 icon 文件夹中。图片素材如图 9.12 所示。

图 9.12 icon_email、icon_qq、icon_site 和 icon_tel 的图片

②名称为 footer_bg.jpg 的图片,宽高值为 4px 和 4px,并将它放置在 img 文件夹中的 bg 文件夹中。名称为 qq_code.jpg 的图片,宽高值为 190px 和 190px;名称为 pic_link.jpg 的图片,宽高值为 524px 和 300px,并将它放置在 img 文件夹中的 pic 文件夹中。图片素材如图 9.13 所示。

图 9.13 footer_bg、qq_code 和 pic_link 的图片

<body>标签中的代码为:

```
<footer>
    <article class="contact">
      <section class="contact_us">
        <h3>联系我们</h3>
        <ul>
            <li><a href="tel:123456789">12345678910</a></li>
            <li><a href="tencent://Message/? Uin=1033627195&amp;
              websiteName=q-zone.qq.com&amp;Menu=yes">1033627195</a></li>
            <li><a href="#">重庆城市科技学院</a></li>
            <li><a href="mailto:liu1zhao@qq.com">liu1zhao@qq.com</a></li>
        </ul>
      </section>
      <section class="link">
        <h3>友情链接</h3>
        <!-- 这里为了讲解精灵图的使用方法,所以使用了精灵图。-->
        <a href="#"><img src="img/pic/transparent.gif" alt="链接图片"></a>
        <a href="#"><img src="img/pic/transparent.gif" alt="链接图片"></a>
        <a href="#"><img src="img/pic/transparent.gif" alt="链接图片"></a>
        <a href="#"><img src="img/pic/transparent.gif" alt="链接图片"></a>
        <a href="#"><img src="img/pic/transparent.gif" alt="链接图片"></a>
        <a href="#"><img src="img/pic/transparent.gif" alt="链接图片"></a>
      </section>
      <section class="qq">
        <h3>QQ 号</h3>
        <img src="img/pic/qq_code.jpg" alt="QQ 二维码">
      </section>
    </article>
    <article>
      <p>Copyright © 中国风版权所有 2020-2021 文创文化,文创产品,文创设计</p>
    </article>
</footer>
```

9.2.9 首页底部样式分析与制作

观察首页效果图的底部区域可以看出,底部区域内的内容居中显示。在定位嵌套区域时,会遇到 bfc 问题,这里采用 overflow:hidden;来解决。嵌套内的三个小区域采用浮动属性依次并排显示。"联系我们"中的列表符号采用图片替换;友情链接中的图片采用超链接图片和使用浮动属性排列成两行;QQ 号中的图片居中对齐。

表单中书写的代码为:

/*底部区域样式*/

/*底部区域布局样式,overflow:hidden;解决 bfc 问题。*/

footer{width:100%;height:400px;background:#666;background:url(img/bg/footer_bg.jpg);overflow:hidden;}

.contact{margin:30px auto 0px auto;width:1000px;height:290px;background:#111;border-bottom:1px dashed #999;color:#ccc;}

footer article{margin:0px auto;width:1000px;height:60px;}

/* 联系区域样式 */

.contact_us{float:left;width:300px;height:290px;}

.link{float:left;width:400px;height:290px;}

.qq{float:left;width:300px;height:290px;}

/* 联系我们区域样式 */

footer h3{margin:40px 0px 30px 0px;text-align:center;}

/*底部左侧区域样式*/

.contact_us a{font-size:14px;color:#aaa;line-height:30px;}

.contact_us li{margin-left:100px;}

.contact_us li:nth-of-type(1){list-style-image:url(img/icon/icon_tel.jpg);}

.contact_us li:nth-of-type(2){list-style-image:url(img/icon/icon_qq.jpg);}

.contact_us li:nth-of-type(3){list-style-image:url(img/icon/icon_site.jpg);}

.contact_us li:nth-of-type(4){list-style-image:url(img/icon/icon_email.jpg);}

/* 友情链接区域样式,链接图片使用了精灵图 */

.link a{float:left;display:block;width:110px;height:60px;margin:0px 10px 20px 10px;background:url(img/pic/pic_link.jpg) no-repeat;}

.link a:nth-of-type(2){background-position:-110px 0px;}

.link a:nth-of-type(3){background-position:-220px 0px;}

.link a:nth-of-type(4){background-position:0px -60px;}

.link a:nth-of-type(5){background-position: -110px -60px;}

.link a:nth-of-type(6){background-position: -220px -60px;}

/* QQ 号区域样式 */

.qq{text-align: center;}

.qq img{width: 136px;height: 136px;}

/* 版权文字区域样式 */

footer p{margin: 20px auto;font-size: 14px;color: #999;text-align: center; width: 1000px;}

9.2.10 回到顶部按钮与制作

在文档中添加侧边栏区域放置回到顶部按钮。按钮使用超链接锚点图片制作。其中,使用到的图片素材有:名称为 btn_top.png 的图片,宽高值为 63px 和 66px,并将它放置在 img 文件夹中的 bg 文件夹中。图片素材如图 9.14 所示。

图 9.14 btn_top 的图片

<body>标签中的代码为:

```
<!-- 在 header 标签上添加锚点位置的名称 -->
<header id="top">
<!-- 在 body 内的最底部添加快速回到顶部的图片按钮 -->
<aside>
    <a href="#top"><img src="img/bg/btn_top.png" alt=""></a>
</aside>
```

表单中的代码为:

```
/*快速回到顶部*/
aside{position: fixed;right: 1%;bottom: 5%;}
```

9.2.11 首页样式优化后的代码

虽然现在页面已经制作完成,页面的功能也都已基本实现,但是页面文件中的样式代码重复率较多,代码也不够简洁,所以我们需要对样式代码进行优化,也就是将可以公用的代码写在一起,可以继承的代码优先写在它的父级元素上,可以删减的代码尽量删除,可以调整和优化的页面结构尽量优化,可以使用组合选择器的地方尽量减少使用 id 和 class 选择器。请扫下面的二维码下载优化后的首页样式代码和观看视频讲解。

9.3　产品展示页面分析与制作

本节来制作网站的产品展示页面文档。效果如图 9.15 所示。

图 9.15　产品展示页面效果图

9.3.1　产品展示页面布局结构分析与制作

观察首页效果图可以看出,页面的头部区域与首页基本相同,只是头部高度小了一些,广告栏区域也变成了一张固定的图片,所以这里删去了广告图片列表和轮播切换按钮区域,并且调整为单张图片。底部区域的内容相同,所以直接复制使用。

产品展示页面变化最大的区域就是内容区域,可以将它分为上中下三个区域,上部为内容导航区域、中部为内容展示区域、下部为带跳转分页区域。其中,内容展示区域采用左右两栏的布局形式,这样方便排版交替出现的图片和文字。效果图对应的 HTML 标签结构如图 9.16 所示。

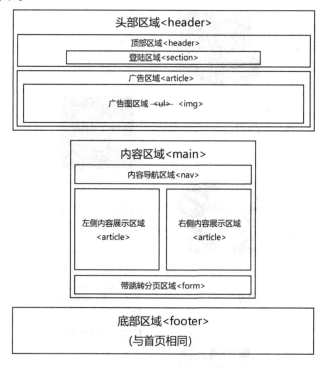

图 9.16　HTML 标签结构

<body>标签中书写的代码为:

```
<header>
  <header>
    <section>    </section>
  </header>
  <article>
    <section>    </section>
    <!-- 广告图片只放一张,不轮播图片-->
    <figure>   </figure>
```

```
  </article>
</header>
<main>
  <nav>  </nav>
  <article>  </article>
  <article>  </article>
  <!-- 带跳转分页 -->
  <form action="#">  </form>
</main>
<footer>  </footer>
```

9.3.2 产品展示页面布局结构样式分析与制作

观察产品展示页面效果图可以看出,页面的头部高度和首页相比变成了246px,并且删去了轮播广告图片的样式。底部区域样式没有发生变化,直接复制使用。

产品展示页面的边界宽度与内容区域的宽度值相同,都是1000px,居中显示。

内容展示区域分成了左侧内容展示区域和右侧内容展示区域,并且使用浮动在一行并排显示。带跳转分页区域添加了清除浮动,以防止它与内容展示区域重叠在一起显示。

由于书写的是产品展示页面布局结构样式,为了观看方便,每个盒模型中都填入了背景颜色,在后面制作细节时,可以将用不到的背景颜色删除。

表单中书写的代码为:

```
      * {margin: 0px; padding: 0px; text-decoration: none; list-style: none; box-sizing:
border-box;}
   /* 头部区域 */
   /* 头部栏总高度和首页相比从586px变为246px。广告栏高度从540px变为200px。*/
   header{width:100%;height:246px;overflow: hidden;}
   header header{margin: 0px auto;width:100%;height:46px;background: #333;}
   header article{margin: 0px auto;width:100%;height:200px;background:#ccc;}
   /* 顶部居中区域 */
   header header section{margin:0px auto;width:1000px;height:46px;background:#999;}
   /* 导航居中区域 */
   header article section{width:1000px;height:80px;position:absolute;left:50%;top:76px;
transform:translate(-50%,0%);background:#333;}
   header article figure{margin: 0px auto;width:1600px;height:200px;}

   /*内容区域*/
```

```
/*内容区域布局样式*/
main{margin: 0px auto;width: 1000px; height: 2000px;}
main>nav{width: 1000px;height: 80px;background:#666;}
main>article{width: 500px;height:1800px;float: left;background:#999;}
main form{clear: both; width: 1000px;height: 120px;background:#666;}

/*底部区域样式*/
footer{width:100%;height: 400px;background:#333;overflow:hidden;}
```

9.3.3 产品展示页面头部区域结构分析与制作

产品展示页面头部区域可以复制首页头部的结构,只是删除了轮播图片区域中广告图片区域和轮播切换按钮区域中的内容,并插入了一张新图片。效果图对应的 HTML 标签结构如图 9.17 所示。

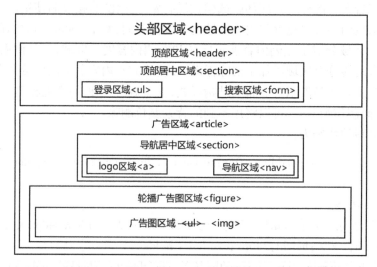

图 9.17　HTML 标签结构

其中,使用到的图片素材有:名称为 banner_p1.jpg 的图片,宽高值为 1600px 和 180px,并将它放置在 img 文件夹中的 banner 文件夹中。其他使用到的图片和首页头部的图片相同,图片素材如图 9.18 所示。

图 9.18　banner_p1 的图片

<body>标签中书写的代码为：

```
<header>
  <header>
    <section>
      <ul>
        <li><a href="#">登录</a><span>|</span></li>
        <li><a href="#">注册</a><span>|</span></li>
        <li id="collect"><a href="#">收藏本站</a></li>
      </ul>
      <form action="#">
        <input type="text" placeholder="请输入搜索内容" maxlength="25">
        <input type="image" src="img/bg/search_r.png" alt="搜索">
      </form>
    </section>
  </header>
  <article>
    <section>
      <a href=""><img src="img/logo.png" alt="logo"></a>
      <nav>
        <ul>
          <li><a href="">首      页<br><span>Home</span></a></li>
          <li><a href="">关于我们<br><span>About</span></a></li>
          <li><a href="">产品展示<br><span>Products</span></a></li>
          <li><a href="">互动交流<br><span>Communication</span></a></li>
          <li><a href="">联系我们<br><span>Contact</span></a></li>
        </ul>
      </nav>
    </section>
    <figure>
      <img src="img/banner/banner2.jpg" alt="轮播广告图2">
    </figure>
  </article>
</header>
```

9.3.4　产品展示页面头部区域样式分析与制作

产品展示页面头部区域和首页头部区域相比变化不大，依然可以复制使用，只是修改了头部的高度尺寸和广告轮播区域的样式。

表单中书写的代码为：

* { margin：0px；padding：0px；text-decoration：none；list-style：none；box-sizing：border-box；}

/* 头部区域 */

/* 头部栏总高度和首页相比从586px变为246px。广告栏高度从540px变为200px。*/

header { width：100%；height：246px；overflow：hidden；}

header header { margin：0px auto；width：100%；height：46px；background：#333；}

header article { margin：0px auto；width：100%；height：200px；}

/* 顶部居中区域 */

header header section { margin：0px auto；width：1000px；height：46px；}

/* 登录区域样式 */

header header li { float：left；margin-top：13px；color：#ccc；font-size：14px；}

header header a { color：#ccc；}

header header span { margin：0px 10px；}

/* 使用伪类给超链接添加背景图片。*/

#collect::before { content：url（" img/icon/icon_heart.jpg "）；float：left；margin：-2px 5px 0px 0px；}

/* 搜索区域样式 */

header header form { width：297px；height：42px；float：right；}

[type=" text "] { width：236px；height：42px；padding-left：18px；background：url（img/bg/search_l.png）no-repeat；border：none；}

[type=" image "] { width：41px；height：42px；margin：0px 0px -15px -10px；}

/* 导航居中区域 */

header article section { width：1000px；height：80px；position：absolute；left：50%；top：76px；transform：translate（-50%,0%）；}

header article figure { margin：0px auto；width：1600px；height：200px；}

/* logo区域 */

[alt=" logo "] { float：left；width：160px；}

/* 导航区域 */

header nav ul { float：right；}

header nav li { float：left；text-align：center；font-size：18px；}

header nav a{width：140px；height：55px；color：#000；display：inline-block；padding-top：12px；}

header nav a>span{font-size：12px；color：#666；}

header nav a:hover{color：#fff；background：url(img/bg/nav_bg.png) no-repeat 8px 4px；background-size：140px；}

/* 广告图区域 */

header figure img{width：1600px；height：200px；}

9.3.5　产品展示页面内容区域结构分析与制作

观察产品展示页面效果图的内容区域,可以看出变化比较大。内容展示区域中的图片和文字在水平方向交替出现,如果按水平方向自上而下地排列元素,对齐会比较麻烦,如图9.19(a)所示。所以为了方便布局,将内容展示区域分成了左右两栏。左侧区域分出三个大块和二个小块自上而下排列,右侧区域分出上下各一个占位块、三个小块和二个大块自上而下排列。效果图对应的 HTML 标签结构如图9.19(b)所示。

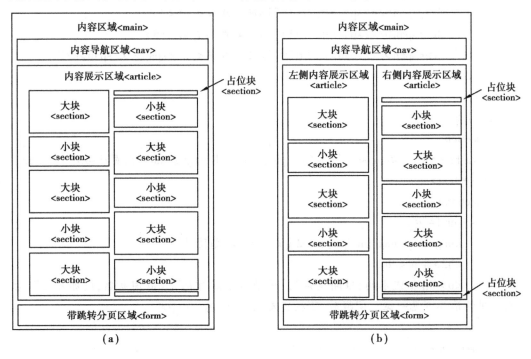

图 9.19　HTML 标签结构

其中,使用到的图片素材有:名称为 pic_title1.jpg 到 pic_title5.jpg 的图片,它们的宽高值都为 110px 和 700px;名称为 pic_web_product1.jpg 到 pic_web_product5.jpg 的图片,它们的宽高值都为 424px 和 380px,并将它放置在 img 文件夹中的 banner 文件夹中。图片素材如图9.20 和图9.21 所示。

图 9.20　pic_title1 到 pic_title5 的图片

图 9.21　pic_web_product1 到 pic_web_product5 的图片

\<body\>标签中书写的代码为：

```
<main>
  <nav>
    <ul>
      <li><span/></span><a href="">琴棋书画</a></li>
      <li><span/></span><a href="">汉服唐装</a></li>
      <li><span/></span><a href="">文创产品</a></li>
      <li><span/></span><a href="">文玩家具</a><span/></span></li>
    </ul>
  </nav>
  <article>
    <section>
      <a href="#">   <img src=" img/pic/pic_web_product1.jpg" alt="网页产品图片"></a>
    </section>
    <section>
      <a href="#">
        <img src=" img/pic/pic_title2.jpg" alt="标题图片">
        <h2>弈棋</h2>
        <p>"古松流水间,唯闻棋声","闲敲棋子落灯花","胜固欣然,败亦可喜",古
人弈棋的乐趣可见一斑。闲暇时,下棋交友,益智增慧。</p>
      </a>
    </section>
    <section>
      <a href="#">   <img src=" img/pic/pic_web_product3.jpg" alt="网页产品图片"></a>
    </section>
    <section>
      <a href="#">
```

```
        <img src=" img/pic/pic_title4.jpg " alt="标题图片">
        <h2>绘画</h2>
        <p>古代文人画讲究全面的文化修养,提倡"读万卷书,行万里路",必须诗、
书、画、印相得益彰,人品、才情、学问、思想缺一不可。</p>
      </a>
    </section>
    <section>
      <a href="#"   <img src=" img/pic/pic_web_product5.jpg " alt="网页产品图片"></a>
    </section>
  </article>
  <article>
  <section> </section>
  <section>
      <a href="#">
      <img src=" img/pic/pic_title1.jpg " alt="标题图片">
      <h2>弹琴</h2>
      <p>中国古代推崇正音雅乐,以"清幽平淡"为上,不以繁声热闹为趣。琴瑟、
箫笛、胡琴,都音色柔和,恬淡而音韵绵长,如此幽婉清雅的音乐背后是丰厚的文化底
蕴。</p>
      </a>
    </section>
    <section>
      <a href="#">   <img src=" img/pic/pic_web_product2.jpg " alt="网页产品图片"></a>
    </section>
    <section>
      <a href="#">
      <img src=" img/pic/pic_title3.jpg " alt="标题图片">
      <h2>书法</h2>
      <p>古代书论普遍关注品德与书法的关系,即有"书如其人"之说。书法是中
国古代极为普及的、雅俗共赏的艺术形式,习书法能调神修心。</p>
      </a>
    </section>
    <section>
      <a href="#"   <img src=" img/pic/pic_web_product4.jpg " alt="网页产品图片"></a>
    </section>
    <section>
      <a href="#">
```

```
            <img src="img/pic/pic_title5.jpg" alt="标题图片">
            <h2>品茶</h2>
            <p>中国是茶叶的故乡,有着悠久的种茶历史,严格的敬茶礼节,奇特的饮茶
风俗。茶礼有缘,古已有之。客来敬茶,是中国汉族最早重情好客的传统美德与礼节。
</p>
        </a>
    </section>
    <section> </section>
</article>
<!-- 带跳转分页 -->
<form action="#">
    <a href="#" class="prebtn">上一页</a>
    <a href="#" class="check">1</a>
    <a href="#">2</a>

    <a href="#">3</a>
    <a href="#">4</a>
    <span>...</span>
    <a href="#" class="nextbtn">下一页</a>
    <span>共<b>8</b>页,</span><span>到第</span><input type="number" value="
5"><span>页</span><input type="button" value="确定">
    </form>
</main>
```

9.3.6　产品展示页面内容区域样式分析与制作

观察首页效果图的内容区域可以看出,内容区域外框宽度值为1000px,居中显示。左右内容展示区域宽度值各为500px,并且浮动在一行显示。内容展示区域内大块的宽高值都相同,小块的宽高值也相同,并且它们交替出现,所以可以使用伪元素选择器的奇偶数进行选择。

表单中书写的代码为:

```
/* 内容栏 */
    /* 内容栏布局样式 */
    main{margin: 0px auto;width: 1000px; height: 2002px;}
    main a{color: #000;}
    main>nav{width: 1000px;height: 80px;}
```

main>article{width：500px；height：1800px；float：left；}

main form{width：1000px；height：120px；}

/* 内容栏的头部样式 */

main > nav ul{width：1000px；height：80px；font：bold 18px/80px arial,黑体,sans-serif；}

main>nav li{float：left；}

main>nav a{color：#333；}

main>nav span{padding：0px 30px 0px 30px；}

main>nav a:hover{color：red；border-bottom：2px solid red；padding-bottom：10px；}

/* 内容格子的布局样式 */

main section:nth-of-type(odd){width：500px；height：400px；}

main section:nth-of-type(even){width：500px；height：300px；}

main > article:nth-of-type(2) section:nth-of-type(1), main article:nth-of-type(2) section:nth-last-of-type(1){width：500px；height：50px；}

/* 内容内图片的样式 */

img[alt="网页产品图片"]{width：380px；margin-top：10px；}

/* 文字结构 */

main section:nth-of-type(odd){text-align：center；}

main h2{display：inline；}

main p{width：350px；font-size：14px；color：#666；}

main section:nth-of-type(even){padding：15%；}

/* 带跳转分页 */

main form{display：inline-block；text-align：center；color：#666；padding：40px 20px 40px 0px；font-size：14px；}

main form a{display：inline-block；color：#666；background：#fff；width：30px；height：30px；line-height：30px；margin：0px 5px；border：1px solid #666；border-radius：3px；}

.nextbtn,.prebtn{width：88px；}

.check{color：#fff；background：#990000；}

main form input{width：30px；height：31px；text-align：center；margin：0px 12px；border：1px solid #666；border-radius：3px；color：#333；}

input[type="button"]{width：88px；color：#fff；background：#990000；cursor：pointer；}

/* 去除webkit内核input标签输入框的加减按钮 */

input::-webkit-outer-spin-button,input::-webkit-inner-spin-button{-webkit-appearance：none；appearance：none；}

/* 去除火狐内核input标签输入框的加减按钮 */

input{-moz-appearance：textfield；}

9.4　产品详情页面分析与制作

本节来制作网站的产品详情页面文档,效果如图 9.22 所示。

图 9.22　产品展示页面

9.4.1　产品详情页面布局结构分析与制作

观察首页效果图可以看出,产品详情页面布局结构与产品展示页面基本相同,只是在内容区域变化较大,所以可以直接套用产品展示页面的文档,然后修改内容区域的布局。

内容区域可以自上而下地分为四个区域,上部为子内容导航区域,它的样式与产品展示页面中的内容导航区域基本相同,只是将斜杠替换成了大于号;中上部为展示内容区域,区域内包含标题、表格、图片和段落文字;中下部为内容切换区域;下部为推荐内容区域。效果图对应的 HTML 标签结构如图 9.23 所示。

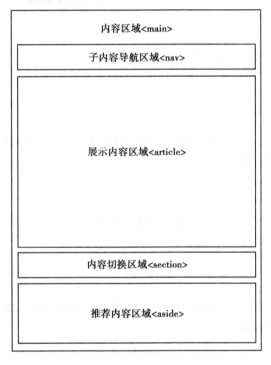

图 9.23　产品详情页面中内容区域的 HTML 标签结构

其中,使用到的图片素材有:名称为 dec_line2.png 的图片,宽高值为 1000px 和 260px,并将它放置在 img 文件夹中的 bg 文件夹中;名称为 pic_product_note1.jpg 和 pic_product_note2.jpg 的图片,它们的宽高值都为 407px 和 407px,并将它放置在 img 文件夹中的 pic 文件夹中。图片素材如图 9.24 所示。

图 9.24　dec_line2、pic_product_note1 和 pic_product_note2 的图片

<body>标签中书写的代码为：

```
<main>
  <nav>
    <ul>
      <li><a href="">首页</a><span></span></li>
      <li><a href="">文创产品</a><span></span></li>
      <li><a href="">便笺本</a></li>
    </ul>
  </nav>
  <article>
    <h1>便笺本(印刷品类)</h1>
    <time>发布时间:2020-8-24 16:43:29</time><span>点击次数:2703</span> <hr>
    <table>
      <tr>
        <td>商品类型:便笺本</td>    <td>页数:100 页以上</td>
        <td>数量:单个装封面</td>
      </tr>
      <tr>
        <td>商品编号:3121699</td>    <td>封面硬度:其他</td>
        <td>材质:普通纸 </td>
      </tr>
      <tr>
        <td>商品毛重:200.00g</td>    <td>内页材质:其他</td>
        <td>风格:简约</td>
      </tr>
      <tr>
        <td>商品产地:中国</td>    <td>内芯幅面规格:其他</td>
        <td>使用场景:书写</td>
      </tr>
      <tr>
        <td>货号:21708/21709</td>    <td>适用人群:中学生</td>
        <td>装订方式:其它</td>
      </tr>
    </table>
    <img src="img/pic/pic_product_note1.jpg" alt="便笺图片">
    <img src="img/pic/pic_product_note2.jpg" alt="便笺图片">
```

<h4>创意说明及元素来源：</h4>

<p>每套4本,外有函套,每本顶头部与外卡不粘连,方便撕揭完整。创意来源以徐州汉代乐舞俑为图案,内页有底纹与外卡图案一致。整套主题-----俑偶华彩。这一组乐舞俑为徐州驮蓝山楚王墓出土,舞俑衣袖飘垂,舞姿奔放热烈,这种舞俑在国内其它地区尚未发现。</p>

</article>

<section>

<a href="#" id="prebtn"><span>上一条：</span>没有啦！</a>

<a href="#" id="nextbtn">明信片（印刷品类）<span>：下一条</span></a>

</section>

<aside>

<h3>您感兴趣的文章</h3>

<section>

<ul>

<li><a href="#">>便笺本（印刷品类）</a><span>[2020-08-24]</span></li>

<li><a href="#">>文化衫（实用品类）</a><span>[2020-08-20]</span></li>

<li><a href="#">>茶具（实用品类）</a><span>[2020-08-18]</span></li>

<li><a href="#">>木梳（实用品类）</a><span>[2020-08-14]</span></li>

<li><a href="#">>手机座（实用品类）</a><span>[2020-08-10]</span></li>

</ul>

</aside>

</article>

</main>

9.4.2　产品详情页面中内容区域的布局结构样式分析与制作

观察首页效果图可以看出,页面的头部和底部与产品展示页面相同,所以直接使用。

产品详情页面的四个内容区域自上而下依次排列,边界宽度与内容区域的宽度值相同都是1000px,居中显示。

表单中书写的代码为：

```
/* 内容栏 */
/* 内容栏布局样式 */
main{margin：0px auto;width：1000px;}
main>nav{width：1000px;height：80px;}
main>article{width：1000px;}
/* 内容栏的头部样式 */
```

main>nav ul｛width：1000px；height：80px；font：bold 16px/80px arial，黑体，sans-serif；｝

main>nav li｛float：left；｝

main>nav a｛color：#333；｝

main>nav span｛padding：0px 30px 0px 30px；｝

main>nav a：hover｛color：red；border-bottom：2px solid red；padding-bottom：10px；｝

/＊ 文章的样式 ＊/

main article｛padding：40px；｝

h1｛line-height：80px；text-align：center；｝

main article time，main article span｛margin-left：200px；｝

hr｛margin：14px 0px；｝

/＊表格自身也有宽度，如果只减去左右内边距表格会超出范围。＊/

table｛width：1000px；height：200px；text-align：left；padding-left：29px；｝

main article img｛width：400px；height：400px；margin：26px；｝

h4｛margin：20px 40px；｝

main article p｛width：920px；height：200px；padding：0px 40px；text-indent：2em；line-height：30px；｝

/＊ 前后文章切换的样式 ＊/

#btn｛width：1000px；height：60px；｝

#prebtn｛float：left；color：#666；｝

#prebtn：：before｛content：url("img/icon/arrow_l.jpg")；width：13px；height：13px；｝

#nextbtn｛float：right；color：#333；｝

#nextbtn：：after｛content：url("img/icon/arrow_r.jpg")；width：13px；height：13px；｝

/＊ 推送文章的样式 ＊/

main aside｛clear：both；width：1000px；height：260px；margin-bottom：20px；padding：10px 40px；line-height：30px；background：url("img/bg/dec_line2.png") no-repeat；｝

main aside h3｛color：#990000；margin：20px 0px；｝

main aside a｛color：#666；｝

main aside span｛float：right；color：#666；｝

main aside li｛border-bottom：1px dashed #666；｝

课后习题

1.将第9章中三个网页的 CSS 改为外部样式，并且给网页中相应的导航和内容添加超链接地址，使首页、二级和三级页面按逻辑关系链接起来。

2.使用动画效果重置首页头部区域的 banner 图片。使方框 1 中的文字由小变大、由透明变成不透明的运动出现；使方框 2 中的文字从下向上、由透明变成不透明的运动出现;使方框 3 和方框 4 中的文字从上向下、由透明变成不透明的运动出现。动画效果注意各个元素先后出现的次序和运动的节奏。效果如图 9.25 所示。

图 9.25 效果图

3.给首页底部的友情链接图片添加扫光效果,如图 9.26 所示。

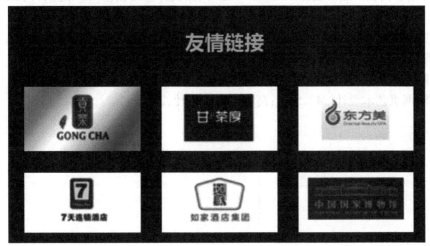

图 9.26 效果图

4.设计并制作"关于我们""交互交流""联系我们"的网页文件,设计时注意网页的风格要和整个网站统一。

参考文献

［1］乔·卡萨博纳.HTML5 与 CSS3 基础教程［M］.北京:人民邮电出版社,2021.

［2］明日科技.HTML5 从入门到精通［M］.北京:清华大学出版社,2019.

［3］孙鑫.HTML5+CSS3+JavaScript 从入门到精通［M］.北京:中国水利水电出版社,2019.

［4］传智播客高教产品研发部.HTML5+CSS3 网站设计基础教程［M］.北京:人民邮电出版
社,2016.

［5］卡斯特罗·希斯洛普.HTML5 与 CSS3 基础教程［M］.北京:人民邮电出版社,2014.

［6］刘瑞新.HTML+CSS+JavaScript 网页制作［M］.北京:机械工业出版社,2014.

［7］邓文达.网页界面设计与制作［M］.北京:人民邮电出版社,2012.

［8］彭纲.网页艺术设计［M］.北京:高等教育出版社,2011.